11G101 图集应用系列丛书

11G101 图集应用
——平法钢筋图识读

上官子昌　主编

中国建筑工业出版社

图书在版编目（CIP）数据

11G101 图集应用——平法钢筋图识读/上官子昌主编. —北京：中国建筑工业出版社，2012.10
（11G101 图集应用系列丛书）
ISBN 978-7-112-14433-4

Ⅰ. ①11… Ⅱ. ①上… Ⅲ. ①钢筋混凝土结构-工程制图-识别 Ⅳ. ①TU375

中国版本图书馆 CIP 数据核字（2012）第 138299 号

本书主要依据《11G101-1》、《11G101-2》、《11G101-3》三本最新图集编写，主要内容包括平法钢筋识图基础、柱平法识图、剪力墙平法识图、梁平法识图、板平法识图、板式楼梯平法识图、独立基础平法识图、条形基础平法识图以及筏形基础平法识图。希望本书的出版，能够对广大读者看懂平法施工图提供一定的帮助。

您若对本书有什么意见、建议，或您有图书出版的意愿或想法，欢迎致函 zhanglei@cabp.com.cn 交流沟通！本书每章后都附有课后练习题，欢迎发邮件索取！

* * *

责任编辑：郭 栋 岳建光 张 磊
责任设计：赵明霞
责任校对：陈晶晶 关 健

11G101 图集应用系列丛书
11G101 图集应用
——平法钢筋图识读
上官子昌 主编
*
中国建筑工业出版社出版、发行（北京西郊百万庄）
各地新华书店、建筑书店经销
霸州市顺浩图文科技发展有限公司制版
北京建筑工业印刷厂印刷
*
开本：787×1092 毫米 1/16 印张：12½ 字数：308 千字
2012 年 8 月第一版 2014 年 2 月第六次印刷
定价：**32.00** 元
ISBN 978-7-112-14433-4
（22506）

本书编委会

主　编　上官子昌

参　编　尹宏宇　王　曼　刘家宏　刘　慧

吕进捷　吕学哲　朱永强　张　屹

李淑亭　肖　瑶　侯永清　徐铭泽

贾宏亮　曹　雷　韩月波　白雅君

前　言

平法，即建筑结构施工图平面整体设计方法，为陈青来教授首次提出。自1996年11月第一本平法标准图集96G101发布实施以来，迄今已有11本平法标准图集相继被批准发布。使用“平法”设计施工图以后，极大地提高了结构设计的效率，绘图量大大减少，图纸更为直观和清晰地呈现在结构设计人员、施工人员和预算人员面前，这可以称得上是一次历史性的改革和突破。但是，要想真正看懂平法施工图的内容，领会平法制图的精神，还需要具备一定的混凝土结构设计、建筑抗震设计、建筑地基基础设计等相关知识，这些都需要我们的工程施工技术人员、预算人员和建筑工人不断地努力学习。

本书主要依据《11G101-1》、《11G101-2》、《11G101-3》三本最新图集编写，主要内容包括平法钢筋识图基础、柱平法识图、剪力墙平法识图、梁平法识图、板平法识图、板式楼梯平法识图、独立基础平法识图、条形基础平法识图以及筏形基础平法识图。希望本书的出版，能够对广大读者看懂平法施工图提供一定的帮助。

本书在编写过程中参阅和借鉴了许多优秀书籍、图集和有关国家标准，并得到了有关领导和专家的帮助，在此一并致谢。由于作者的学识和经验有限，虽经编者尽心尽力但书中仍难免存在疏漏或未尽之处，敬请有关专家和读者予以批评指正。

为便于读者学习，本书在每章后另附有适当练习题，由于版面限制，未放于书中，欢迎发邮件索取：zhanglei@cabp. com. cn!

目　　录

1 平法钢筋识图基础

1.1 钢筋在图纸中的表示方法

1.1.1 一般表示方法

普通钢筋的一般表示方法应符合表1-1-1的规定。

普通钢筋　表1-1-1

序号	名　称	图　例	说　明
1	钢筋横截面	•	—
2	无弯钩的钢筋端部		下图表示长、短钢筋投影重叠时，短钢筋的端部用45°斜画线表示
3	带半圆形弯钩的钢筋端部		—
4	带直钩的钢筋端部		—
5	带丝扣的钢筋端部		—
6	无弯钩的钢筋搭接		—
7	带半圆弯钩的钢筋搭接		—
8	带直钩的钢筋搭接		—
9	花篮螺丝钢筋接头	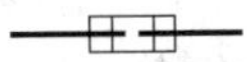	—
10	机械连接的钢筋接头		用文字说明机械连接的方式（如冷挤压或直螺纹等）

1.1.2 钢筋焊接接头表示方法

钢筋的焊接接头的表示方法应符合表1-1-2的规定。

钢筋的焊接接头　表1-1-2

序号	名　称	接头形式	标注方法
1	单面焊接的钢筋接头	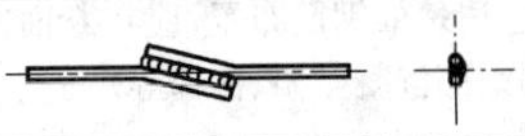	
2	双面焊接的钢筋接头	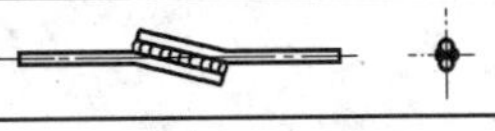	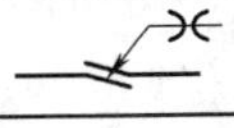

续表

序号	名称	接头形式	标注方法
3	用帮条单面焊接的钢筋接头	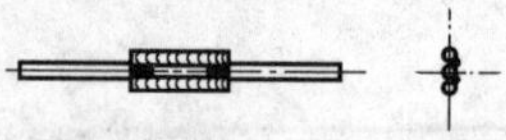	
4	用帮条双面焊接的钢筋接头	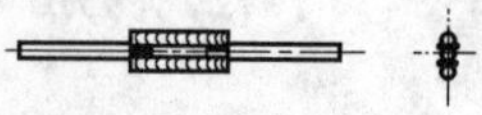	
5	接触对焊的钢筋接头(闪光焊、压力焊)	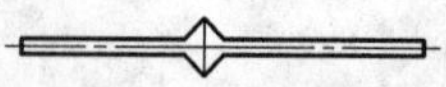	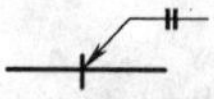
6	坡口平焊的钢筋接头	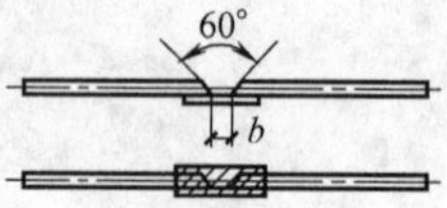 60° b	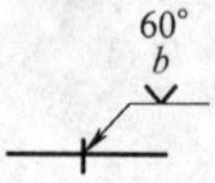 60° b
7	坡口立焊的钢筋接头	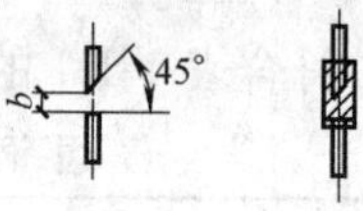 b 45°	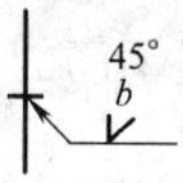 45° b
8	用角钢或扁钢做连接板焊接的钢筋接头	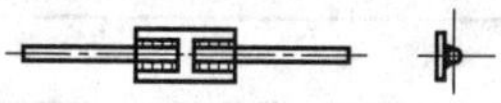	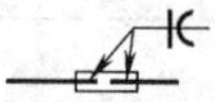
9	钢筋或螺(锚)栓与钢板穿孔塞焊的接头	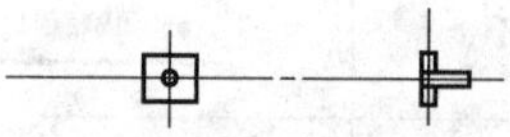	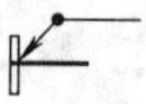

1.1.3 常见钢筋画法

钢筋的画法应符合表1-1-3的规定。

钢筋画法 **表1-1-3**

序号	说明	图例
1	在结构楼板中配置双层钢筋时,底层钢筋的弯钩应向上或向左,顶层钢筋的弯钩则向下或向右	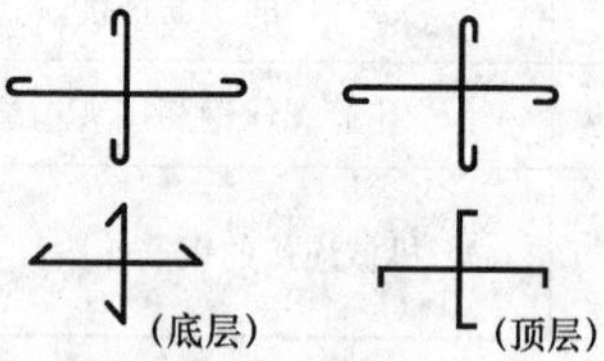 (底层) (顶层)
2	钢筋混凝土墙体配双层钢筋时,在配筋立面图中,远面钢筋的弯钩应向上或向左,而近面钢筋的弯钩向下或向右(JM近面,YM远面)	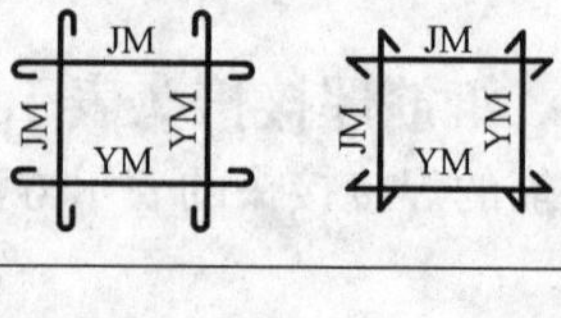 JM JM YM YM JM JM YM YM
3	若在断面图中不能表达清楚的钢筋布置,应在断面图外增加钢筋大样图(例如钢筋混凝土墙、楼梯等)	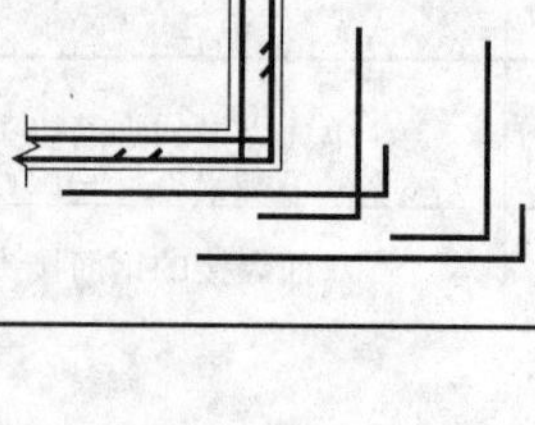

续表

序号	说　明	图　例
4	图中所表示的箍筋、环筋等若布置复杂时，可加画钢筋大样及说明	
5	每组相同的钢筋、箍筋或环筋，可用一根粗实线表示，同时用一两端带斜短画线的横穿细线，表示其钢筋及起止范围	

1.1.4 结构图中钢筋的标注方法

（1）梁内受力钢筋、架立钢筋，标注钢筋的根数和直径表示法如下：

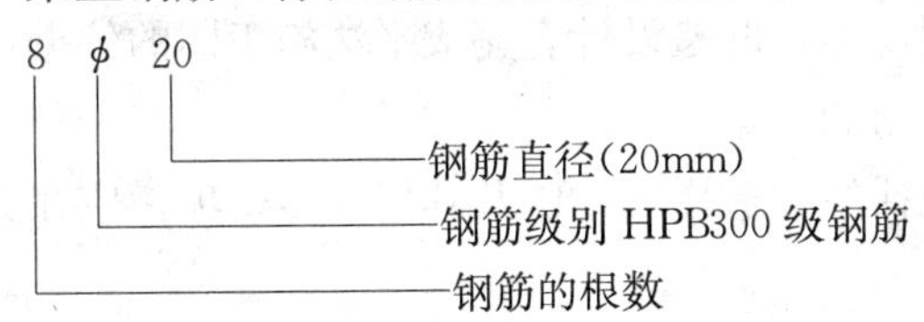

（2）梁内箍筋以及板内钢筋应标注钢筋直径和相邻的钢筋中心间距，表示法如下：

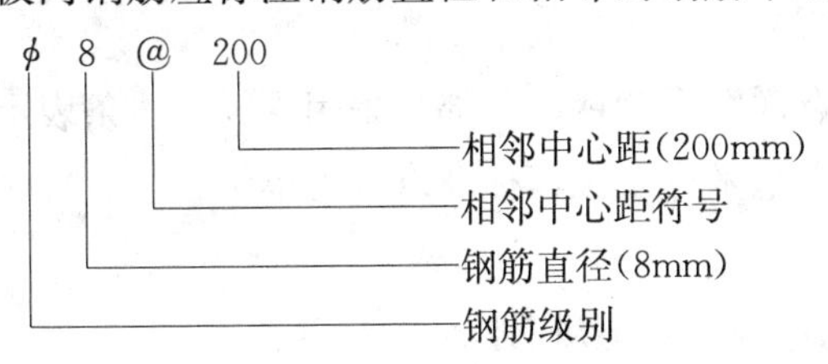

1.2 11G101图集的理解与应用

1.2.1 11G101图集总说明

（1）本图集根据住房和城乡建设部建质［2011］46号“关于印发《二〇一一年国家建筑标准设计编制工作计划》的通知”进行编制。

（2）本图集是混凝土结构施工图采用建筑结构施工图平面整体设计方法的国家建筑标准设计图集。

平法的表达形式，概括来讲，是把结构构件的尺寸和配筋等，按照平面整体表示方法制图规则，整体直接表达在各类构件的结构平面布置图上，再与标准构造详图相配合，即构成一套完整的结构设计。平法系列图集包括：

1）11G101-1《混凝土结构施工图平面整体表示方法制图规则和构造详图（现浇混凝土框架、剪力墙、梁、板）》；

2）11G101-2《混凝土结构施工图平面整体表示方法制图规则和构造详图（现浇混凝

土板式楼梯)》;

3) 11G101-3《混凝土结构施工图平面整体表示方法制图规则和构造详图(独立基础、条形基础、筏形基础及桩基承台)》。

(3) 本图集标准构造详图的主要设计依据

《混凝土结构设计规范》GB 50010—2010;

《建筑抗震设计规范》GB 50011—2010;

《建筑地基基础设计规范》GB 50007—2011;

《高层建筑混凝土结构技术规程》JGJ 3—2010;

《建筑桩基技术规范》JGJ 944—2008;

《地下工程防水技术规范》GB 50108—2008;

《建筑结构制图标准》GB/T 50105—2010。

(4) 本图集的制图规则,既是设计者完成平法施工图的依据,也是施工、监理人员准确理解和实施平法施工图的依据。

(5) 本图集中未包括的构造详图,以及其他未尽事项,应在具体设计中由设计者另行设计。

(6) 当具体工程设计需要对本图集的标准构造详图做某些变更,设计者应提供相应的变更内容。

(7) 本图集构造节点详图中的钢筋,部分采用深红色线条表示。

(8) 本图集的尺寸以毫米为单位,标高以米为单位。

1.2.2 平面整体表示方法制图规则

(1) 为了规范使用建筑结构施工图平面整体设计方法,保证该平法设计绘制的结构施工图实现全国统一,确保设计、施工质量,特制定本制图规则。

(2) 当采用本制图规则时,除遵守本图集有关规定外,还应符合国家现行有关标准。

(3) 按平法设计绘制的施工图,一般是由各类结构构件的平法施工图和标准构造详图两大部分构成,但对于复杂的工业与民用建筑,尚需增加模板、基坑、留洞和预埋件等平面图和必要的详图。

(4) 按平法设计绘制结构施工图时,必须根据具体工程设计,按照各类构件的平法制图规则,在基础平面布置图上直接表示构件的尺寸、配筋。出图时,宜按基础、柱、剪力墙、梁、板、楼梯及其他构件的顺序排列。

(5) 在平面布置图上表示各构件尺寸和配筋的方式,分平面注写方式、列表注写方式和截面注写方式三种。

(6) 按平法设计绘制结构施工图时,应将所有构件进行编号,编号中含有类型代号和序号等。其中,类型代号的主要作用是指明所选用的标准构造详图;在标准构造详图上,已经按其所属构件类型注明代号,以明确该详图与平法施工图中该类型构件的互补关系,使两者结合构成完整的结构设计图。

(7) 按平法设计绘制结构施工图时，应当用表格或其他方式注明包括地下和地上各层的结构层楼（地）面标高、结构层高及相应的结构层号。

其结构层楼面标高和结构层高在单项工程中必须统一，以保证基础、柱与墙、梁、板、楼梯等用同一标准竖向定位。为施工方便，应将统一的结构层楼面标高和结构层高分别放在柱、墙、梁等各类构件的平法施工图中。

注：按平法设计绘制基础结构施工图时，应采用表格或其他注明基础底面基准标高、±0.000 的绝对标高。

(8) 为了确保施工人员准确无误地按平法施工图进行施工，在具体工程施工图中必须写明与平法施工图密切相关的内容。

(9) 对钢筋的混凝土保护层厚度、钢筋搭接和锚固长度，除在结构施工图中另有注明者外，按本图集标准构造详图中的有关构造规定执行。

1.2.3 本书关于11G101图集的应用

1. 11G101-1图集的应用

(1) 柱（表1-2-1）

11G101-1图集的应用——柱 **表1-2-1**

<table>
<tr><td rowspan="21">柱</td><td rowspan="3">制图规则</td><td colspan="3">施工图表示方法</td></tr>
<tr><td colspan="3">列表注写方式</td></tr>
<tr><td colspan="3">截面注写方式</td></tr>
<tr><td rowspan="15">构造详图</td><td rowspan="4">框架柱根部钢筋锚固构造</td><td colspan="2">框架柱插筋在基础中的锚固构造</td></tr>
<tr><td colspan="2">框架梁上起柱钢筋锚固构造</td></tr>
<tr><td colspan="2">剪力墙上起柱钢筋锚固构造</td></tr>
<tr><td colspan="2">芯柱锚固构造</td></tr>
<tr><td rowspan="3">框架柱和地下框架柱柱身钢筋构造</td><td colspan="2">抗震框架柱(KZ)纵向钢筋连接构造</td></tr>
<tr><td colspan="2">地下室抗震框架柱(KZ)的纵向钢筋连接构造与箍筋加密区范围</td></tr>
<tr><td colspan="2">非抗震框架柱(KZ)纵向钢筋连接构造</td></tr>
<tr><td rowspan="6">框架柱节点钢筋构造</td><td rowspan="2">框架柱变截面位置纵向钢筋构造</td><td>抗震KZ柱变截面位置纵向钢筋构造</td></tr>
<tr><td>非抗震KZ柱变截面位置纵向钢筋构造</td></tr>
<tr><td rowspan="2">框架柱顶层中间节点钢筋构造</td><td>抗震KZ中柱柱顶纵向钢筋构造</td></tr>
<tr><td>非抗震KZ中柱柱顶纵向钢筋构造</td></tr>
<tr><td rowspan="2">框架柱顶层端节点钢筋构造</td><td>抗震KZ边柱和角柱柱顶纵向钢筋构造</td></tr>
<tr><td>非抗震KZ边柱和角柱柱顶纵向钢筋构造</td></tr>
<tr><td rowspan="2">框架柱箍筋构造</td><td colspan="2">抗震KZ、QZ、LZ箍筋加密区范围及抗震QZ、LZ纵向钢筋构造</td></tr>
<tr><td colspan="2">非抗震KZ箍筋构造及非抗震QZ、LZ纵向钢筋构造</td></tr>
<tr><td rowspan="3">识读举例</td><td colspan="3">主要内容</td></tr>
<tr><td colspan="3">识读步骤</td></tr>
<tr><td colspan="3">施工图实例</td></tr>
</table>

(2) 剪力墙（表 1-2-2）

11G101-1 图集的应用——剪力墙 **表 1-2-2**

<table>
<tr><td rowspan="26">剪力墙</td><td rowspan="7">制图规则</td><td colspan="3">施工图表示方法</td></tr>
<tr><td colspan="3">剪力墙编号规定</td></tr>
<tr><td colspan="3">列表注写方式</td></tr>
<tr><td colspan="3">截面注写方式</td></tr>
<tr><td colspan="3">剪力墙洞口的表示方法</td></tr>
<tr><td colspan="3">地下室外墙的表示方法</td></tr>
<tr><td colspan="3">其他</td></tr>
<tr><td rowspan="16">构造详图</td><td colspan="3">剪力墙插筋锚固构造</td></tr>
<tr><td rowspan="7">剪力墙柱钢筋构造</td><td rowspan="5">剪力墙柱柱身钢筋构造</td><td>约束边缘构件 YBZ 构造</td></tr>
<tr><td>剪力墙水平钢筋计入约束边缘构件体积配筋率的构造做法</td></tr>
<tr><td>构造边缘构件 GBZ、扶壁柱 FBZ、非边缘暗柱 AZ 构造</td></tr>
<tr><td>剪力墙边缘构件纵向钢筋连接构造</td></tr>
<tr><td>剪力墙上起约束边缘构件纵筋构造</td></tr>
<tr><td rowspan="2">剪力墙柱节点钢筋构造</td><td>墙柱变截面钢筋构造</td></tr>
<tr><td>墙柱柱顶钢筋构造</td></tr>
<tr><td rowspan="2">剪力墙身钢筋构造</td><td colspan="2">剪力墙身水平钢筋构造</td></tr>
<tr><td colspan="2">剪力墙身竖向分布钢筋构造</td></tr>
<tr><td rowspan="4">剪力墙梁配筋构造</td><td colspan="2">剪力墙连梁配筋构造</td></tr>
<tr><td colspan="2">剪力墙边框梁配筋构造</td></tr>
<tr><td colspan="2">剪力墙暗梁配筋构造</td></tr>
<tr><td colspan="2">剪力墙边框梁或暗梁与连梁重叠时配筋构造</td></tr>
<tr><td colspan="3">剪力墙洞口补强构造</td></tr>
<tr><td colspan="3">地下室外墙 DWQ 钢筋构造</td></tr>
<tr><td rowspan="3">识读举例</td><td colspan="3">主要内容</td></tr>
<tr><td colspan="3">识读步骤</td></tr>
<tr><td colspan="3">施工图实例</td></tr>
</table>

(3) 梁（表 1-2-3）

11G101-1 图集的应用——梁 **表 1-2-3**

<table>
<tr><td rowspan="10">梁</td><td rowspan="6">制图规则</td><td colspan="2">施工图表示方法</td></tr>
<tr><td colspan="2">平面注写方式</td></tr>
<tr><td colspan="2">截面注写方式</td></tr>
<tr><td colspan="2">梁支座上部纵筋的长度规定</td></tr>
<tr><td colspan="2">不伸入支座的梁下部纵筋长度规定</td></tr>
<tr><td colspan="2">其他</td></tr>
<tr><td rowspan="4">构造详图</td><td rowspan="2">楼层框架梁纵向钢筋构造</td><td>抗震楼层框架梁纵向钢筋构造</td></tr>
<tr><td>非抗震楼层框架梁纵向钢筋构造</td></tr>
<tr><td rowspan="2">屋面框架梁纵向钢筋构造</td><td>抗震屋面框架梁纵向钢筋构造</td></tr>
<tr><td>非抗震屋面框架梁纵向钢筋构造</td></tr>
</table>

续表

<table>
<tr><td rowspan="11">梁</td><td rowspan="8">构造详图</td><td colspan="2">框架梁水平、竖向加腋构造</td></tr>
<tr><td colspan="2">框架梁、屋面框架梁中间支座纵向钢筋构造</td></tr>
<tr><td colspan="2">悬挑梁与各类悬挑端配筋构造</td></tr>
<tr><td rowspan="2">梁箍筋的构造要求</td><td>抗震框架梁和屋面框架梁箍筋构造要求</td></tr>
<tr><td>非抗震框架梁和屋面框架梁箍筋构造要求</td></tr>
<tr><td colspan="2">附加箍筋、吊筋的构造</td></tr>
<tr><td colspan="2">侧面纵向构造钢筋及拉筋的构造</td></tr>
<tr><td colspan="2">不伸入支座梁下部纵向钢筋构造</td></tr>
<tr><td rowspan="3">识读举例</td><td colspan="2">主要内容</td></tr>
<tr><td colspan="2">识读步骤</td></tr>
<tr><td colspan="2">施工图实例</td></tr>
</table>

（4）板（表 1-2-4）

11G101-1 图集的应用——板　　表 1-2-4

<table>
<tr><td rowspan="14">板</td><td rowspan="3">制图规则</td><td colspan="2">有梁楼盖平法施工图制图规则</td></tr>
<tr><td colspan="2">无梁楼盖平法施工图制图规则</td></tr>
<tr><td colspan="2">楼板相关构造制图规则</td></tr>
<tr><td rowspan="8">构造详图</td><td colspan="2">楼面板与屋面板钢筋构造</td></tr>
<tr><td colspan="2">楼面板与屋面板端部钢筋构造</td></tr>
<tr><td colspan="2">有梁楼盖不等跨板上部贯通纵筋连接构造</td></tr>
<tr><td rowspan="3">有梁楼盖悬挑板钢筋构造</td><td>悬挑板钢筋构造</td></tr>
<tr><td>板翻边构造</td></tr>
<tr><td>悬挑板阳角放射筋构造</td></tr>
<tr><td colspan="2">无梁楼盖柱上板带与跨中板带纵向钢筋构造</td></tr>
<tr><td colspan="2">板带端支座、板带悬挑端纵向钢筋构造及柱上板带暗梁钢筋构造</td></tr>
<tr><td rowspan="3">识读举例</td><td colspan="2">主要内容</td></tr>
<tr><td colspan="2">识读步骤</td></tr>
<tr><td colspan="2">施工图实例</td></tr>
</table>

2. 11G101-2 图集的应用

11G101-2 图集的应用——板式楼梯　　表 1-2-5

<table>
<tr><td rowspan="8">板式楼梯</td><td rowspan="2">简介</td><td>楼梯的分类</td></tr>
<tr><td>板式楼梯所包含的构件内容</td></tr>
<tr><td rowspan="6">制图规则</td><td>施工图表示方法</td></tr>
<tr><td>楼梯类型</td></tr>
<tr><td>平面注写方式</td></tr>
<tr><td>剖面注写方式</td></tr>
<tr><td>列表注写方式</td></tr>
<tr><td>其他</td></tr>
</table>

续表

板式楼梯	构造详图	钢筋混凝土板式楼梯平面图	AT 型楼梯平面图
			BT 型楼梯平面图
			CT 型楼梯平面图
			DT 型楼梯平面图
			ET 型楼梯平面图
		钢筋混凝土板式楼梯钢筋构造	AT 型楼梯板配筋构造
			BT 型楼梯板配筋构造
			CT 型楼梯板配筋构造
			DT 型楼梯板配筋构造
			ET 型楼梯板配筋构造
	识读举例	楼梯结构详图识读	

3. 11G101-3 图集的应用

（1）独立基础（表 1-2-6）

11G101-3 图集的应用——独立基础 **表 1-2-6**

独立基础	制图规则	施工图表示方法	
		独立基础编号	
		平面注写方式	
		截面注写方式	
		其他	
	构造详图	底板配筋构造	DJ_J、DJ_P、BJ_J、BJ_P 底板配筋构造
			底板配筋长度减短 10%构造
		多柱独立基础底板顶部钢筋	双柱普通独立基础底部与顶部配筋构造
			设置基础梁的双柱普通独立基础配筋构造
		普通独立深基础短柱配筋构造	单柱普通独立深基础短柱配筋构造
			双柱普通独立深基础短柱配筋构造
		杯口独立基础构造	杯口和双杯口独立基础构造
			高杯口独立基础杯壁和基础短柱配筋构造
			双高杯口独立基础杯壁和基础短柱配筋构造

（2）条形基础（表 1-2-7）

11G101-3 图集的应用——条形基础 **表 1-2-7**

条形基础	制图规则	施工图表示方法
		条形基础编号
		基础梁的平面注写方式
		基础梁底部非贯通纵筋的长度规定
		条形基础底板的平面注写方式
		条形基础的截面注写方式
		其他

续表

条形基础	构造详图	基础梁 JL 钢筋构造	基础梁 JL 端部与外伸部位钢筋构造
			基础梁 JL 梁底不平和变截面部位钢筋构造
			基础梁侧面构造纵筋和拉筋
			基础梁 JL 与柱结合部侧腋构造
			基础次梁 JL 配置两种箍筋构造
		条形基础底板配筋构造	条形基础底板 TJB_P 和 TJB_J 配筋构造
			条形基础底板板底不平构造
			条形基础无交接底板端部构造
			条形基础底板配筋长度减短 10%构造

（3）筏形基础（表 1-2-8）

11G101-3 图集的应用——筏形基础 **表 1-2-8**

筏形基础	制图规则	梁板式筏形基础平法施工图	施工图表示方法
			构件的类型与编号
			基础主梁与基础次梁的平面注写方式
			基础梁底部非贯通纵筋的长度规定
			梁板式筏形基础平板的平面注写方式
			其他
		平板式筏形基础平法施工图	施工图的表示方法
			构件的类型与编号
			柱下板带、跨中板带的平面注写方式
			平板式筏形基础平板 BPB 的平面注写方式
			其他
	构造详图	梁板式筏形基础的钢筋构造	基础主梁和基础次梁纵向钢筋与箍筋构造
			基础主梁的加腋构造
			基础主梁外伸部位构造
			梁板式筏形基础平板 LPB 钢筋构造
			梁板式筏形基础平板 LPB 端部与外伸部位钢筋构造
		平板式筏形基础的钢筋构造	平板式筏基柱下板带 ZXB 与跨中板带 KZB 纵向钢筋构造
			平板式筏形基础平板 BPB 钢筋构造
			平板式筏形基础平板(ZXB、KZB、BPB)变截面部位钢筋构造
			平板式筏形基础平板(ZXB、KZB、BPB)端部和外伸部位钢筋构造

2 柱平法识图

2.1 柱平法施工图制图规则

2.1.1 柱平法施工图的表示方法

柱平法施工图设计的第一步是绘制柱平面布置图。

柱平面布置图的主要功能是表达竖向构件（柱或剪力墙），当主体结构为框架-剪力墙结构时，柱平面布置图通常与剪力墙平面布置图合并绘制。柱平面布置图可采用一种或两种比例绘制。两种比例是指柱轴网布置采用一种比例，柱截面轮廓在原位采用另一种比例适当放大绘制的方法，如图 2-1-1 所示。在用一种或两种比例绘制的柱平面布置图上，采用截面注写方式或列表注写方式，并且加注相关设计内容后，便构成了柱平面布置图。

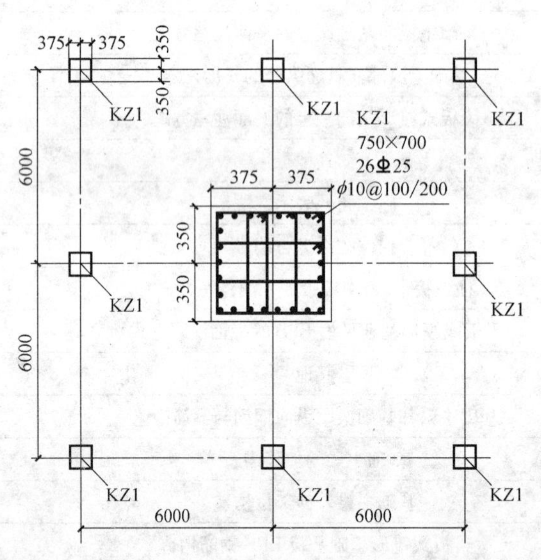

图 2-1-1　两种比例绘制柱平面布置图

在柱平法布置图中包含结构层楼面标高、结构层高及相应的结构层号表，便于将注写的柱段高度与该表对照，明确各柱在整个结构中的竖向定位。一般柱平法施工图中标注的尺寸以毫米（mm）为单位，标高以米（m）为单位。

此外，结构层楼面标高与结构层高在单项工程中必须统一，以保证基础、柱与墙、梁、板等用同一标准竖向定位。结构层楼面标高是指将建筑图中的各层楼面和楼面标高值扣除建筑面层及垫层做法厚度后的标高，见表 2-1-1。某结构层楼面标高和结构层高表中，一层地面标高为－0.030m（未作建筑面层和垫层），一层的层高为 4.5m，即为二层地面标高 4.470m 和一层地面标高－0.030m 之差为一层层高。

2.1.2 列表注写方式

1. 含义

列表注写方式是在柱平面布置图上（一般只需采用适当比例绘制一张柱平面布置图，

结构层楼面标高和结构层高表（m） **表 2-1-1**

屋面	12.270	3.60
3	8.670	3.60
2	4.470	4.20
1	−0.030	4.50
−1	−4.530	4.50
层号	标高(m)	层高(m)

包括框架柱、框支柱、梁上柱和剪力墙上柱)，分别在同一编号的柱中选择一个（有时需要选择几个）截面标注几何参数代号；在柱表中注写柱编号、柱段起止标高、几何尺寸（含柱截面对轴线的偏心情况）与配筋的具体数值，并配以各种柱截面形状及其箍筋类型图的方式，来表达柱平法施工图，如图 2-1-2 所示。

柱平法施工图列表注写方式的几个主要组成部分为：平面图、柱截面图类型、箍筋类型图、柱表、结构层楼面标高及结构层高等内容，如图 2-1-2 所示。平面图明确定位轴线、柱的代号、形状及与轴线的关系；柱的截面形状为矩形时，与轴线的关系分为偏轴线、柱的中心线与轴线重合两种形式；箍筋类型图重点表示箍筋的形状特征。

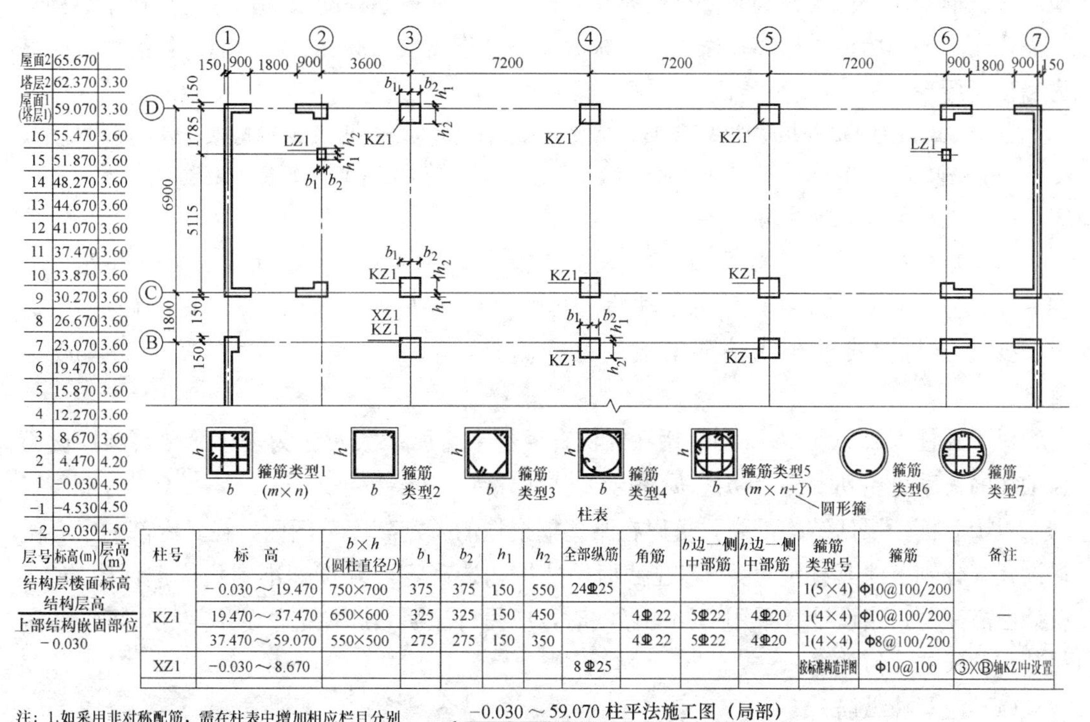

层号	标高(m)	层高(m)
屋面2	65.670	
塔层2	62.370	3.30
屋面1(塔层1)	59.070	3.30
16	55.470	3.60
15	51.870	3.60
14	48.270	3.60
13	44.670	3.60
12	41.070	3.60
11	37.470	3.60
10	33.870	3.60
9	30.270	3.60
8	26.670	3.60
7	23.070	3.60
6	19.470	3.60
5	15.870	3.60
4	12.270	3.60
3	8.670	3.60
2	4.470	4.20
1	−0.030	4.50
−1	−4.530	4.50
−2	−9.030	4.50

结构层楼面标高
结构层高

上部结构嵌固部位
−0.030

柱表

柱号	标 高	$b\times h$（圆柱直径D）	b_1	b_2	h_1	h_2	全部纵筋	角筋	b边一侧中部筋	h边一侧中部筋	箍筋类型号	箍筋	备注
KZ1	−0.030～19.470	750×700	375	375	150	550	24Φ25				1(5×4)	Φ10@100/200	—
	19.470～37.470	650×600	325	325	150	450		4Φ22	5Φ22	4Φ20	1(4×4)	Φ10@100/200	
	37.470～59.070	550×500	275	275	150	350		4Φ22	5Φ22	4Φ20	1(4×4)	Φ8@100/200	
XZ1	−0.030～8.670						8Φ25				按标准构造详图	Φ10@100	③×Ⓑ轴KZ1中设置

−0.030～59.070 柱平法施工图（局部）

注：1.如采用非对称配筋，需在柱表中增加相应栏目分别表示各边的中部筋。
2.抗震设计时箍筋对纵筋至少隔一拉一。
3.类型1、5的箍筋肢数可有多种组合，右图为5×4的组合，其余类型为固定形式，在表中只注类型号即可。

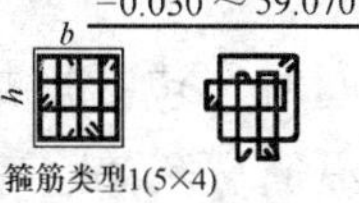

图 2-1-2 柱平法施工图列表注写方式示例

2. 柱表注写内容

柱表注写内容包括柱编号、柱标高、截面尺寸与轴线的关系、纵筋规格（包括角筋、中部筋）、箍筋类型、箍筋间距等。

（1）注写柱编号

柱编号由类型代号和序号组成，应符合表 2-1-2 的规定。

柱 编 号　　表 2-1-2

柱 类 型	代 号	序 号
框架柱	KZ	××
框支柱	KZZ	××
芯柱	XZ	××
梁上柱	LZ	××
剪力墙上柱	QZ	××

注：编号时，当柱的总高、分段截面尺寸和配筋均对应相同，仅截面与轴线的关系不同时，仍可将其编为同一柱号，但应在图中注明截面与轴线的关系。

（2）注写柱高

注写各段柱的起止标高，自柱根部往上以变截面位置或截面未变但配筋改变处为界分段注写。框架柱和框支柱的根部标高是指基础顶面标高；芯柱的根部标高是指根据结构实际需要而定的起始位置标高；梁上柱的根部标高是指梁顶面标高；剪力墙上柱的根部标高为墙顶面标高。

注：剪力墙上柱 QZ 包括“柱纵筋锚固在墙顶部”、“柱与墙重叠一层”两种构造做法，设计人员应注明选用哪种做法。当选用“柱纵筋锚固在墙顶部”做法时，剪力墙平面外方向应设梁。

（3）注写截面几何尺寸

对于矩形柱，注写柱截面尺寸 $b \times h$ 及与轴线关系的几何参数代号 b_1、b_2 和 h_1、h_2 的具体数值，需对应于各段柱分别注写。其中 $b=b_1+b_2$，$h=h_1+h_2$。当截面的某一边收缩变化至与轴线重合或偏到轴线的另一侧时，b_1、b_2、h_1、h_2 中的某项为零或为负值。

对于圆柱，表中 $b \times h$ 一栏改用在圆柱直径数字前加 d 表示。为表达简单，圆柱截面与轴线的关系也用 b_1、b_2 和 h_1、h_2 表示，并使 $d=b_1+b_2=h_1+h_2$。

对于芯柱，根据结构需要，可以在某些框架柱的一定高度范围内，在其内部的中心位置设置（分别引注其柱编号）。芯柱截面尺寸按构造确定，并按标准图集构造详图施工，设计不需注写；当设计者采用不同的做法时，应另行注明。芯柱定位随框架柱，不需要注写其与轴线的几何关系。

（4）注写柱纵筋

当柱纵筋直径相同，各边根数也相同时（包括矩形柱、圆柱和芯柱），将纵筋注写在“全部纵筋”一栏中；除此之外，柱纵筋分角筋、截面 b 边中部筋和 h 边中部筋三项分别注写（对于采用对称配筋的矩形截面柱，可仅注写一侧中部筋，对称边省略不注）。

（5）注写柱箍筋

1）注写箍筋类型号及箍筋肢数，在箍筋类型栏内注写。

2）注写柱箍筋，包括钢筋级别、直径与间距。

当为抗震设计时，用斜线“/”区分柱端箍筋加密区与柱身非加密区长度范围内箍筋的不同间距。施工人员需根据标准构造详图的规定，在规定的几种长度值中取其最大者作为加密区长度。当框架节点核芯区内箍筋与柱端箍筋设置不同时，应在括号中注明核芯区箍筋直径及间距。

当箍筋沿柱全高为一种间距时，则不使用“/”线。

当圆柱采用螺旋箍筋时，需在箍筋前加“L”。

具体工程所设计的各种箍筋类型图以及箍筋复合的具体方式，需画在表的上部或图中的适当位置，并在其上标注与表中相对应的 b、h 和类型号。

注：当为抗震设计时，确定箍筋肢数时要满足对柱纵筋“隔一拉一”以及箍筋肢距的要求。

2.1.3　截面注写方式

1. 含义

截面注写方式是在柱平面布置图的柱截面上，分别在同一编号的柱中选择一个截面，以直接注写截面尺寸和配筋具体数值的方式来表达柱平法施工图，如图 2-1-3 所示。

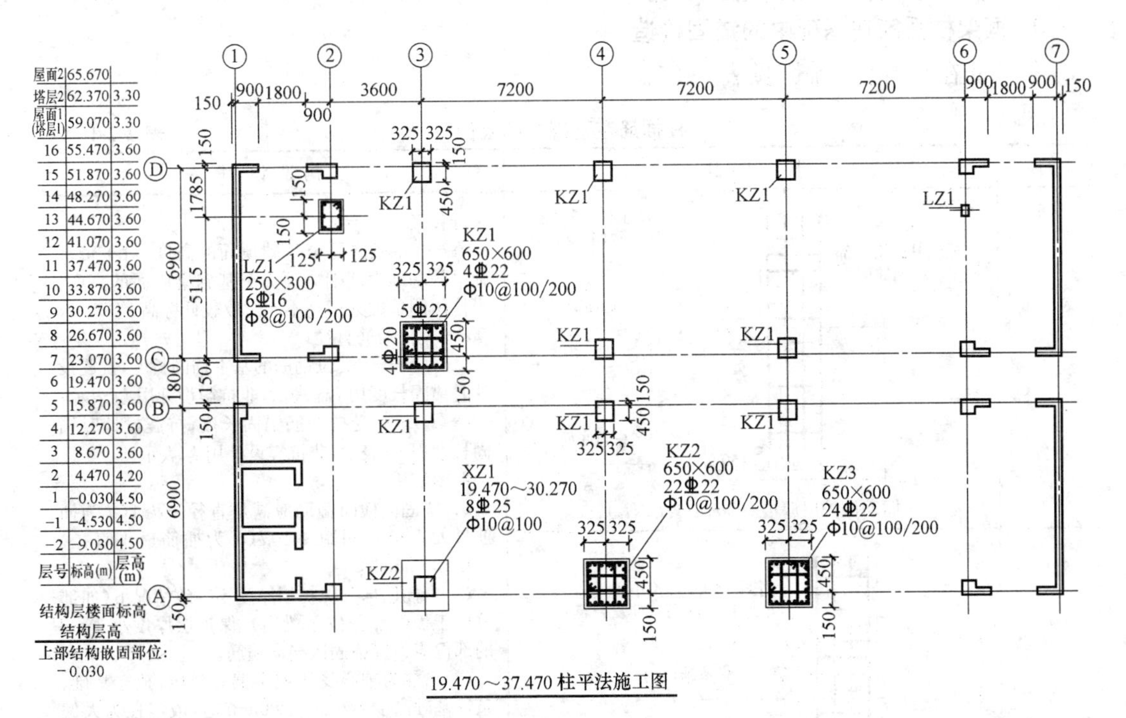

图 2-1-3　柱平法施工图截面注写方式示例

2. 表示方式

（1）对除芯柱之外的所有柱截面按表 2-1-2 的规定进行编号，从相同编号的柱中选择一个截面，按另一种比例原位放大绘制柱截面配筋图，并在各配筋图上继其编号后再注写截面尺寸 $b \times h$、角筋或全部纵筋（当纵筋采用一种直径且能够图示清楚时）、箍筋的具体数值，以及在柱截面配筋图上标注柱截面与轴线关系 b_1、b_2、h_1、h_2 的具体数值。

当纵筋采用两种直径时，需再注写截面各边中部筋的具体数值（对于采用对称配筋的矩形截面柱，可仅在一侧注写中部筋，对称边省略不注）。

当在某些框架柱的一定高度范围内，在其内部的中心设置芯柱时，首先按照表 2-1-2 的规定进行编号，继其编号之后注写芯柱的起止标高、全部纵筋及箍筋的具体数值，芯柱截面尺寸按构造确定，并按标准构造详图施工，设计不注；当设计者采用不同的做法时，应另行注明。芯柱定位随框架柱，不需要注写其与轴线的几何关系。

（2）在截面注写方式中，如柱的分段截面尺寸和配筋均相同，仅截面与轴线的关系不同时，可将其编为同一柱号。但此时应在未画配筋的柱截面上注写该柱截面与轴线关系的具体尺寸。

2.2 柱标准构造详图

2.2.1 框架柱根部钢筋锚固构造

1. 框架柱插筋在基础中的锚固构造

柱插筋在基础中的锚固见表 2-2-1。

柱插筋在基础中的锚固　　表 2-2-1

名称	构造图	构造说明
构造(一)	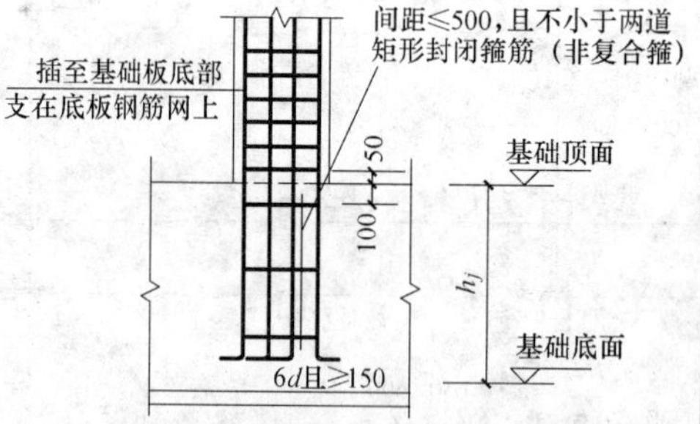 间距≤500，且不小于两道矩形封闭箍筋（非复合箍） 插至基础板底部支在底板钢筋网上 50 100 基础顶面 h_j 基础底面 6d且≥150 插筋保护层厚度$>5d$；$h_j>l_{aE}(l_a)$	字母释义： h_j——基础底面至基础顶面的高度，对于带基础梁的基础为基础梁顶面至基础梁底面的高度；当柱两侧基础梁标高不同时取较低标高； d——柱插筋直径； $l_{abE}(l_{ab})$——受拉钢筋的基本锚固长度，抗震设计时锚固长度用 l_{abE} 表示，非抗震设计用 l_{ab} 表示； $l_{aE}(l_a)$——受拉钢筋锚固长度，抗震设计时锚固长度用 l_{aE} 表示，非抗震设计用 l_a 表示。 构造图解析： (1)锚固区横向箍筋应满足直径≥$d/4$(d 为插筋最大直径)，间距≤$10d$(d 为插筋最小直径)且≤100mm的要求。 (2)当插筋部分保护层厚度不一致情况下(如部分位于板中部分位于梁内)，保护层厚度小于 $5d$ 的部位应设置锚固区横向箍筋。 (3)当柱为轴心受压或小偏心受压，独立基础、条形基础高度不小于 1200mm 时，或当柱为大偏心受压，独立基础、条形基础高度不小于 1400mm 时，可仅将柱四角插筋伸至底板钢筋网上(伸至底板钢筋网上的柱插筋之间间距不应大于 1000mm)，其他钢筋满足锚固长度 $l_{aE}(l_a)$ 即可
构造(二)	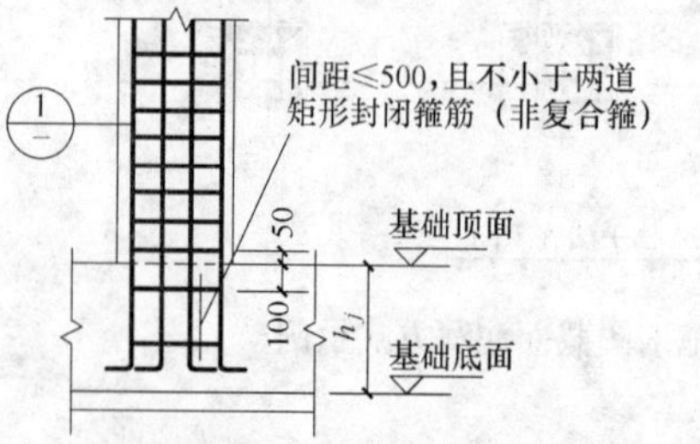 1/— 间距≤500，且不小于两道矩形封闭箍筋（非复合箍） 50 100 基础顶面 h_j 基础底面 插筋保护层厚度$>5d$；$h_j \leq l_{aE}(l_a)$	

续表

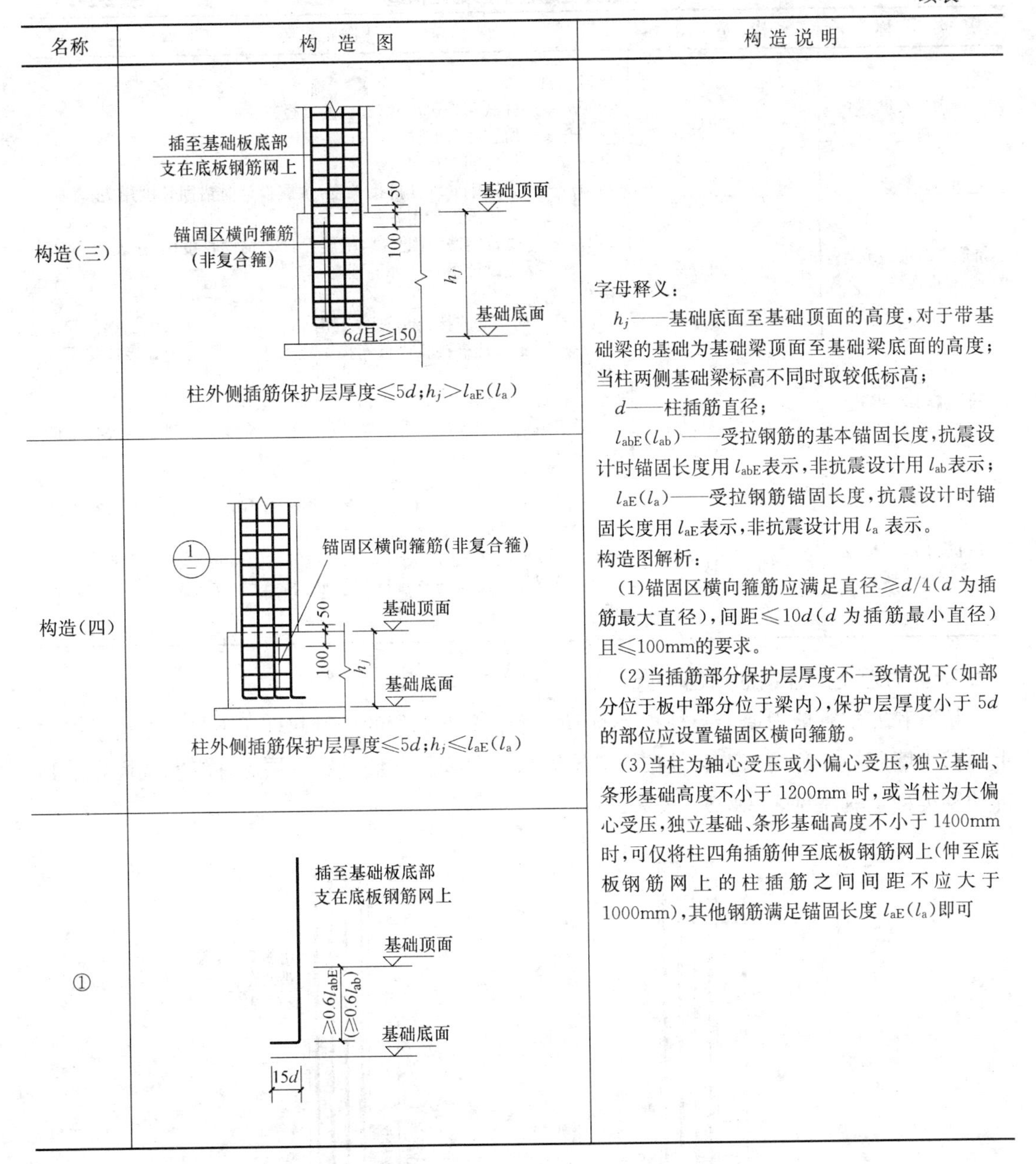

名称	构造图	构造说明
构造(三)	柱外侧插筋保护层厚度≤5d；h_j>l_{aE}(l_a)	字母释义： h_j——基础底面至基础顶面的高度，对于带基础梁的基础为基础梁顶面至基础梁底面的高度；当柱两侧基础梁标高不同时取较低标高； d——柱插筋直径； l_{abE}(l_{ab})——受拉钢筋的基本锚固长度，抗震设计时锚固长度用l_{abE}表示，非抗震设计用l_{ab}表示； l_{aE}(l_a)——受拉钢筋锚固长度，抗震设计时锚固长度用l_{aE}表示，非抗震设计用l_a表示。 构造图解析： (1)锚固区横向箍筋应满足直径≥d/4(d为插筋最大直径)，间距≤10d(d为插筋最小直径)且≤100mm的要求。 (2)当插筋部分保护层厚度不一致情况下(如部分位于板中部分位于梁内)，保护层厚度小于5d的部位应设置锚固区横向箍筋。 (3)当柱为轴心受压或小偏心受压，独立基础、条形基础高度不小于1200mm时，或当柱为大偏心受压，独立基础、条形基础高度不小于1400mm时，可仅将柱四角插筋伸至底板钢筋网上(伸至底板钢筋网上的柱插筋之间间距不应大于1000mm)，其他钢筋满足锚固长度l_{aE}(l_a)即可
构造(四)	柱外侧插筋保护层厚度≤5d；h_j≤l_{aE}(l_a)	
①		

2. 框架梁上起柱钢筋锚固构造

框架梁上起柱是指一般抗震或非抗震框架梁上的少量起柱，其构造不适用于结构转换层上的转换大梁起柱。

框架梁上起柱，框架梁是柱的支撑，因此，当梁宽度大于柱宽度时，柱的钢筋能比较可靠的锚固到框架梁中，当梁宽度小于柱宽时，为使柱钢筋在框架梁中锚固可靠，应在框架梁上加侧腋以提高梁对柱钢筋的锚固性能。

框架梁上起柱钢筋锚固构造见表2-2-2。

框架梁上起柱钢筋锚固构造 表 2-2-2

名称	构造图	构造说明
抗震 LZ,绑扎搭接	图 2-2-1(*a*)	字母释义: h_c——柱截面长边尺寸(圆柱为直径); H_n——所在楼层的柱净高; d——柱插筋直径; $l_{lE}(l_l)$——受拉钢筋绑扎搭接长度,抗震设计时锚固长度用 l_{lE} 表示,非抗震设计用 l_l 表示; $l_{aE}(l_a)$——受拉钢筋锚固长度,抗震设计时锚固长度用 l_{aE} 表示,非抗震设计用 l_a 表示。 构造图解析: (1)柱纵向钢筋连接,相邻接头相互错开,在同一截面内的钢筋接头百分率:对于绑扎搭接和机械连接不宜大于 50%;对于焊接连接不应大于 50%。 (2)柱纵向钢筋直径大于 28mm 时,不宜采用绑扎搭接接头。 (3)机械连接和焊接接头的类型及质量应符合国家现行有关标准的规定。 (4)梁上起柱,在梁内设两道柱箍筋。 (5)图 2-2-1(*a*)、(*b*)中柱的纵筋连接及锚固构造除柱根部外,往上均与框架柱的纵筋连接及锚固构造相同。 (6)在柱平法施工图中所注写的非抗震柱的箍筋间距,是指非搭接区的箍筋间距,在柱纵筋搭接区的箍筋间距设置详见具体工程的设计说明
抗震 LZ,机械或焊接连接	图 2-2-1(*b*)	
非抗震 LZ,绑扎搭接	图 2-2-1(*c*)	
非抗震 LZ,机械或焊接连接	图 2-2-1(*d*)	

3. 剪力墙上起柱钢筋锚固构造

抗震和非抗震剪力墙上起柱指普通剪力墙上个别部位的少量起柱，不包括结构转换层上的剪力墙起柱。剪力墙上起柱按纵筋锚固情况分为柱与墙重叠一层和柱纵筋锚固在墙顶部两种类型，具体见表 2-2-3、表 2-2-4。

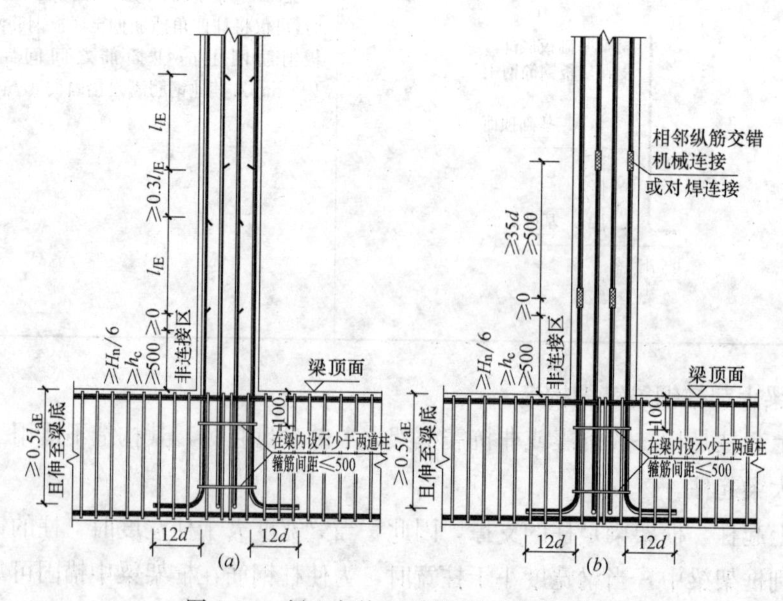

图 2-2-1 梁上起柱 LZ 钢筋排布构造详图

(*a*) 抗震 LZ，绑扎搭接；(*b*) 抗震 LZ，机械或焊接连接

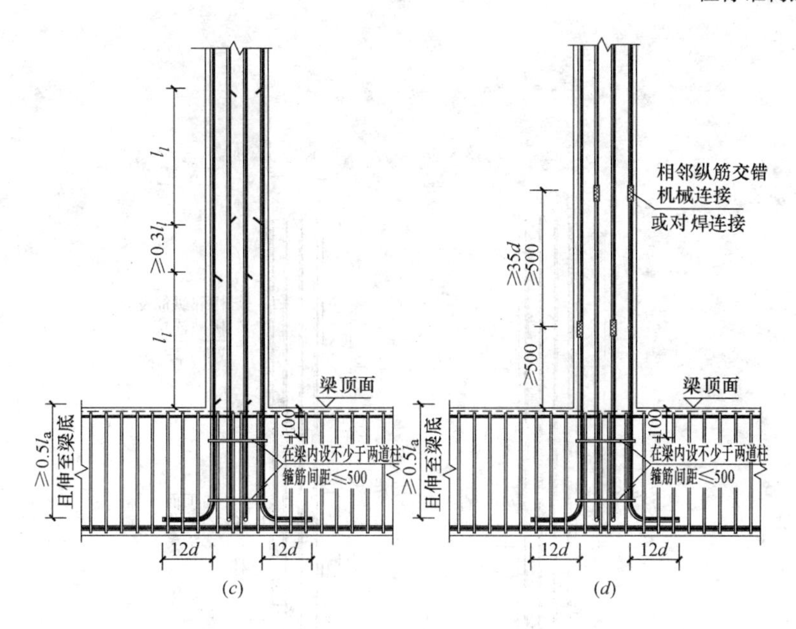

图 2-2-1 梁上起柱 LZ 钢筋排布构造详图（续）

(c) 非抗震 LZ，绑扎搭接；(d) 非抗震 LZ，机械或焊接连接

剪力墙上起柱钢筋锚固构造（抗震） **表 2-2-3**

名 称	构 造 图	构 造 说 明
绑扎搭接，柱与墙重叠一层	图 2-2-2(a)	字母释义： h_c——柱截面长边尺寸（圆柱为直径）； H_n——所在楼层的柱净高； d——柱插筋直径； l_{lE}——纵向受拉钢筋抗震绑扎搭接长度； l_{aE}——纵向受拉钢筋抗震锚固长度。 构造图解析： (1)柱纵向钢筋连接，相邻接头相互错开，在同一截面内的钢筋接头百分率：对于绑扎搭接和机械连接不宜大于 50%；对于焊接连接不应大于 50%。 (2)柱纵向钢筋直径大于 28mm 时，不宜采用绑扎搭接接头。 (3)机械连接和焊接接头的类型及质量应符合国家现行有关标准的规定。 (4)墙上起柱，在墙顶面标高以下锚固范围内的柱箍筋按上柱非加密区箍筋要求配置。 (5)图 2-2-2 中柱的纵筋连接及锚固构造除柱根部外，往上均与框架柱的纵筋连接及锚固构造相同
机械或焊接连接，柱与墙重叠一层	图 2-2-2(b)	
绑扎搭接，柱纵筋墙顶锚固	图 2-2-2(c)	
机械或焊接连接，柱纵筋墙顶锚固	图 2-2-2(d)	

4. 芯柱锚固构造

为使抗震框架柱等竖向构件在消耗地震能量时有适当的延性，满足轴压比的要求，可在框架柱截面中部三分之一范围设置芯柱，如图 2-2-4 所示。芯柱截面尺寸长和宽一般为 max（$b/3$，250mm）和 max（$h/3$，250mm）。芯柱配置的纵筋和箍筋按设计标注，芯柱纵筋的连接与根部锚固同框架柱，向上直通至芯柱顶标高。非抗震设计时，一般不设计芯柱。

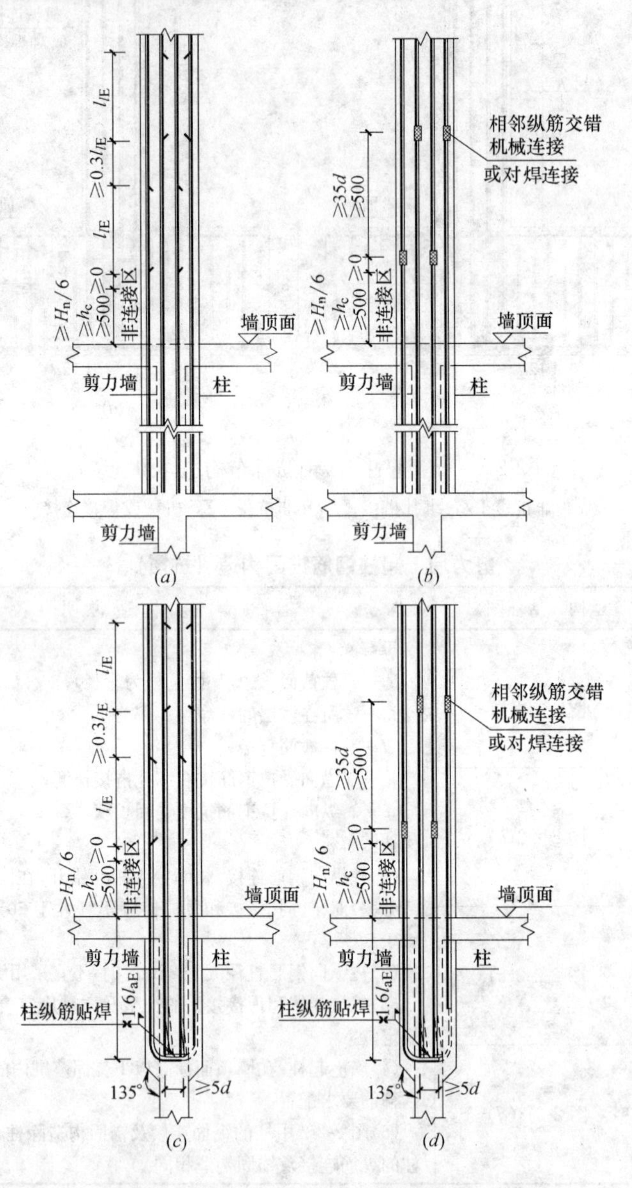

图 2-2-2 抗震墙上柱 QZ 钢筋排布构造详图

(*a*) 绑扎搭接，柱与墙重叠一层；(*b*) 机械或焊接连接，柱与墙重叠一层；

(*c*) 绑扎搭接，柱纵筋墙顶锚固；(*d*) 机械或焊接连接，柱纵筋墙顶锚固

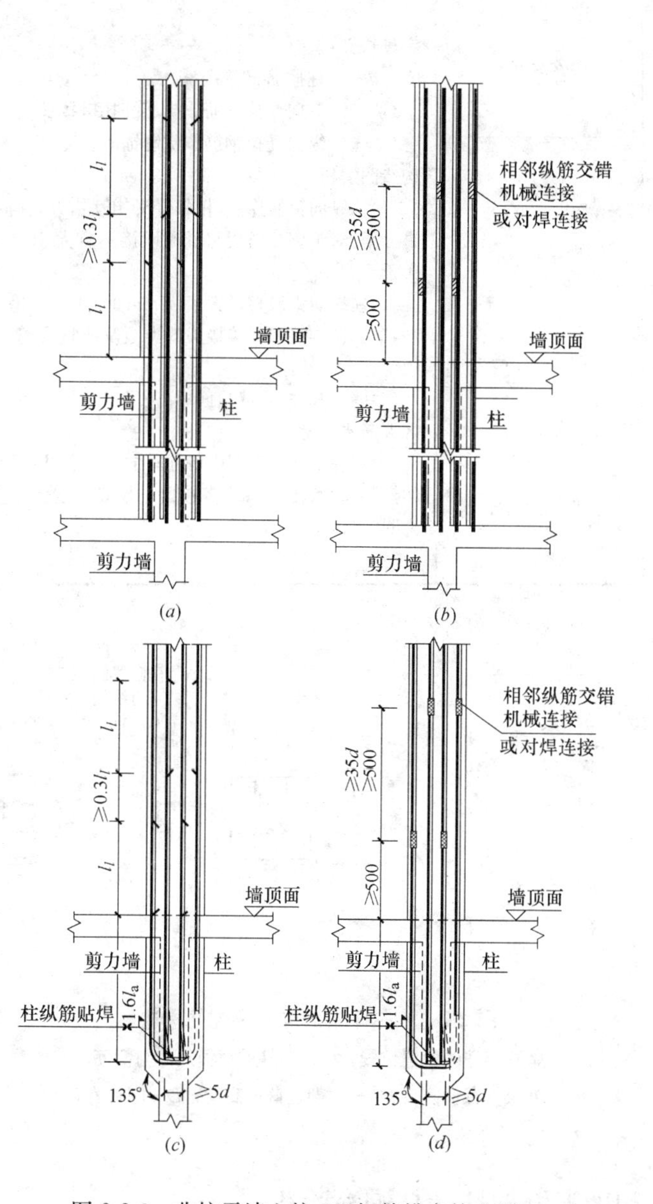

图 2-2-3 非抗震墙上柱 QZ 钢筋排布构造详图

(*a*) 绑扎搭接，柱与墙重叠一层；(*b*) 机械或焊接连接，柱与墙重叠一层；(*c*) 绑扎搭接，柱纵筋墙顶锚固；(*d*) 机械或焊接连接，柱纵筋墙顶锚固

剪力墙上起柱钢筋锚固构造（非抗震） 表 2-2-4

名　称	构 造 图	构造说明
绑扎搭接，柱与墙重叠一层	图 2-2-3(*a*)	字母释义： d——柱插筋直径； l_l——纵向受拉钢筋非抗震绑扎搭接长度； l_a——纵向受拉钢筋非抗震锚固长度。 构造图解析： (1)柱纵向钢筋连接，相邻接头相互错开，在同一截面内的钢筋接头百分率：对于绑扎搭接和机械连接不宜大于 50%；对于焊接连接不应大于 50%。 (2)柱纵向钢筋直径大于 28mm 时，不宜采用绑扎搭接接头。 (3)机械连接和焊接接头的类型及质量应符合国家现行有关标准的规定。 (4)墙上起柱，在墙顶面标高以下锚固范围内的柱箍筋按上柱非加密区箍筋要求配置。 (5)在柱平法施工图中所注写的非抗震柱的箍筋间距，是指非搭接区的箍筋间距，在柱纵筋搭接区的箍筋间距设置详见具体工程的设计说明
机械或焊接连接，柱与墙重叠一层	图 2-2-3(*b*)	
绑扎搭接，柱纵筋墙顶锚固	图 2-2-3(*c*)	
机械或焊接连接，柱纵筋墙顶锚固	图 2-2-3(*d*)	

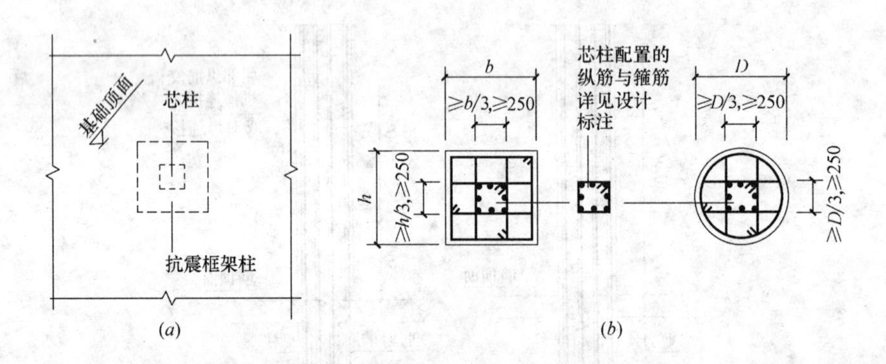

图 2-2-4　芯柱截面尺寸及配筋构造

(*a*) 芯柱的设置位置；(*b*) 芯柱的截面尺寸与配筋

b—框架柱截面宽度；*h*—框架柱截面高度；*D*—圆柱直径

2.2.2　框架柱和地下框架柱柱身钢筋构造

1. 抗震框架柱（KZ）纵向钢筋连接构造

平法柱的节点构造图中，11G101-1 图集第 57 页“抗震 KZ 纵向钢筋连接构造”是平法柱节点构造的核心。具体构造要求参见表 2-2-5。

2. 地下室抗震框架柱（KZ）的纵向钢筋连接构造与箍筋加密区范围

当嵌固部位位于基础顶面以上时，嵌固部位以下地下室部分柱纵向钢筋连接构造见表 2-2-7。

抗震 KZ 纵向钢筋连接构造 **表 2-2-5**

<table>
<tr><th colspan="2">名称</th><th>构造图</th><th>构造说明</th></tr>
<tr><td rowspan="3">一般连接</td><td>绑扎搭接</td><td>图 2-2-5(a)</td><td rowspan="4">字母释义：
h_c——柱截面长边尺寸；
H_n——所在楼层的柱净高；
d——框架柱纵向钢筋直径；
l_{lE}——纵向受拉钢筋抗震绑扎搭接长度；
l_{aE}——纵向受拉钢筋抗震锚固长度。
构造图解析：
(1)非连接区是指柱纵筋不允许在这个区域之内进行连接。
(2)得知柱纵筋的非连接区的范围，可知柱纵筋切断点的位置。这个切断点可以选在非连接区的边缘。
(3)柱相邻纵向钢筋连接接头要相互错开。在同一截面内钢筋接头面积百分率不宜大于 50%。柱纵向钢筋连接接头相互错开的距离如下：
1)绑扎搭接连接：接头错开距离≥$0.3l_{lE}$；
2)机械连接：接头错开距离≥$35d$；
3)焊接连接：接头错开距离≥$35d$ 且≥500mm。
(4)柱纵筋绑扎搭接长度要求见表 2-2-6。
(5)一般连接的连接要求：
1)当受拉钢筋直径>25mm 及受压钢筋直径>28mm 时，不宜采用绑扎搭接；
2)轴心受拉及小偏心受拉构件中纵向受力钢筋不应采用绑扎搭接接头，设计者应在柱平法结构施工图中注明其平面位置及层数；
3)纵向受力钢筋连接位置宜避开梁端、柱端箍筋加密区。如必须在此连接时，应采用机械连接或焊接；
4)机械连接和焊接接头的类型及质量应符合国家现行有关标准的规定。
(6)绑扎搭接中，当某层连接区的高度小于纵筋分两批搭接所需的高度时，应改用机械连接或焊接连接。
(7)上柱钢筋比下柱多时见图 2-2-6(a)，上柱钢筋直径比下柱钢筋直径大时见图 2-2-6(b)，下柱钢筋比上柱多时见图 2-2-6(c)，下柱钢筋直径比上柱钢筋直径大时见图 2-2-6(d)。图中为绑扎搭接，也可采用机械连接和焊接连接</td></tr>
<tr><td>机械连接</td><td>图 2-2-5(b)</td></tr>
<tr><td>焊接连接</td><td>图 2-2-5(c)</td></tr>
<tr><td colspan="2">特殊连接</td><td>图 2-2-6</td></tr>
</table>

柱纵筋绑扎搭接长度要求 **表 2-2-6**

<table>
<tr><td colspan="4">纵向受拉钢筋绑扎搭接长度 l_{lE}、l_l</td></tr>
<tr><td colspan="2">抗震</td><td colspan="2">非抗震</td></tr>
<tr><td colspan="2">$l_{lE}=\zeta_l l_{aE}$</td><td colspan="2">$l_l=\zeta_l l_a$</td></tr>
<tr><td colspan="4">纵向受拉钢筋搭接长度修正系数 ζ_l</td></tr>
<tr><td>纵向钢筋搭接接头面积百分率(%)</td><td>≤25</td><td>50</td><td>100</td></tr>
<tr><td>ζ_l</td><td>1.2</td><td>1.4</td><td>1.6</td></tr>
</table>

注：1. 当直径不同的钢筋搭接时，l_l、l_{lE}按直径较小的钢筋计算。
2. 任何情况下不应小于 300mm。
3. 式中 ζ_l为纵向受拉钢筋搭接长度修正系数。当纵向钢筋搭接接头百分率为表中的中间值时，可按内插取值。

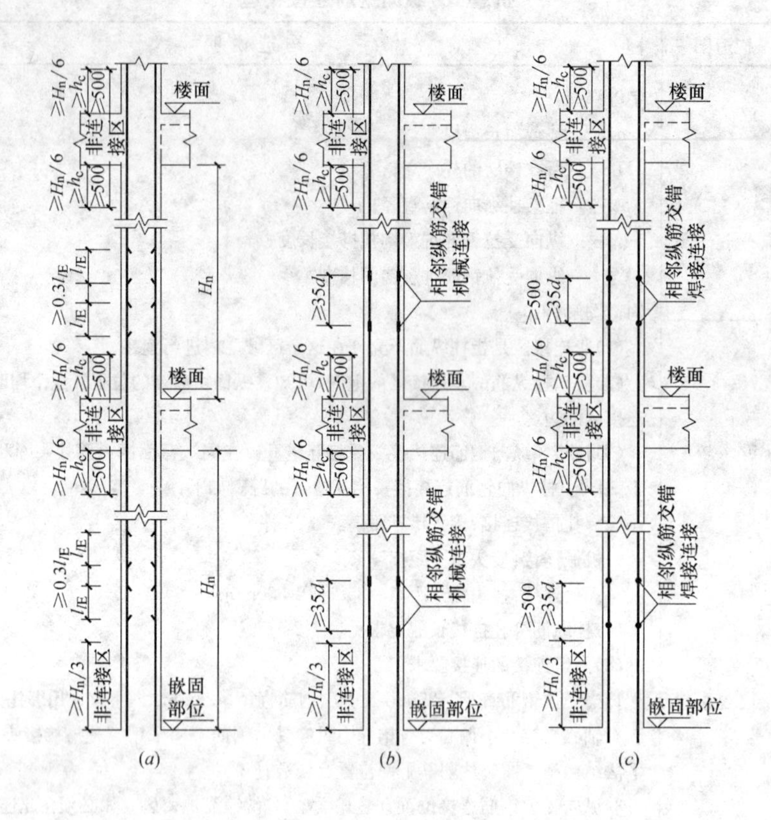

图 2-2-5　抗震 KZ 纵向钢筋一般连接构造

（a）绑扎搭接；（b）机械连接；（c）焊接连接

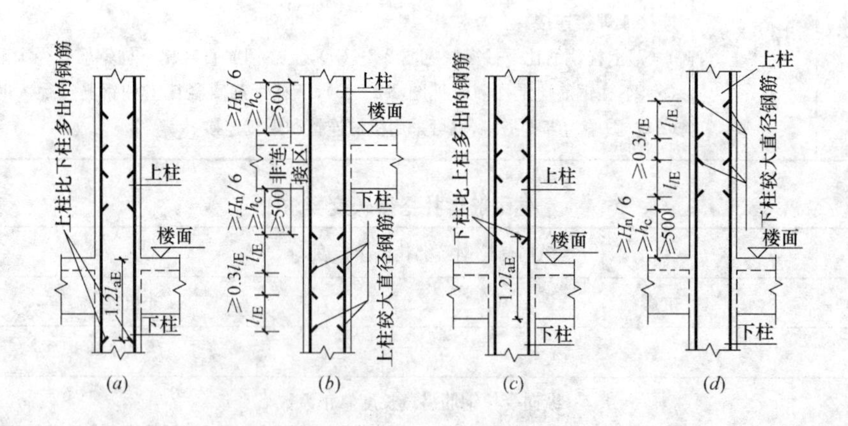

图 2-2-6　抗震 KZ 纵向钢筋特殊连接构造

（a）上柱钢筋比下柱多时；（b）上柱钢筋直径比下柱钢筋直径大时；

（c）下柱钢筋比上柱多时；（d）下柱钢筋直径比上柱钢筋直径大时

地下室抗震KZ的纵向钢筋连接构造与箍筋加密区范围 **表 2-2-7**

名　称	构 造 图	构 造 说 明
绑扎搭接	图 2-2-7(*a*)	字母释义： h_c——柱截面长边尺寸(圆柱与截面直径)； H_n——所在楼层的柱净高； d——框架柱纵向钢筋直径； l_{lE}——纵向受拉钢筋抗震绑扎搭接长度； l_{aE}——纵向受拉钢筋抗震锚固长度，见表 2-2-8～表 2-2-10； l_{abE}——纵向受拉钢筋的抗震基本锚固长度，见表 2-2-8～表 2-2-10。 构造图解析： (1)绑扎搭接中，当某层连接区的高度小于纵筋分两批搭接所需要的高度时，应改用机械连接或焊接连接。 (2)图 2-2-7 和图 2-2-8 中钢筋连接构造及柱箍筋加密区范围用于嵌固部位不在基础底面情况下地下室部分(基础底面至嵌固部位)的柱。 (3)地下一层增加钢筋在嵌固部位的锚固构造仅用于按《建筑抗震设计规范》GB 50011—2010 第 6.1.14 条在地下一层增加的 10%钢筋。由设计指定，未指定时表示地下一层比上层柱多出的钢筋
机械连接	图 2-2-7(*b*)	
焊接连接	图 2-2-7(*c*)	
箍筋加密区范围	图 2-2-8	
地下一层增加钢筋在嵌固部位的锚固构造	图 2-2-9	

受拉钢筋基本锚固长度 l_{ab}、l_{abE} **表 2-2-8**

钢筋种类	抗震等级	混凝土强度等级								
		C20	C25	C30	C35	C40	C45	C50	C55	≥C60
HPB300	一、二级(l_{abE})	45*d*	39*d*	35*d*	32*d*	29*d*	28*d*	26*d*	25*d*	24*d*
	三级(l_{abE})	41*d*	36*d*	32*d*	29*d*	26*d*	25*d*	24*d*	23*d*	22*d*
	四级(l_{abE}) 非抗震(l_{ab})	39*d*	34*d*	30*d*	28*d*	25*d*	24*d*	23*d*	22*d*	21*d*
HRB335 HRBF335	一、二级(l_{abE})	44*d*	38*d*	33*d*	31*d*	29*d*	26*d*	25*d*	24*d*	24*d*
	三级(l_{abE})	40*d*	35*d*	31*d*	28*d*	26*d*	24*d*	23*d*	22*d*	22*d*
	四级(l_{abE}) 非抗震(l_{ab})	38*d*	33*d*	29*d*	27*d*	25*d*	23*d*	22*d*	21*d*	21*d*
HRB400 HRBF400 RRB400	一、二级(l_{abE})	—	46*d*	40*d*	37*d*	33*d*	32*d*	31*d*	30*d*	29*d*
	三级(l_{abE})	—	42*d*	37*d*	34*d*	30*d*	29*d*	28*d*	27*d*	26*d*
	四级(l_{abE}) 非抗震(l_{ab})	—	40*d*	35*d*	32*d*	29*d*	28*d*	27*d*	26*d*	25*d*
HRB500 HRBF500	一、二级(l_{abE})	—	55*d*	49*d*	45*d*	41*d*	39*d*	37*d*	36*d*	35*d*
	三级(l_{abE})	—	50*d*	45*d*	41*d*	38*d*	36*d*	34*d*	33*d*	32*d*
	四级(l_{abE}) 非抗震(l_{ab})	—	48*d*	43*d*	39*d*	36*d*	34*d*	32*d*	31*d*	30*d*

注：HPB300 级钢筋末端应做 180°弯钩，弯后平直段长度不应小于 3*d*，但作受压钢筋时可不做弯钩。

受拉钢筋锚固长度 l_a、抗震锚固长度 l_{aE} **表 2-2-9**

非 抗 震	抗　震
$l_a=\zeta_a l_{ab}$	$l_{aE}=\zeta_{aE} l_a$

注：1. l_a 不应小于 200mm；

2. 锚固长度修正系数 ζ_a 按表 2-2-10 取用，当多于一项时，可按连乘计算，但不应小于 0.6；

3. ζ_{aE} 为抗震锚固长度修正系数，对一、二级抗震等级取 1.15，对三级抗震等级取 1.05，对四级抗震等级取 1.00。

受拉钢筋锚固长度修正系数 ζ_a 表 2-2-10

锚固条件		ζ_a
带肋钢筋的公称直径大于 25mm		1.10
环氧树脂涂层带肋钢筋		1.25
施工过程中易受扰动的钢筋		1.10
锚固区保护层厚度	$3d$	0.80
	$5d$	0.70

注：1. 锚固区保护层厚度中间时按内插取值。d 为锚固钢筋直径；

2. 当锚固钢筋的保护层厚度不大于 $5d$ 时，锚固钢筋长度范围内应设置横向构造钢筋，其直径不应小于 $d/4$（d 为锚固钢筋的最大直径）；对梁、柱等构件间距不应大于 $5d$，对板、墙构件间距不应大于 $10d$，且均不应大于 100mm（d 为锚固钢筋的直径）。

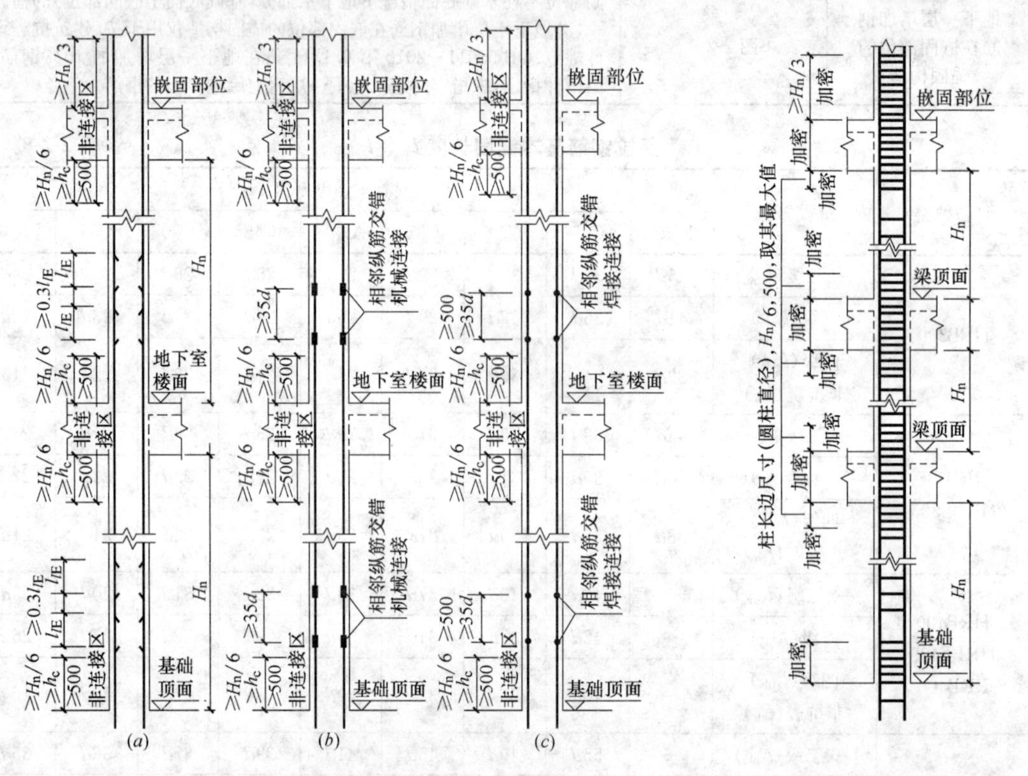

图 2-2-7 地下室抗震 KZ 的纵向钢筋连接结构

（a）绑扎搭接；（b）机械连接；（c）焊接连接

图 2-2-8 箍筋加密区范围

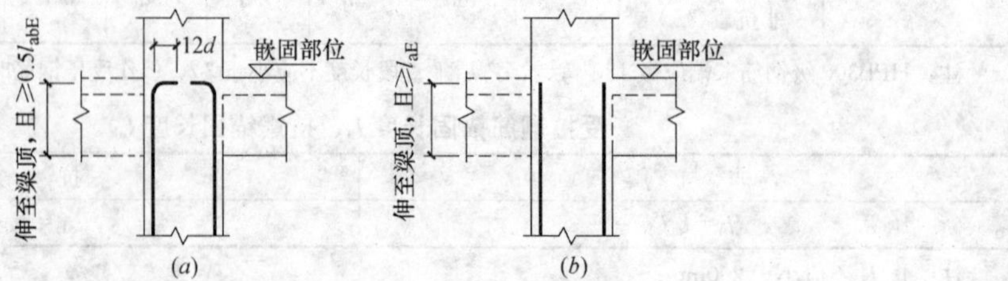

图 2-2-9 地下一层增加钢筋在嵌固部位的锚固构造

（a）弯锚；（b）直锚

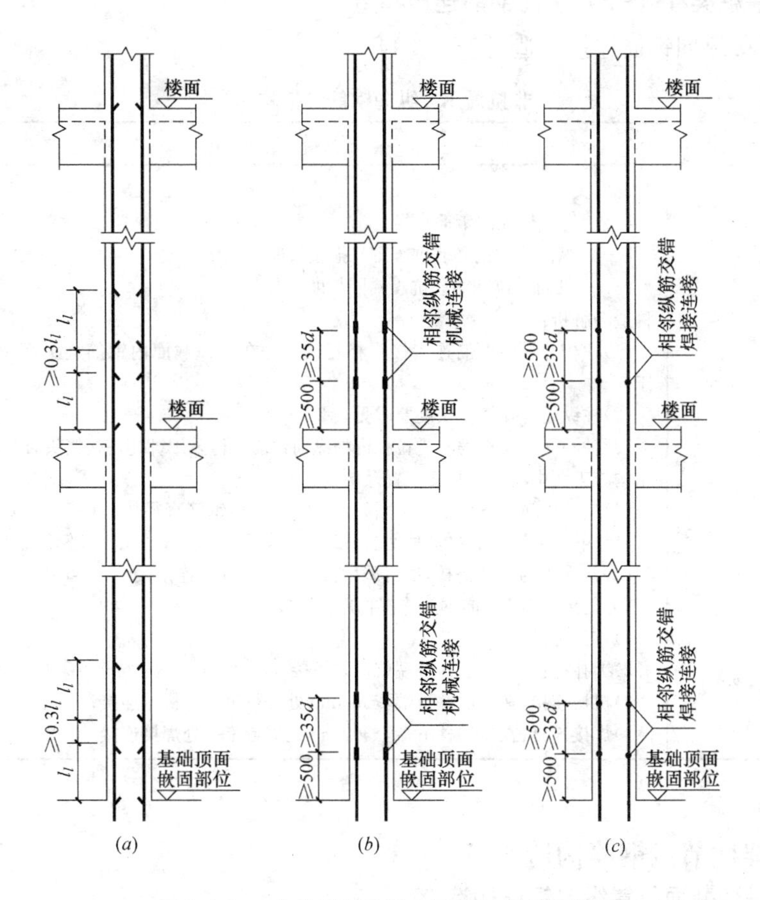

图 2-2-10 非抗震 KZ 纵向钢筋一般连接构造

(*a*) 绑扎搭接；(*b*) 机械连接；(*c*) 焊接连接

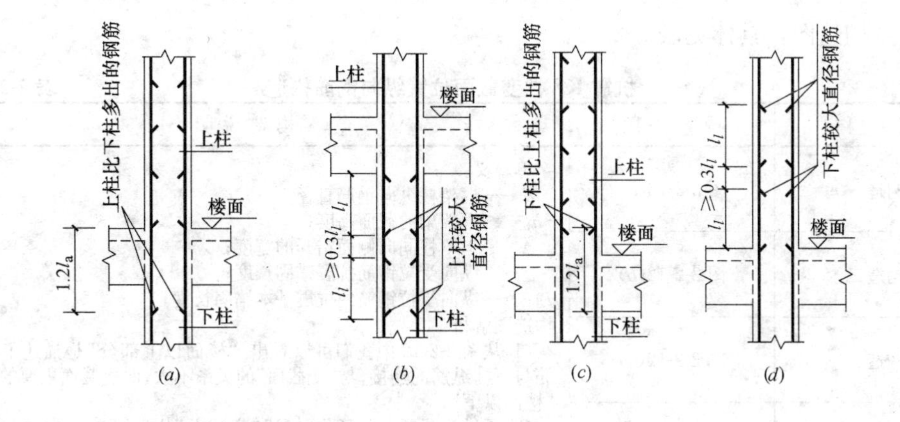

图 2-2-11 非抗震 KZ 纵向钢筋特殊连接构造

(*a*) 上柱钢筋比下柱多时；(*b*) 上柱钢筋直径比下柱钢筋直径大时；

(*c*) 下柱钢筋比上柱多时；(*d*) 下柱钢筋直径比上柱钢筋直径大时

3. 非抗震框架柱（KZ）纵向钢筋连接构造

非抗震 KZ 纵向钢筋连接构造见表 2-2-11。

非抗震 KZ 纵向钢筋连接构造 **表 2-2-11**

名称		构造图	构造说明
一般连接	绑扎搭接	图 2-2-10(a)	字母释义： d——框架柱纵向钢筋直径； l_l——纵向受拉钢筋非抗震绑扎搭接长度； l_a——纵向受拉钢筋非抗震锚固长度。 构造图解析： (1)柱相邻纵向钢筋连接接头相互错开。在同一截面内钢筋接头面积百分率不宜大于 50%。 (2)柱纵筋绑扎搭接长度要求见表 2-2-6。 (3)轴心受拉及小偏心受拉柱内的纵向钢筋不得采用绑扎搭接接头，设计者应在柱平法结构施工图中注明其平面位置及层数。 (4)上柱钢筋比下柱多时见图 2-2-11(a)，上柱钢筋直径比下柱钢筋直径大时见图 2-2-11(b)，下柱钢筋比上柱多时见图 2-2-11(c)，下柱钢筋直径比上柱钢筋直径大时见图 2-2-11(d)。图中为绑扎搭接，也可采用机械连接和焊接连接。 (5)与抗震 KZ 纵向钢筋连接构造相比较： 1)首先是没有“非连接区”； 2)绑扎搭接：在每层柱下端就可以搭接 l_l； 3)机械连接：在每层柱下端≥500mm 处进行第一处机械连接； 4)焊接连接：在每层柱下端≥500mm 处进行第一处焊接连接
	机械连接	图 2-2-10(b)	
	焊接连接	图 2-2-10(c)	
特殊连接		图 2-2-11	

2.2.3 框架柱节点钢筋构造

1. 框架柱变截面位置纵向钢筋构造

（1）抗震 KZ 柱变截面位置纵向钢筋构造

在 11G101-1 图集 60 页中，关于抗震框架柱（KZ）变截面位置纵向钢筋构造画出了五个节点构造图，具体见表 2-2-12。

抗震 KZ 柱变截面位置纵向钢筋构造 **表 2-2-12**

名　称	构 造 图	构造说明
构造一	图 2-2-12(a)	字母释义： d——框架柱纵向钢筋直径； h_b——框架梁的截面高度； Δ——上下柱同向侧面错开的宽度； l_{aE}——纵向受拉钢筋抗震锚固长度； l_{abE}——纵向受拉钢筋的抗震基本锚固长度。 构造图解析： (1)从图 2-2-12 中我们可以看出，“楼面以上部分”是描述上层柱纵筋与下柱纵筋的连接，与“变截面”的关系不大，而变截面主要的变化在“楼面以下”。 (2)通过对图形进行简化，描述“变截面”构造可以分为：“$\Delta/h_b>1/6$”情形下变截面的做法；“$\Delta/h_b\leq 1/6$”情形下变截面的做法。 (3)框架柱在“变截面”处的纵筋做法的影响因素： 1)与“变截面的幅度”有关； 2)与框架柱平面布置的位置有关； 3)在处理框架柱变截面时，应注意“角柱”
构造二	图 2-2-12(b)	
构造三	图 2-2-12(c)	
构造四	图 2-2-12(d)	
构造五	图 2-2-12(e)	

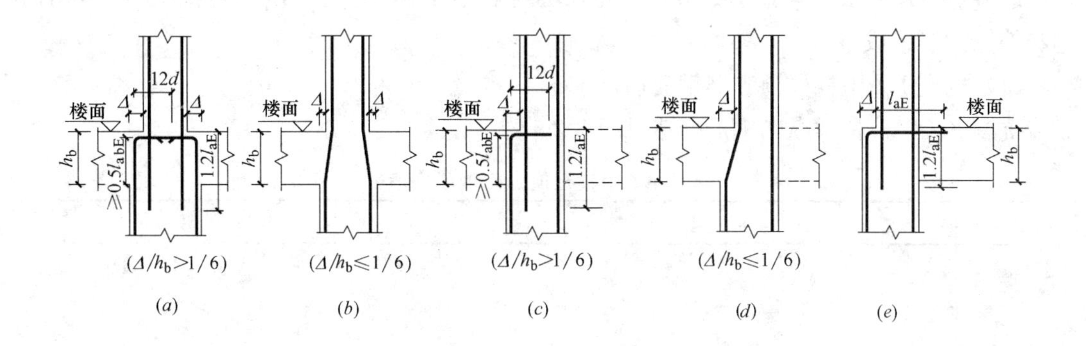

图 2-2-12 抗震 KZ 柱变截面位置纵向钢筋构造

(2) 非抗震 KZ 柱变截面位置纵向钢筋构造

非抗震 KZ 柱变截面位置纵向钢筋构造见表 2-2-13。

非抗震 KZ 柱变截面位置纵向钢筋构造 **表 2-2-13**

名 称	构 造 图	构 造 说 明
构造一	图 2-2-13(*a*)	字母释义： d——框架柱纵向钢筋直径； h_b——框架梁的截面高度； Δ——上下柱同向侧面错开的宽度； l_a——纵向受拉钢筋非抗震锚固长度； l_{ab}——纵向受拉钢筋的非抗震基本锚固长度。 构造图解析： 与抗震 KZ 柱变截面位置纵向钢筋构造相比较：相似，l_{aE}换成 l_a，l_{abE}换成 l_{ab}
构造二	图 2-2-13(*b*)	
构造三	图 2-2-13(*c*)	
构造四	图 2-2-13(*d*)	
构造五	图 2-2-13(*e*)	

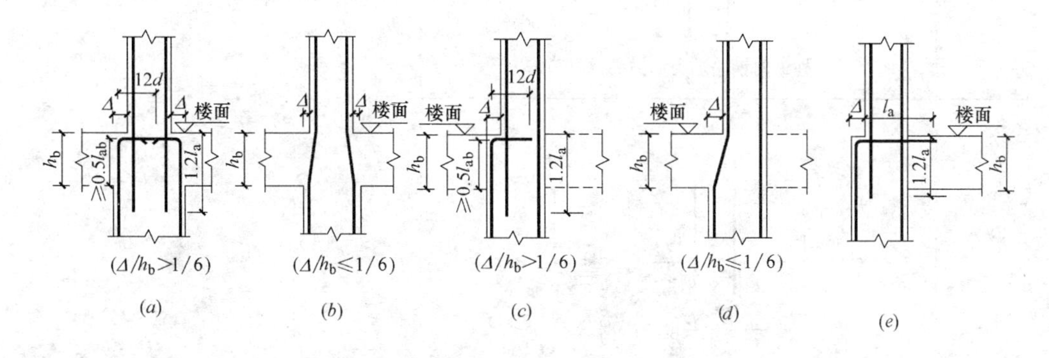

图 2-2-13 非抗震 KZ 柱变截面位置纵向钢筋构造

2. 框架柱顶层中间节点钢筋构造

根据框架柱在柱网布置中的具体位置（或框架柱四边中与框架梁连接的边数），可分为：中柱、边柱和角柱。根据框架柱中钢筋的位置，可以将框架柱中的钢筋分为框架柱内侧纵筋和外侧纵筋。顶层中间节点（顶层中柱与顶层梁节点）的柱纵筋全部为内侧纵筋，顶层边节点（顶层边柱与顶层梁节点）和顶层角节点（顶层角柱与顶层梁节点）分别由内侧和外侧钢筋组成。

（1）抗震 KZ 中柱柱顶纵向钢筋构造

抗震 KZ 中柱柱顶纵向钢筋构造见表 2-2-14。

抗震 KZ 中柱柱顶纵向钢筋构造 **表 2-2-14**

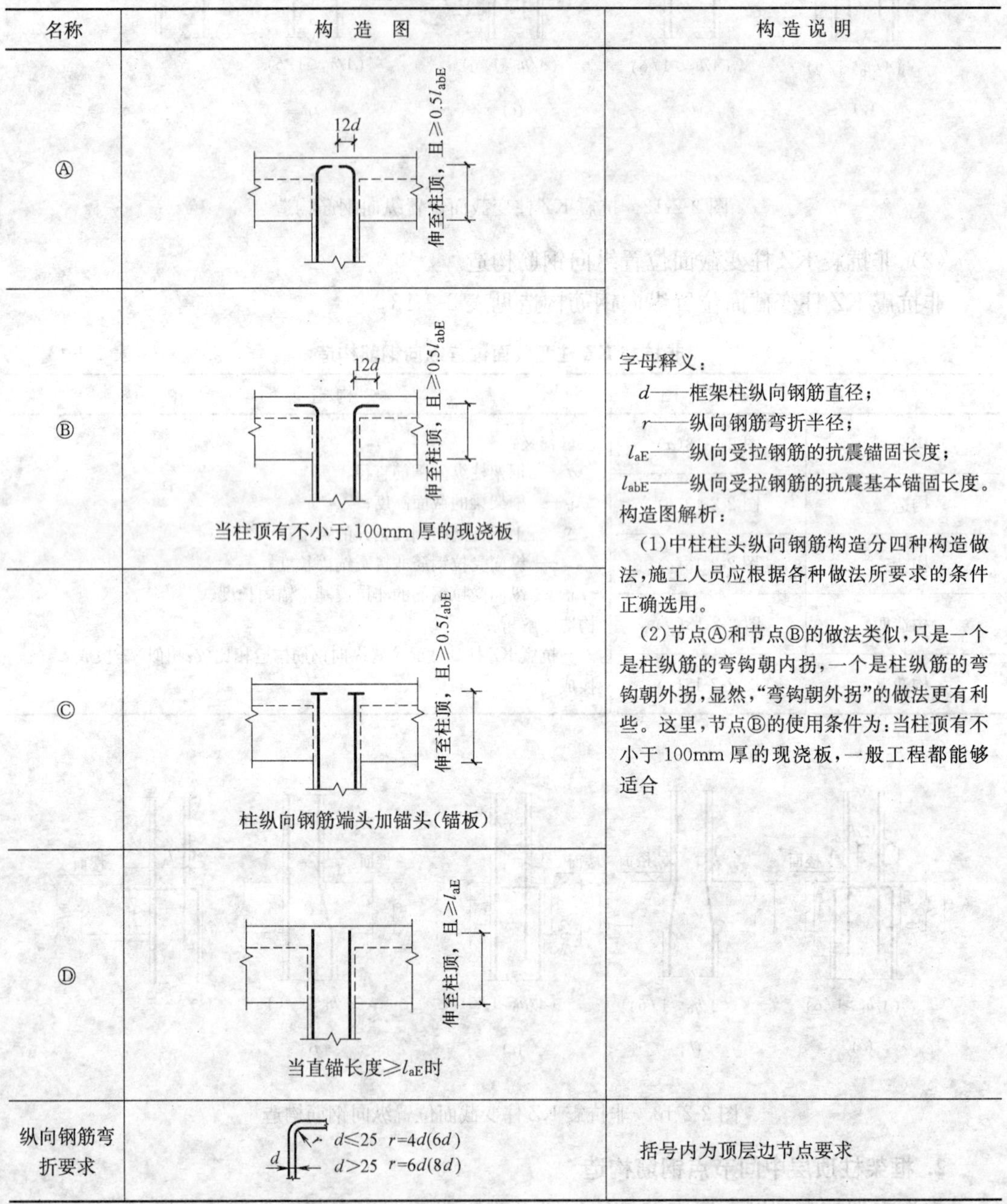

名称	构造图	构造说明
Ⓐ		字母释义： d——框架柱纵向钢筋直径； r——纵向钢筋弯折半径； l_{aE}——纵向受拉钢筋的抗震锚固长度； l_{abE}——纵向受拉钢筋的抗震基本锚固长度。 构造图解析： (1)中柱柱头纵向钢筋构造分四种构造做法，施工人员应根据各种做法所要求的条件正确选用。 (2)节点Ⓐ和节点Ⓑ的做法类似，只是一个是柱纵筋的弯钩朝内拐，一个是柱纵筋的弯钩朝外拐，显然，"弯钩朝外拐"的做法更有利些。这里，节点Ⓑ的使用条件为：当柱顶有不小于100mm厚的现浇板，一般工程都能够适合
Ⓑ	当柱顶有不小于 100mm 厚的现浇板	
Ⓒ	柱纵向钢筋端头加锚头(锚板)	
Ⓓ	当直锚长度≥l_{aE}时	
纵向钢筋弯折要求		括号内为顶层边节点要求

（2）非抗震 KZ 中柱柱顶纵向钢筋构造

非抗震 KZ 中柱柱顶纵向钢筋构造见表 2-2-15。

非抗震 KZ 中柱柱顶纵向钢筋构造 **表 2-2-15**

名称	构造图	构造说明
Ⓐ	12d；伸至柱顶，且≥0.5l_{ab}	字母释义： d——框架柱纵向钢筋直径； r——纵向钢筋弯折半径； l_a——纵向受拉钢筋的非抗震锚固长度； l_{ab}——纵向受拉钢筋的非抗震基本锚固长度。 构造图解析： (1)中柱柱头纵向钢筋构造分四种构造做法，施工人员应根据各种做法所要求的条件正确选用。 (2)与抗震 KZ 中柱柱顶纵向钢筋构造相比较：相似，l_{aE}换成 l_a，l_{abE}换成 l_{ab}
Ⓑ	12d；伸至柱顶，且≥0.5l_{ab} 当柱顶有不小于 100mm 厚的现浇板	
Ⓒ	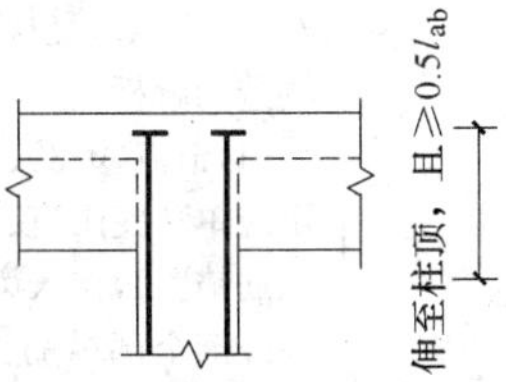 伸至柱顶，且≥0.5l_{ab} 柱纵向钢筋端头加锚头(锚板)	
Ⓓ	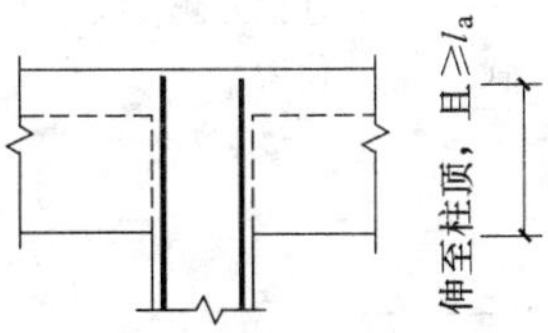 伸至柱顶，且≥l_a 当直锚长度≥l_a 时	
纵向钢筋弯折要求	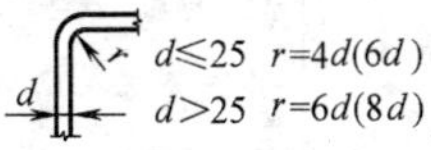 d；d≤25 r=4d(6d)；d>25 r=6d(8d)	括号内为顶层边节点要求

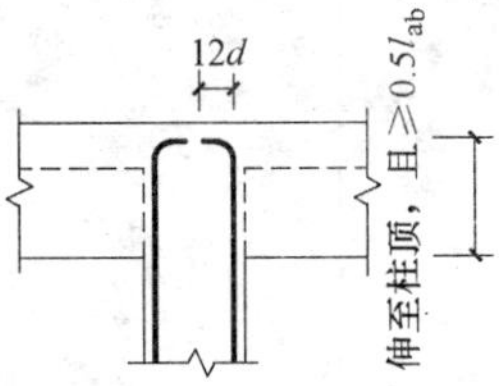

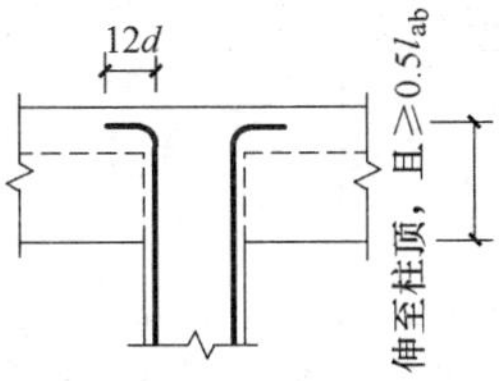

3. 框架柱顶层端节点钢筋构造

(1) 抗震 KZ 边柱和角柱柱顶纵向钢筋构造

抗震 KZ 边柱和角柱柱顶纵向钢筋构造见表 2-2-16。

(2) 非抗震 KZ 边柱和角柱柱顶纵向钢筋构造

非抗震 KZ 边柱和角柱柱顶纵向钢筋构造见表 2-2-17。

抗震 KZ 边柱和角柱柱顶纵向钢筋构造 表 2-2-16

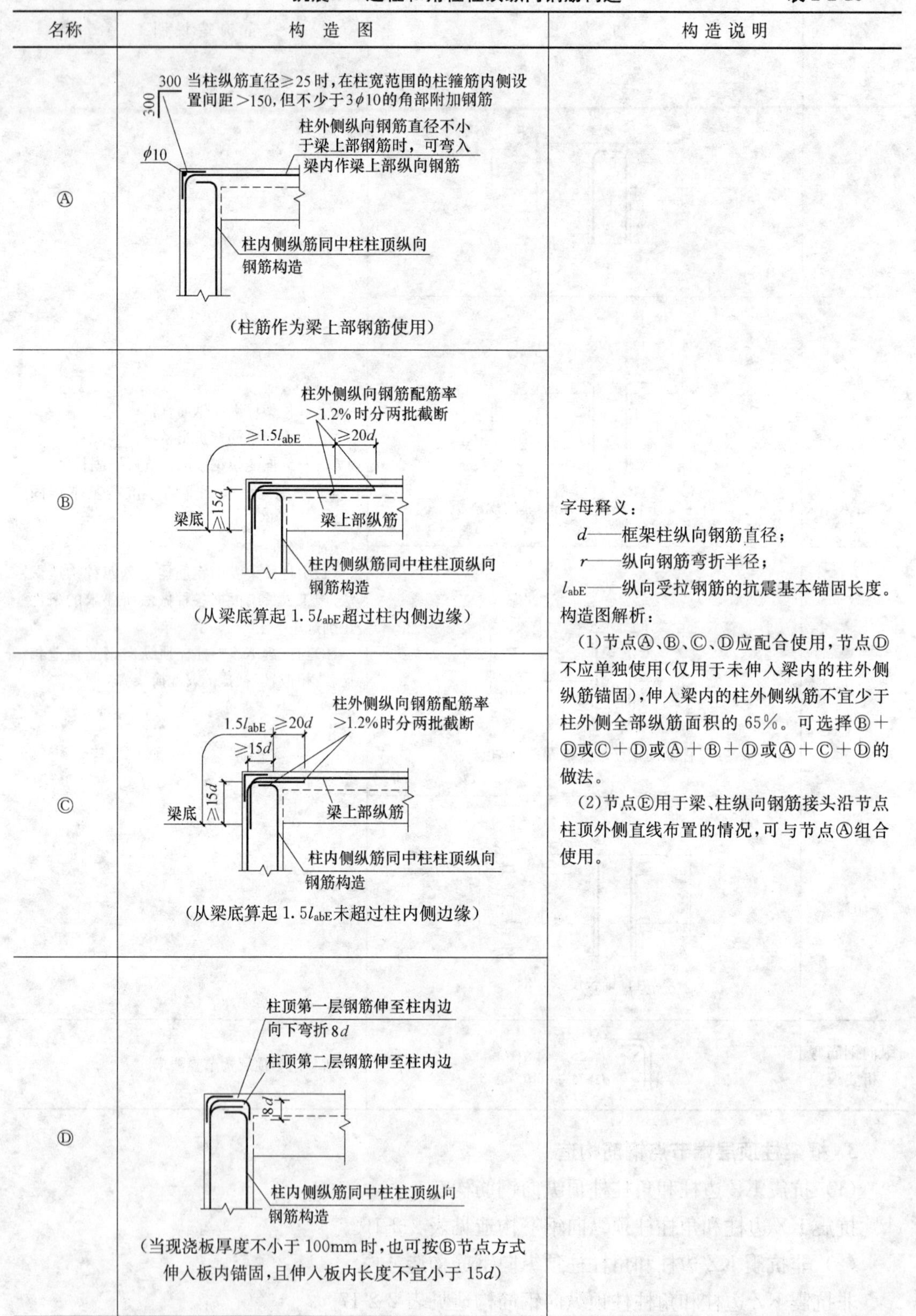

名称	构造图	构造说明
Ⓐ	（柱筋作为梁上部钢筋使用）	字母释义： d——框架柱纵向钢筋直径； r——纵向钢筋弯折半径； l_{abE}——纵向受拉钢筋的抗震基本锚固长度。 构造图解析： （1）节点Ⓐ、Ⓑ、Ⓒ、Ⓓ应配合使用，节点Ⓓ不应单独使用（仅用于未伸入梁内的柱外侧纵筋锚固），伸入梁内的柱外侧纵筋不宜少于柱外侧全部纵筋面积的65%。可选择Ⓑ＋Ⓓ或Ⓒ＋Ⓓ或Ⓐ＋Ⓑ＋Ⓓ或Ⓐ＋Ⓒ＋Ⓓ的做法。 （2）节点Ⓔ用于梁、柱纵向钢筋接头沿节点柱顶外侧直线布置的情况，可与节点Ⓐ组合使用。
Ⓑ	（从梁底算起1.5l_{abE}超过柱内侧边缘）	
Ⓒ	（从梁底算起1.5l_{abE}未超过柱内侧边缘）	
Ⓓ	（当现浇板厚度不小于100mm时，也可按Ⓑ节点方式伸入板内锚固，且伸入板内长度不宜小于15d）	

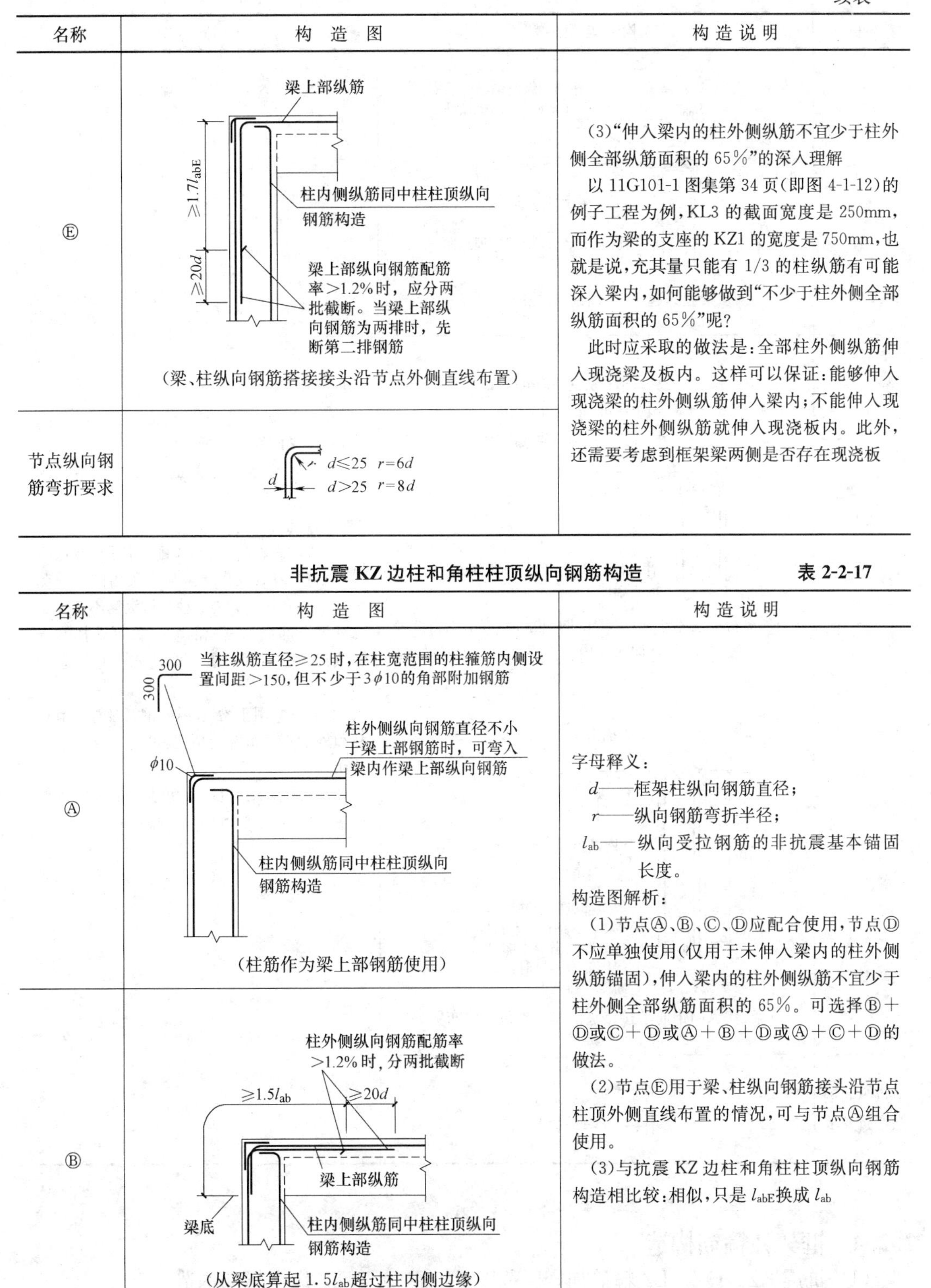

续表

名称	构 造 图	构 造 说 明
Ⓔ	（梁、柱纵向钢筋搭接接头沿节点外侧直线布置）	(3)"伸入梁内的柱外侧纵筋不宜少于柱外侧全部纵筋面积的65%"的深入理解 以11G101-1图集第34页（即图4-1-12）的例子工程为例，KL3的截面宽度是250mm，而作为梁的支座的KZ1的宽度是750mm，也就是说，充其量只能有1/3的柱纵筋有可能深入梁内，如何能够做到"不少于柱外侧全部纵筋面积的65%"呢？ 此时应采取的做法是：全部柱外侧纵筋伸入现浇梁及板内。这样可以保证：能够伸入现浇梁的柱外侧纵筋伸入梁内；不能伸入现浇梁的柱外侧纵筋就伸入现浇板内。此外，还需要考虑到框架梁两侧是否存在现浇板
节点纵向钢筋弯折要求	$d\leqslant 25$ $r=6d$ $d>25$ $r=8d$	

非抗震KZ边柱和角柱柱顶纵向钢筋构造 表2-2-17

名称	构 造 图	构 造 说 明
Ⓐ	（柱筋作为梁上部钢筋使用）	字母释义： d——框架柱纵向钢筋直径； r——纵向钢筋弯折半径； l_{ab}——纵向受拉钢筋的非抗震基本锚固长度。 构造图解析： (1)节点Ⓐ、Ⓑ、Ⓒ、Ⓓ应配合使用，节点Ⓓ不应单独使用（仅用于未伸入梁内的柱外侧纵筋锚固），伸入梁内的柱外侧纵筋不宜少于柱外侧全部纵筋面积的65%。可选择Ⓑ+Ⓓ或Ⓒ+Ⓓ或Ⓐ+Ⓑ+Ⓓ或Ⓐ+Ⓒ+Ⓓ的做法。 (2)节点Ⓔ用于梁、柱纵向钢筋接头沿节点柱顶外侧直线布置的情况，可与节点Ⓐ组合使用。 (3)与抗震KZ边柱和角柱柱顶纵向钢筋构造相比较：相似，只是l_{abE}换成l_{ab}
Ⓑ	（从梁底算起1.5l_{ab}超过柱内侧边缘）	

续表

名称	构 造 图	构 造 说 明
Ⓒ	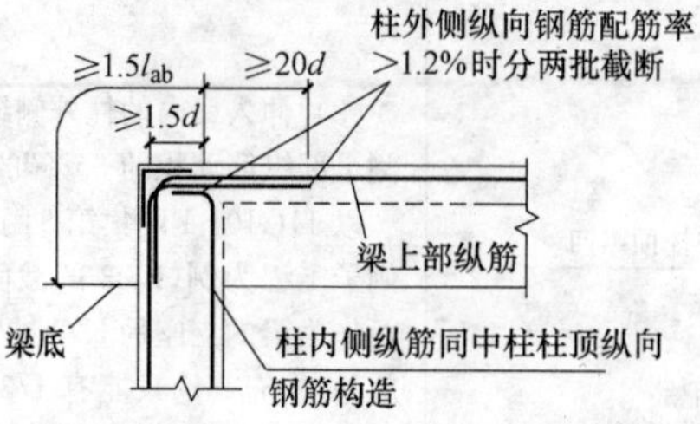 柱外侧纵向钢筋配筋率>1.2%时分两批截断 $\geqslant 1.5l_{ab}$　$\geqslant 20d$　$\geqslant 1.5d$ 梁上部纵筋 梁底 柱内侧纵筋同中柱柱顶纵向钢筋构造 （从梁底算起 $1.5l_{ab}$ 未超过柱内侧边缘）	
Ⓓ	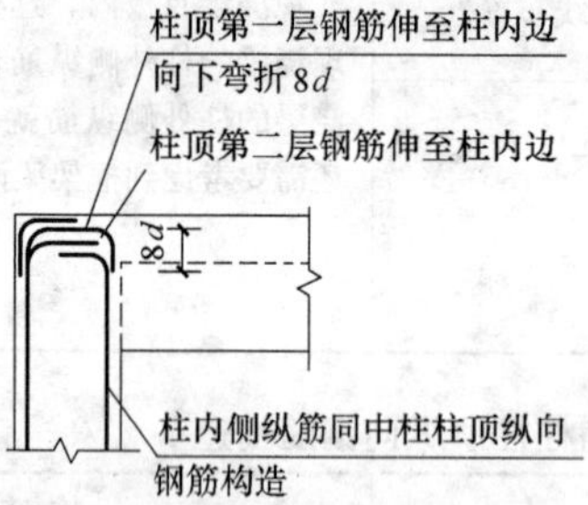 柱顶第一层钢筋伸至柱内边向下弯折 $8d$ 柱顶第二层钢筋伸至柱内边 $8d$ 柱内侧纵筋同中柱柱顶纵向钢筋构造 （当现浇板厚度不小于 100mm 时，也可按Ⓑ节点方式伸入板内锚固，且伸入板内长度不宜小于 $15d$）	字母释义： d——框架柱纵向钢筋直径； r——纵向钢筋弯折半径； l_{ab}——纵向受拉钢筋的非抗震基本锚固长度。 构造图解析： (1)节点Ⓐ、Ⓑ、Ⓒ、Ⓓ应配合使用，节点Ⓓ不应单独使用(仅用于未伸入梁内的柱外侧纵筋锚固)，伸入梁内的柱外侧纵筋不宜少于柱外侧全部纵筋面积的 65%。可选择Ⓑ＋Ⓓ或Ⓒ＋Ⓓ或Ⓐ＋Ⓑ＋Ⓓ或Ⓐ＋Ⓒ＋Ⓓ的做法。 (2)节点Ⓔ用于梁、柱纵向钢筋接头沿节点柱顶外侧直线布置的情况，可与节点Ⓐ组合使用。 (3)与抗震 KZ 边柱和角柱柱顶纵向钢筋构造相比较：相似，只是 l_{abE} 换成 l_{ab}
Ⓔ	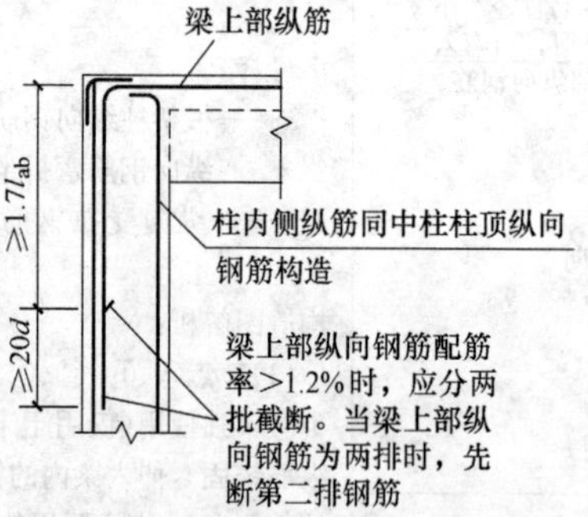 梁上部纵筋 $\geqslant 1.7l_{ab}$ 柱内侧纵筋同中柱柱顶纵向钢筋构造 $\geqslant 20d$ 梁上部纵向钢筋配筋率>1.2%时，应分两批截断。当梁上部纵向钢筋为两排时，先断第二排钢筋 （梁、柱纵向钢筋搭接接头沿节点外侧直线布置）	
节点纵向钢筋弯折要求	$d\leqslant 25$　$r=6d$ $d>25$　$r=8d$	

2.2.4 框架柱箍筋构造

(1) 抗震 KZ、QZ、LZ 箍筋加密区范围及抗震 QZ、LZ 纵向钢筋构造

抗震 KZ、QZ、LZ 箍筋加密区范围及抗震 QZ、LZ 纵向钢筋构造见表 2-2-18。

抗震 KZ、QZ、LZ 箍筋加密区范围及抗震 QZ、LZ 纵向钢筋构造　　表 2-2-18

名称	构 造 图	构造说明
抗震 KZ、QZ、LZ 箍筋加密区范围	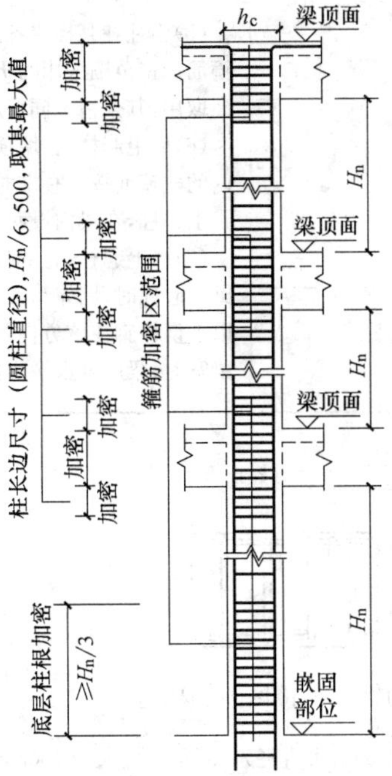 h_c　梁顶面　加密　柱长边尺寸（圆柱直径），$H_n/6$，500，取其最大值　箍筋加密区范围　H_n　底层柱根加密 $\geq H_n/3$　嵌固部位	字母释义： h_c——柱截面长边尺寸（圆柱为直径）； H_n——所在楼层的柱净高； d——框架柱纵向钢筋直径； r——纵向钢筋弯折半径。 构造图解析： （1）“底层刚性地面上下各加密 500mm”的理解： 1）刚性地面是指横向压缩变形小、竖向比较坚硬的地面，例如岩板地面； 2）“抗震 KZ 在底层刚性地面上下各加密 500mm”只适用于没有地下室或架空层的建筑，因为若有地下室的话，底层就成了“楼面”，而不是“地面”了； 3）要是“地面”的标高（±0.000）落在基础顶面 $H_n/3$ 的范围内，则这个上下 500mm 的加密区就与 $H_n/3$ 的加密区重合了，这两种箍筋加密区不必重复设置。 （2）除具体工程设计标注有箍筋全高加密的柱外，柱箍筋加密区按本表中图所示。 （3）当柱纵筋采用搭接连接时，搭接区范围内箍筋构造如图 2-2-14 所示。 （4）为便于施工时确定柱箍筋加密区的高度，可按表 2-2-19 查用。 表 2-2-19 的深入理解如下： 1）“柱净高（包括因嵌砌填充墙等形成的柱净高）与柱截面长边尺寸（圆柱为截面直径）的比值 $H_n/h_c \leqslant 4$ 时，箍筋沿柱全高加密。”可理解为“短柱”的箍筋沿柱全高加密，条件为 $H_n/h_c \leqslant 4$，在实际工程中，“短柱”出现较多的部位在地下室。当地下室的层高较小时，容易形成“$H_n/h_c \leqslant 4$”的情况。 2）表 2-2-19 使用方法举例：已知 H_n = 3600mm，h_c = 750mm，从表格的左列表头 H_n 中找到“3600”，从而找到“3600”这一行；从表格的上表头 h_c 中找到“750”这一列，则这一行和这一列的交叉点上的数值“750mm”就是所求的“箍筋加密区的高度”。
底层刚性地面上下的箍筋加密构造	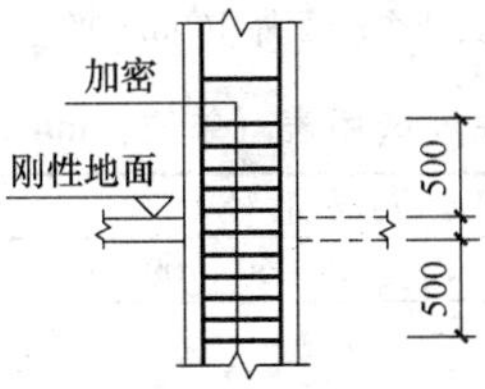 加密　刚性地面　500　500 （底层刚性地面上下各加密 500mm）	
抗震剪力墙上 QZ 纵筋构造	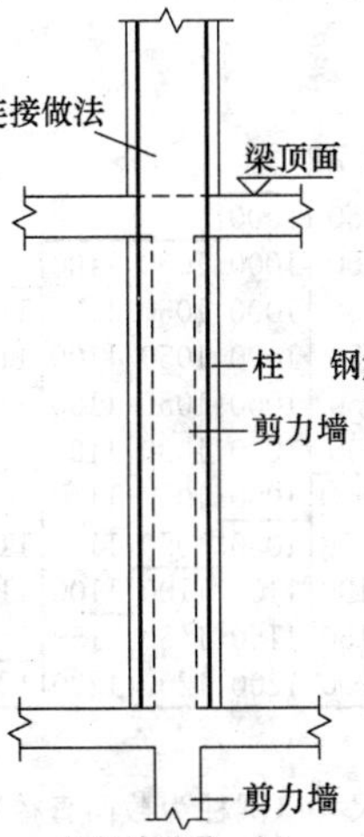 钢筋连接做法　梁顶面　柱　剪力墙 柱与墙重叠一层 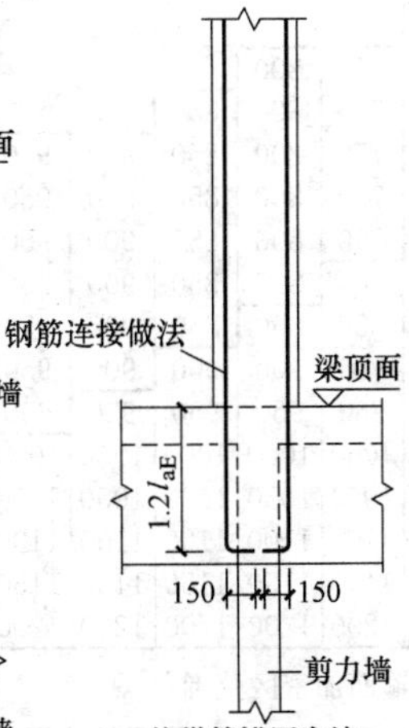 钢筋连接做法　梁顶面　$1.2l_{aE}$　150　150　剪力墙 柱纵筋锚固在墙顶部时柱根构造	

续表

名称	构造图	构造说明
梁上柱 LZ 纵筋构造	钢筋连接做法 梁顶面 $\geqslant 0.5l_{abE}$ $12d$	(5)当柱在某楼层各向均无梁连接时，计算箍筋加密范围采用的 H_n 按该跃层柱的总净高取用，其余情况同普通柱。 (6)墙上起柱，在墙顶面标高以下锚固范围内的柱箍筋按上柱非加密区箍筋要求配置。梁上起柱，在梁内设两道柱箍筋。 (7)墙上起柱(柱纵筋锚固在墙顶部时)和梁上起柱时，墙体和梁的平面外方向应设梁，以平衡柱脚在该方向的弯矩；当柱宽度大于梁宽时，梁应设水平加腋
纵向钢筋 弯折要求	$d\leqslant 25$ $r=4d$ $d>25$ $r=6d$ d	

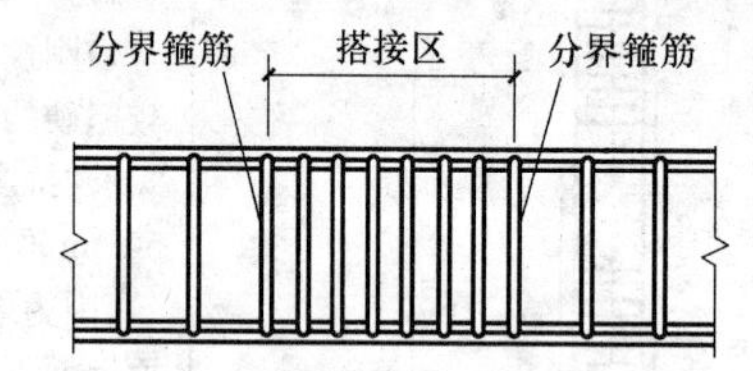

图 2-2-14　纵向受力钢筋搭接区箍筋构造

注：1. 图 2-2-14 用于梁、柱类构件搭接区箍筋设置；
2. 搭接区内箍筋直径不小于 $d/4$（d 为搭接钢筋最大直径），间距不应大于 100mm 及 $5d$（d 为搭接钢筋最小直径）；
3. 当受压钢筋直径大于 25mm 时，尚应在搭接接头两个端面外 100mm 的范围内各设置两道箍筋。

抗震框架和小墙肢箍筋加密区高度选用表（单位：mm）　　**表 2-2-19**

柱净高	柱截面长边尺寸 h_c 或圆柱直径 D																		
H_n(mm)	400	450	500	550	600	650	700	750	800	850	900	950	1000	1050	1100	1150	1200	1250	1300
1500																			
1800	500																		
2100	500	500	500																
2400	500	500	500	550															
2700	500	500	500	550	600	650							箍筋全高加密						
3000	500	500	500	550	600	650	700												
3300	550	550	550	550	600	650	700	750	800										
3600	600	600	600	600	600	650	700	750	800	850									
3900	650	650	650	650	650	650	700	750	800	850	900	950							
4200	700	700	700	700	700	700	700	750	800	850	900	950	1000						
4500	750	750	750	750	750	750	750	750	800	850	900	950	1000	1050	1100				
4800	800	800	800	800	800	800	800	800	800	850	900	950	1000	1050	1100	1150			
5100	850	850	850	850	850	850	850	850	850	850	900	950	1000	1050	1100	1150	1200	1250	
5400	900	900	900	900	900	900	900	900	900	900	900	950	1000	1050	1100	1150	1200	1250	1300
5700	950	950	950	950	950	950	950	950	950	950	950	950	1000	1050	1100	1150	1200	1250	1300
6000	1000	1000	1000	1000	1000	1000	1000	1000	1000	1000	1000	1000	1000	1050	1100	1150	1200	1250	1300
6300	1050	1050	1050	1050	1050	1050	1050	1050	1050	1050	1050	1050	1050	1050	1100	1150	1200	1250	1300
6600	1100	1100	1100	1100	1100	1100	1100	1100	1100	1100	1100	1100	1100	1100	1100	1150	1200	1250	1300
6900	1150	1150	1150	1150	1150	1150	1150	1150	1150	1150	1150	1150	1150	1150	1150	1150	1200	1250	1300
7200	1200	1200	1200	1200	1200	1200	1200	1200	1200	1200	1200	1200	1200	1200	1200	1200	1200	1250	1300

注：1. 表内数值未包括框架嵌固部位柱根部箍筋加密区范围。
2. 柱净高（包括因嵌砌填充墙等形成的柱净高）与柱截面长边尺寸（圆柱为截面直径）的比值 $H_n/h_c\leqslant 4$ 时，箍筋沿柱全高加密。
3. 小墙肢即墙肢长度不大于墙厚 4 倍的剪力墙。矩形小墙肢的厚度不大于 300mm 时，箍筋全高加密。

（2）非抗震 KZ 箍筋构造及非抗震 QZ、LZ 纵向钢筋构造

非抗震 KZ 箍筋构造及非抗震 QZ、LZ 纵向钢筋构造见表 2-2-20。

非抗震 KZ 箍筋构造及非抗震 QZ、LZ 纵向钢筋构造 **表 2-2-20**

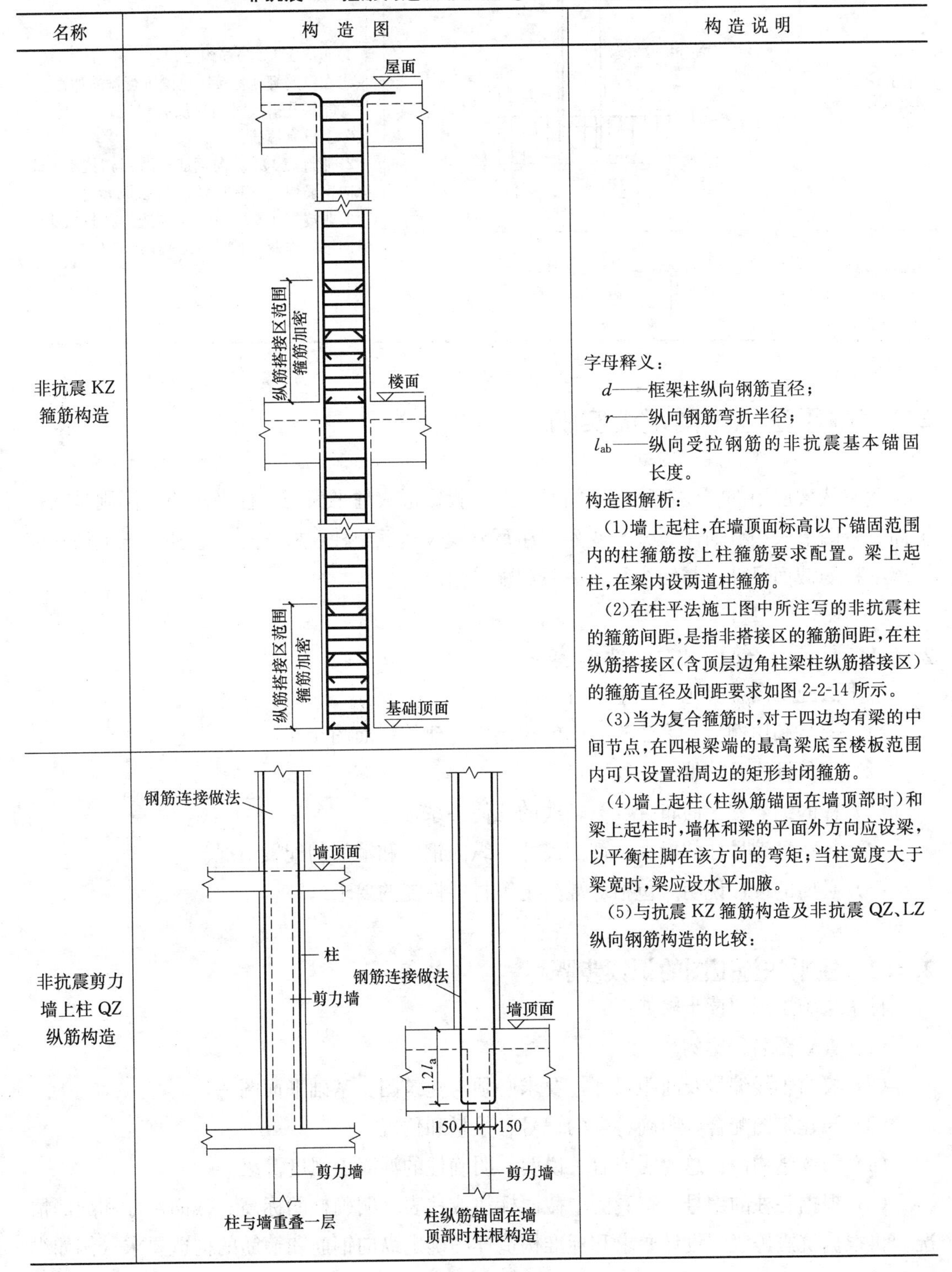

名称	构造图	构造说明
非抗震 KZ 箍筋构造		字母释义： d——框架柱纵向钢筋直径； r——纵向钢筋弯折半径； l_{ab}——纵向受拉钢筋的非抗震基本锚固长度。 构造图解析： (1)墙上起柱，在墙顶面标高以下锚固范围内的柱箍筋按上柱箍筋要求配置。梁上起柱，在梁内设两道柱箍筋。 (2)在柱平法施工图中所注写的非抗震柱的箍筋间距，是指非搭接区的箍筋间距，在柱纵筋搭接区（含顶层边角柱梁柱纵筋搭接区）的箍筋直径及间距要求如图 2-2-14 所示。 (3)当为复合箍筋时，对于四边均有梁的中间节点，在四根梁端的最高梁底至楼板范围内可只设置沿周边的矩形封闭箍筋。 (4)墙上起柱（柱纵筋锚固在墙顶部时）和梁上起柱时，墙体和梁的平面外方向应设梁，以平衡柱脚在该方向的弯矩；当柱宽度大于梁宽时，梁应设水平加腋。 (5)与抗震 KZ 箍筋构造及非抗震 QZ、LZ 纵向钢筋构造的比较：
非抗震剪力墙上柱 QZ 纵筋构造		

续表

名称	构造图	构造说明
梁上柱 LZ 纵筋构造	钢筋连接做法 梁顶面 $\geq 0.5l_{ab}$ $12d$	1)非抗震 LZ 箍筋构造： ①在纵筋绑扎搭接区范围进行箍筋加密； ②非绑扎搭接时图集没有规定，但不等于实际上没有箍筋加密。 2)非抗震 QZ 纵向钢筋构造：与“抗震 QZ 纵向钢筋构造”相似，只是 l_{aE} 换成 l_a。 3)非抗震 LZ 纵向钢筋构造：与“抗震 LZ 纵向钢筋构造”相似，只是 l_{abE} 换成 l_{ab}
纵向钢筋弯折要求	$d \leq 25$ $r=4d$ $d>25$ $r=6d$ d	

2.3 柱平法施工图识读实例

假想从楼层中部将建筑物水平剖开，向下投影形成柱平面图。柱平法施工图则是在柱平面布置图上采用截面注写方式或列表注写方式表达框架柱、框支柱、芯柱、梁上柱和剪力墙上柱的截面尺寸、与轴线几何关系和配筋情况。

2.3.1 柱平法施工图的主要内容

柱平法施工图主要包括以下内容：

（1）图名和比例。柱平法施工图的比例应与建筑平面图相同。

（2）定位轴线及其编号、间距尺寸。

（3）柱的编号、平面布置、与轴线的几何关系。

（4）每一种编号柱的标高、截面尺寸、纵向钢筋和箍筋的配置情况。

（5）必要的设计说明（包括对混凝土等材料性能的要求）。

2.3.2 柱平法施工图的识读步骤

柱平法施工图识读步骤如下：

（1）查看图名、比例。

（2）校核轴线编号及间距尺寸，要求必须与建筑图、基础平面图一致。

（3）与建筑图配合，明确各柱的编号、数量和位置。

（4）阅读结构设计总说明或有关说明，明确柱的混凝土强度等级。

（5）根据各柱的编号，查看图中截面标注或柱表，明确柱的标高、截面尺寸和配筋情况。再根据抗震等级、设计要求和标准构造详图确定纵向钢筋和箍筋的构造要求（例如纵向钢筋连接的方式、位置，搭接长度，弯折要求，柱顶锚固要求，箍筋加密区的范围等)。

(6) 图纸说明其他的有关要求。

2.3.3 柱平法施工图实例

图 2-3-1 是××工程柱平法施工图的列表注写方式，图 2-3-2、图 2-3-3 为用截面注写方式表达的××工程柱平法施工图。各柱平面位置如图 2-3-2 所示，截面尺寸和配筋情况如图 2-3-3 所示。从图中可以了解以下内容：

图 2-3-2 为柱平法施工图，绘制比例为 1∶100。轴线编号及其间距尺寸与建筑图、基础平面布置图一致。

该柱平法施工图中的柱包含框架柱和框支柱，共有 4 种编号，其中框架柱 1 种，框支柱 3 种。

7 根 KZ1，位于Ⓐ轴线上；34 根 KZZ1 分别位于Ⓒ、Ⓓ、Ⓔ和Ⓖ轴线上；2 根 KZZ2 位于Ⓓ轴线上；13 根 KZZ3，位于Ⓑ轴线上。

本工程的结构构件抗震等级：转换层以下框架为二级，一、二层剪力墙及转换层以上两层剪力墙，抗震等级为三级，以上各层抗震等级为四级。

根据一、二层框支柱平面布置图可知：

KZ1：框架柱，截面尺寸为 400mm×400mm，纵向受力钢筋为 8 根直径为 16mm 的 HRB335 钢筋；箍筋直径为 8mm 的 HPB300 钢筋，加密区间距为 100mm，非加密区间距为 150mm。根据《混凝土结构设计规范》GB 50010—2010 和 11G101 图集，考虑抗震要求框架柱和框支柱上、下两端箍筋应加密。箍筋加密区长度为：基础顶面以上底层柱根加密区长度不小于底层净高的 1/3；其他柱端加密区长度应取柱截面长边尺寸、柱净高的 1/6 和 500mm 中的最大值；刚性地面上、下各 500mm 的高度范围内箍筋加密。因为是二级抗震等级，根据《混凝土结构设计规范》GB 50010—2010，角柱应沿柱全高加密箍筋。

KZZ1：框支柱，截面尺寸为 600mm×600mm，纵向受力钢筋为 12 根直径为 25mm 的 HRB335 钢筋；箍筋直径为 12mm 的 HRB335 钢筋，间距 100mm，全长加密。

KZZ2：框支柱，截面尺寸为 600mm×600mm，纵向受力钢筋为 16 根直径为 25mm 的 HRB335 钢筋；箍筋直径为 12mm 的 HRB335 钢筋，间距 100mm，全长加密。

KZZ3：框支柱，截面尺寸为 600mm×500mm，纵向受力钢筋为 12 根直径为 22mm 的 HRB335 钢筋；箍筋直径为 12mm 的 HRB335 钢筋，间距 100mm，全长加密。

柱纵向钢筋的连接可以采用绑扎搭接和焊接连接，框支柱宜采用机械连接，连接一般设在非箍筋加密区。连接时，柱相邻纵向钢筋接头应相互错开，为保证同一截面内钢筋接头面积百分率不大于 50%，纵向钢筋分两段连接，具体如图 2-2-5 (*a*)、(*c*) 所示。绑扎搭接时，图中的绑扎搭接长度为 $1.4l_{aE}$，同时在柱纵向钢筋搭接长度范围内加密箍筋，加密箍筋间距取 $5d$ (d 为搭接钢筋钢筋较小直径) 及 100mm 的较小值 (本工程 KZ1 加密箍筋间距为 80mm；框支柱为 100mm)。抗震等级为二级、C30 混凝土时的 l_{aE} 为 $34d$。

层号	标高(m)	层高(m)
屋面	59.070	—
16	55.470	3.60
15	51.870	3.60
14	48.270	3.60
13	44.670	3.60
12	41.070	3.60
11	37.470	3.60
10	33.870	3.60
9	30.270	3.60
8	26.670	3.60
7	23.070	3.60
6	19.470	3.60
5	15.870	3.60
4	12.270	3.60
3	8.670	3.60
2	4.470	4.20
1	−0.030	4.50
−1	−4.530	4.50
−2	−9.030	4.50

结构层楼面标高
结构层高

柱号	标高(m)	$b\times h$ (圆柱直径D) (mm)	b_1 (mm)	b_2 (mm)	h_1 (mm)	h_2 (mm)	全部纵筋	角筋	b边一侧中部筋	h边一侧中部筋	箍筋类型号	箍筋	备注
KZ1	−0.030～19.470	750×700	375	375	150	550	24Φ25				1(5×4)	Φ10@100/200	
	19.470～37.470	650×600	325	325	150	450		4Φ22	5Φ22	4Φ20	1(4×4)	Φ10@100/200	
	34.470～59.070	550×500	275	275	150	350		4Φ22	5Φ22	4Φ20	1(4×4)	Φ8@100/200	
XZ1	−0.030～8.670						8Φ25				按11G101图集的标准构造详图	Φ10@200	③×Ⓑ轴KZ1中设置

图 2-3-1　柱平法施工图列表注写方式

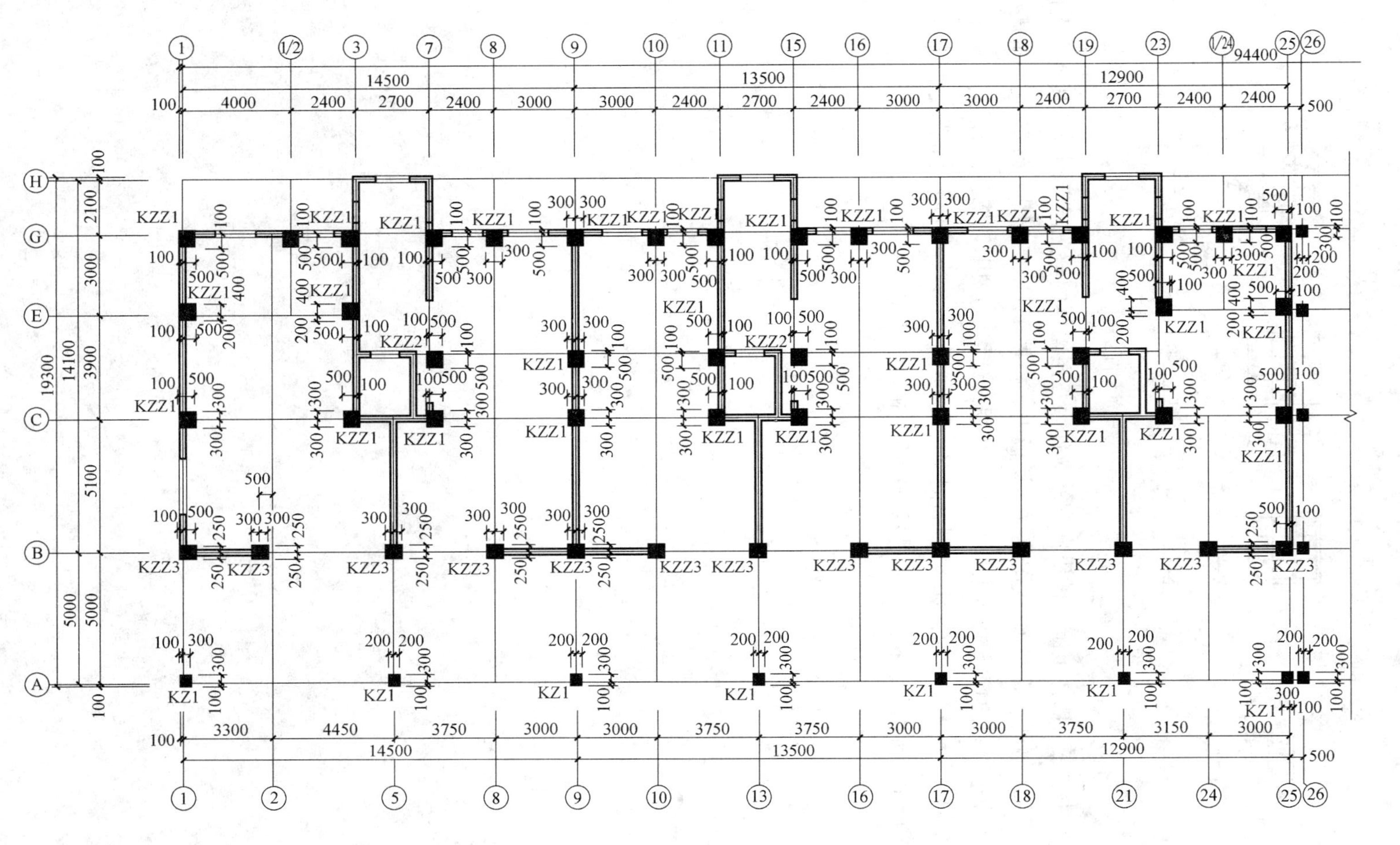

图 2-3-2 1号一、二层框支柱平面布置图

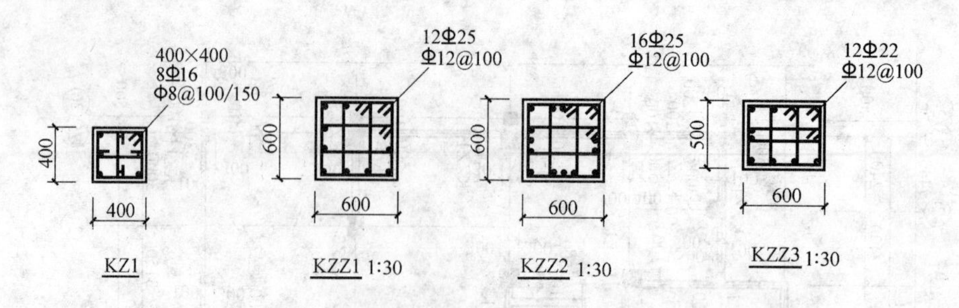

图 2-3-3 柱截面和配筋

框支柱在三层墙体范围内的纵向钢筋应伸入三层墙体内至三层天棚顶，其余框支柱和框架柱，KZ1 钢筋按 11G101-1 图集锚入梁板内。根据 11G101-1 图集第 59 页，抗震框架边柱和角柱柱顶纵向钢筋构造见表 2-2-16，根据设计指定选用，若设计未指定，施工可根据具体情况自主选定。本工程柱外侧纵向钢筋配筋率≤1.2%，且混凝土强度等级≥C20，板厚≥80mm，所以柱顶构造可选用表 2-2-16 中的Ⓐ、Ⓑ或Ⓓ。

3 剪力墙平法识图

3.1 剪力墙平法施工图制图规则

3.1.1 剪力墙平法施工图的表示方法

剪力墙平法施工图是在剪力墙平面布置图上采用列表注写方式或截面注写方式表达。

剪力墙平面布置图主要包含两部分：剪力墙平面布置图和剪力墙各类构造和节点构造详图。

1. 剪力墙各类构件

在平法施工图中将剪力墙分为剪力墙柱、剪力墙身和剪力墙梁。

剪力墙柱（简称墙柱）包含纵向钢筋和横向箍筋，其连接方式与柱相同。

剪力墙梁（简称墙梁）可分为剪力墙连梁、剪力墙暗梁和剪力墙边框梁三类，其由纵向钢筋和横向箍筋组成，绑扎方式与梁基本相同。

剪力墙身（简称墙身）包含竖向钢筋、横向钢筋和拉筋。

2. 边缘构件

根据《建筑抗震设计规范》GB 50011—2010 要求，剪力墙两端和洞口两侧应设置边缘构件。边缘构件包括：暗柱、端柱和翼墙。

对于剪力墙结构，底层墙肢底截面的轴压比不大于抗震规范要求的最大轴压比的一、二、三级剪力墙和四级抗震墙，墙肢两端可设置构造边缘构件。

对于剪力墙结构，底层墙肢底截面的轴压比大于抗震规范要求的最大轴压比的一、二、三级抗震等级剪力墙，以及部分框支剪力墙结构的抗震墙，应在底部加强部位及相邻的上一层设置约束边缘构件，在以上的部位可设置构造边缘构件。

3. 剪力墙的定位

通常，轴线位于剪力墙中央，当轴线未居中布置时，应在剪力墙平面布置图上直接标注偏心尺寸。由于剪力墙暗柱与短肢剪力墙的宽度与剪力墙身同厚，因此，剪力墙偏心情况定位时，暗柱及小墙肢位置也随之确定。

3.1.2 剪力墙编号规定

剪力墙按墙柱、墙身、墙梁三类构件分别编号。

（1）墙柱编号，由墙柱类型代号和序号组成，表达形式应符合表 3-1-1 的规定。

墙柱编号 **表 3-1-1**

墙柱类型	代号	序号
约束边缘构件	YBZ	××
构造边缘构件	GBZ	××
非边缘暗柱	AZ	××
扶壁柱	FBZ	××

注：约束边缘构件包括约束边缘暗柱、约束边缘端柱、约束边缘翼墙、约束边缘转角墙四种，如图 3-1-1 所示。构造边缘构件包括构造边缘暗柱、构造边缘端柱、构造边缘翼墙、构造边缘转角墙四种，如图 3-1-2 所示。

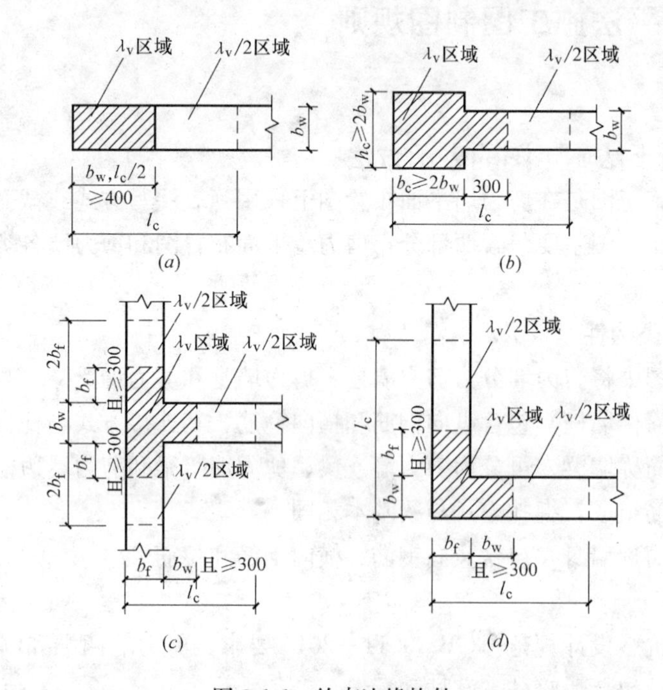

图 3-1-1 约束边缘构件

(*a*) 约束边缘暗柱；(*b*) 约束边缘端柱；(*c*) 约束边缘翼墙；(*d*) 约束边缘转角墙

λ_v—剪力墙约束边缘构件配箍特征值；l_c—剪力墙约束边缘构件沿墙肢的长度；

b_f—剪力墙水平方向的厚度；b_c—剪力墙约束边缘端柱垂直方向的长度；b_w—剪力墙垂直方向的厚度

(2) 墙身编号，由墙身代号、序号以及墙身所配置的水平与竖向分布钢筋的排数组成，其中，排数注写在括号内。表达形式为：

QXX（X 排）

注：1. 在编号中：如若干墙柱的截面尺寸与配筋均相同，仅截面与轴线的关系不同时，可将其编为同一墙柱号；又如若干墙身的厚度尺寸和配筋均相同，仅墙厚与轴线的关系不同或墙身长度不同时，也可将其编为同一墙身号，但应在图中注明与轴线的几何关系。

2. 当墙身所设置的水平与竖向分布钢筋的排数为 2 时可不注。

3. 对于分布钢筋网的排数规定：非抗震：当剪力墙厚度大于 160mm 时，应配置双排；当其厚度不大于 160mm 时，宜配置双排。抗震：当剪力墙厚度不大于 400mm 时，应配置双排；当剪力墙厚度大于 400mm，但不大于 700mm 时，宜配置三排；当剪力墙厚度大于 700mm 时，宜配置四排。

各排水平分布钢筋和竖向分布钢筋的直径与间距宜保持一致。

当剪力墙配置的分布钢筋多于两排时，剪力墙拉筋两端应同时钩住外排水平纵筋和竖向纵筋，还应与剪力墙内排水平纵筋和竖向纵筋绑扎在一起。

（3）墙梁编号，由墙梁类型代号和序号组成，表达形式应符合表 3-1-2 的规定。

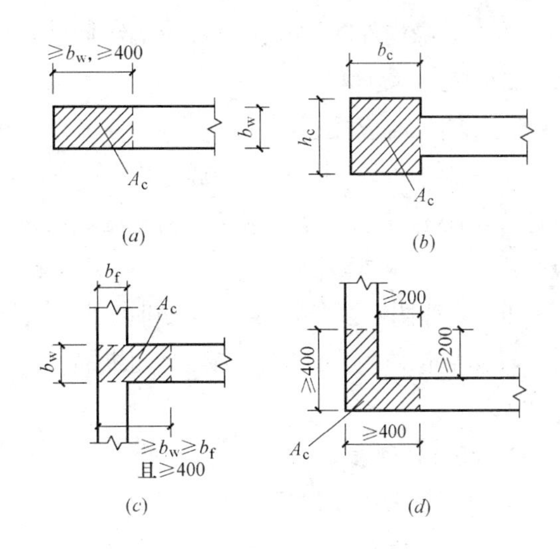

图 3-1-2　构造边缘构件

（*a*）构造边缘暗柱；（*b*）构造边缘端柱；（*c*）构造边缘翼墙；（*d*）构造边缘转角墙

b_f—剪力墙水平方向的厚度；b_c—剪力墙约束边缘端柱垂直方向的长度；b_w—剪力墙垂直方向的厚度；A_c—剪力墙的构造边缘构件区；h_c—柱截面长边尺寸

3.1.3　列表注写方式

列表注写方式是分别在剪力墙柱表、剪力墙身表和剪力墙梁表中，对应剪力墙平面布置图上的编号，用绘制截面配筋图并注写几何尺寸与配筋具体数值的方式，来表达剪力墙平法施工图。

1. 剪力墙柱表

剪力墙柱表主要包括以下内容：

（1）注写墙柱编号（表 3-1-1），绘制该墙柱的截面配筋图，标注墙柱几何尺寸。

墙梁编号　　　**表 3-1-2**

墙梁类型	代号	序号
连梁	LL	××
连梁(对角暗撑配筋)	LL(JC)	××
连梁(交叉斜筋配筋)	LL(JX)	××
连梁(集中对角斜筋配筋)	LL(DX)	××
暗梁	AL	××
边框梁	BKL	××

注：在具体工程中，当某些墙身需设置暗梁或边框梁时，宜在剪力墙平法施工图中绘制暗梁或边框梁的平面布置图并编号，以明确其具体位置。

1）约束边缘构件（如图 3-1-1 所示）需注明阴影部分尺寸。

注：剪力墙平面布置图中应注明约束边缘构件沿墙肢长度 l_c（约束边缘翼墙中沿墙肢长度尺寸为 $2b_f$ 时可不注）。

2）构造边缘构件（如图 3-1-2 所示）需注明阴影部分尺寸。

3）扶壁柱及非边缘暗柱需标注几何尺寸。

（2）注写各段墙柱的起止标高，自墙柱根部往上以变截面位置或截面未变但是配筋改变处为界分段注写。墙柱根部标高一般指基础顶面标高（部分框支剪力墙结构则为框支梁顶面标高）。

（3）注写各段墙柱的纵向钢筋和箍筋，注写值应与在表中绘制的截面配筋图对应一致。纵向钢筋注总配筋值；墙柱箍筋的注写方式与柱箍筋相同。

约束边缘构件除注写阴影部位的箍筋外，尚需在剪力墙平面布置图中注写非阴影区内布置的拉筋（或箍筋）。

设计施工时应注意：

Ⅰ. 当约束边缘构件体积配箍率计算中计入墙身水平分布钢筋时，设计者应注明。此时还应注明墙身水平分布钢筋在阴影区域内设置的拉筋。施工时，墙身水平分布钢筋应注意采用相应的构造做法。

Ⅱ. 当非阴影区外圈设置箍筋时，设计者应注明箍筋的具体数值及其余拉筋。施工时，箍筋应包住阴影区内第二列竖向纵筋。当设计采用与本构造详图不同的做法时，应另行注明。

2. 剪力墙身表

剪力墙身表主要包括以下内容：

（1）注写墙身编号（含水平与竖向分布钢筋的排数）。

（2）注写各段墙身起止标高，自墙身根部往上以变截面位置或截面未变但配筋改变处为界分段注写。墙身根部标高一般指基础顶面标高（部分框支剪力墙结构则为框支梁的顶面标高）。

（3）注写水平分布钢筋、竖向分布钢筋和拉筋的具体数值。注写数值为一排水平分布钢筋和竖向分布钢筋的规格与间距，具体设置几排已经在墙身编号后面表达。

拉筋应注明布置方式“双向”或“梅花双向”，如图 3-1-3 所示。

3. 剪力墙梁表

剪力墙梁表的主要内容如下：

（1）注写墙梁编号，见表 3-1-2。

（2）注写墙梁所在楼层号。

（3）注写墙梁顶面标高高差是指相对于墙梁所在结构层楼面标高的高差值。高于者为正值，低于者为负值，当无高差时不注。

（4）注写墙梁截面尺寸 $b\times h$，上部纵筋、下部纵筋和箍筋的具体数值。

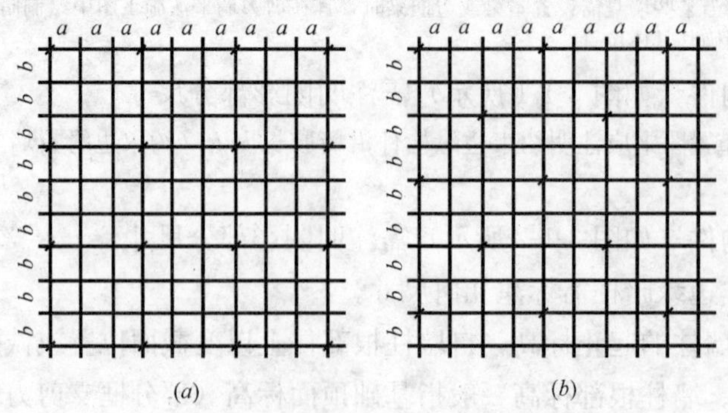

图 3-1-3 双向拉筋与梅花双向拉筋示意

（a）拉筋@3a3b 双向（$a\leqslant$200mm、$b\leqslant$200mm）；（b）拉筋@4a4b 梅花双向（$a\leqslant$150mm、$b\leqslant$150mm）

a—竖向分布钢筋间距；b—水平分布钢筋间距

(5) 当连梁设有对角暗撑时，注写暗撑的截面尺寸（箍筋外皮尺寸）；注写一根暗撑的全部纵筋，并标注×2 表明有两根暗撑相互交叉；注写暗撑箍筋的具体数值。

(6) 当连梁设有交叉斜筋时，注写连梁一侧对角斜筋的配筋值，并标注×2 表明对称设置；注写对角斜筋在连梁端部设置的拉筋根数、规格及直径，并标注×4 表示四个角都设置；注写连梁一侧折线筋配筋值，并标注×2 表明对称设置。

(7) 当连梁设有集中对角斜筋时，注写一条对角线上的对角斜筋，并标注×2 表明对称设置。

墙梁侧面纵筋的配置，当墙身水平分布钢筋满足连梁、暗梁及边框梁的梁侧面纵向构造钢筋的要求时，该筋配置同墙身水平分布钢筋，表中不注，施工按标准构造详图的要求即可；当不满足时，应在表中补充注明梁侧面纵筋的具体数值（其在支座内的锚固要求同连梁中受力钢筋）。

4. 施工图示例

采用列表注写方式分别表达剪力墙墙梁、墙身和墙柱的平法施工图示例，如图 3-1-4 所示。

3.1.4 截面注写方式

(1) 截面注写方式，是在分标准层绘制的剪力墙平面布置图上，以直接在墙柱、墙身、墙梁上注写截面尺寸和配筋具体数值的方式来表达剪力墙平法施工图。

(2) 选用适当比例原位放大绘制剪力墙平面布置图，其中对墙柱绘制配筋截面图；对所有墙柱、墙身、墙梁分别按 3.1.2 剪力墙编号规定进行编号，并分别在相同编号的墙柱、墙身、墙梁中选择一根墙柱、一道墙身、一根墙梁进行注写，其注写方式按以下规定进行。

1) 从相同编号的墙柱中选择一个截面，注明几何尺寸，标注全部纵筋及箍筋的具体数值。

注：约束边缘构件（见图 3-1-1）除需注明阴影部分具体尺寸外，尚需注明约束边缘构件沿墙肢长度 l_c，约束边缘翼墙中沿墙肢长度尺寸为 $2b_f$ 时可不注。除注写阴影部位的箍筋外尚需注写非阴影区内布置的拉筋（或箍筋）。当仅 l_c 不同时，可编为同一构件，但应单独注明 l_c 的具体尺寸并标注非阴影区内布置的拉筋（或箍筋）。

设计施工时应注意：当约束边缘构件体积配箍率计算中计入墙身水平分布筋时，设计者应注明。还应注明墙身水平分布钢筋在阴影区域内设置的拉筋。施工时，墙身水平分布钢筋应注意采用相应的构造做法。

2) 从相同编号的墙身中选择一道墙身，按顺序引注的内容为：墙身编号（应包括注写在括号内墙身所配置的水平与竖向分布钢筋的排数）、墙厚尺寸、水平分布钢筋、竖向分布钢筋和拉筋的具体数值。

3) 从相同编号的墙梁中选择一根墙梁，按顺序引注的内容为：

① 注写墙梁编号、墙梁截面尺寸 $b \times h$、墙梁箍筋、上部纵筋、下部纵筋和墙梁顶面标高高差的具体数值。其中，墙梁顶面标高高差的注写规定同 3.1.3 列表注写方式第 3 条

第（3）款。

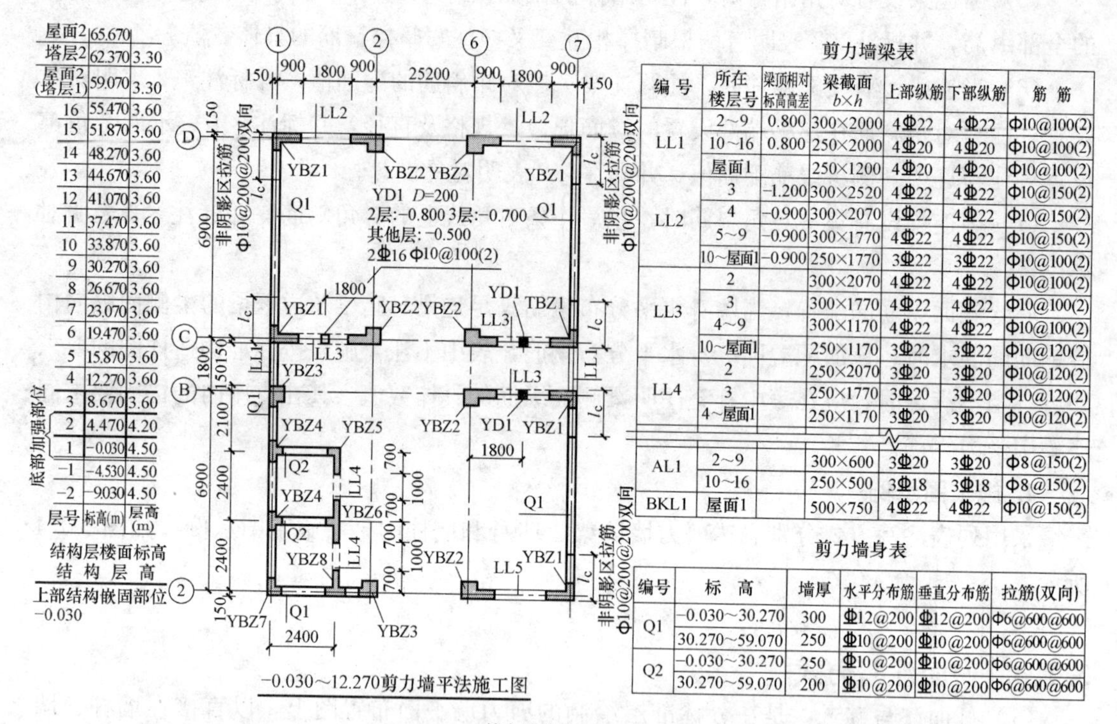

层号	标高(m)	层高(m)
屋面2	65.670	
塔层2	62.370	3.30
屋面2(塔层1)	59.070	3.30
16	55.470	3.60
15	51.870	3.60
14	48.270	3.60
13	44.670	3.60
12	41.070	3.60
11	37.470	3.60
10	33.870	3.60
9	30.270	3.60
8	26.670	3.60
7	23.070	3.60
6	19.470	3.60
5	15.870	3.60
4	12.270	3.60
3	8.670	3.60
2	4.470	4.20
1	−0.030	4.50
−1	−4.530	4.50
−2	−9.030	4.50

底部加强部位

结构层楼面标高
结构层高

剪力墙梁表

编号	所在楼层号	梁顶相对标高高差	梁截面 $b \times h$	上部纵筋	下部纵筋	箍筋
LL1	2～9	0.800	300×2000	4Φ22	4Φ22	Φ10@100(2)
	10～16	0.800	250×2000	4Φ20	4Φ20	Φ10@100(2)
	屋面1		250×1200	4Φ20	4Φ20	Φ10@100(2)
LL2	3	−1.200	300×2520	4Φ22	4Φ22	Φ10@150(2)
	4	−0.900	300×2070	4Φ22	4Φ22	Φ10@150(2)
	5～9	−0.900	300×1770	4Φ22	4Φ22	Φ10@150(2)
	10～屋面1	−0.900	250×1770	3Φ22	3Φ22	Φ10@100(2)
LL3	2		300×2070	4Φ22	4Φ22	Φ10@100(2)
	3		300×1770	4Φ22	4Φ22	Φ10@100(2)
	4～9		300×1170	4Φ22	4Φ22	Φ10@100(2)
	10～屋面1		250×1170	3Φ22	3Φ22	Φ10@120(2)
LL4	2		250×2070	3Φ20	3Φ20	Φ10@120(2)
	3		250×1770	3Φ20	3Φ20	Φ10@120(2)
	4～屋面1		250×1170	3Φ20	3Φ20	Φ10@120(2)
AL1	2～9		300×600	3Φ20	3Φ20	Φ8@150(2)
	10～16		250×500	3Φ18	3Φ18	Φ8@150(2)
BKL1	屋面1		500×750	4Φ22	4Φ22	Φ10@150(2)

剪力墙身表

编号	标高	墙厚	水平分布筋	垂直分布筋	拉筋(双向)
Q1	−0.030～30.270	300	Φ12@200	Φ12@200	Φ6@600@600
	30.270～59.070	250	Φ10@200	Φ10@200	Φ6@600@600
Q2	−0.030～30.270	250	Φ10@200	Φ10@200	Φ6@600@600
	30.270～59.070	200	Φ10@200	Φ10@200	Φ6@600@600

剪力墙柱表

截面				
编号	YBZ1	YBZ2	YBZ3	YBZ4
标高	−0.030～12.270	−0.030～12.270	−0.030～12.270	−0.030～12.270
纵筋	24Φ20	22Φ20	18Φ22	20Φ20
箍筋	Φ10@100	Φ10@100	Φ10@100	Φ10@100

截面			
编号	YBZ5	YBZ6	YBZ7
标高	−0.030～12.270	−0.030～12.270	−0.030～12.270
纵筋	20Φ20	23Φ20	16Φ20
箍筋	Φ10@100	Φ10@100	Φ10@100

图 3-1-4　剪力墙平法施工图列表注写方式示例

注：1. 可在结构层楼面标高、结构层高表中加设混凝土强度等级等栏目。

2. 图中 l_c 为约束边缘构件沿墙肢的伸出长度（实际工程中应注明具体值），约束边缘构件非阴影区拉筋（除图中有标注外）：竖向与水平钢筋交点处均设置，直径 $\phi 8$。

② 当连梁设有对角暗撑时，注写规定同 3.1.3 列表注写方式第 3 条第（5）款。

③ 当连梁设有交叉斜筋时，注写规定同 3.1.3 列表注写方式第 3 条第（6）款。

④ 当连梁设有集中对角斜筋时，注写规定同 3.1.3 列表注写方式第 3 条第（7）款。

当墙身水平分布钢筋不能满足连梁、暗梁及边框梁的梁侧面纵向构造钢筋的要求时，应补充注明梁侧面纵筋的具体数值；注写时，以大写字母 N 打头，接续注写直径与间距。其在支座内的锚固要求同连梁中受力钢筋。

（3）采用截面注写方式表达的剪力墙平法施工图示例见图 3-1-5。

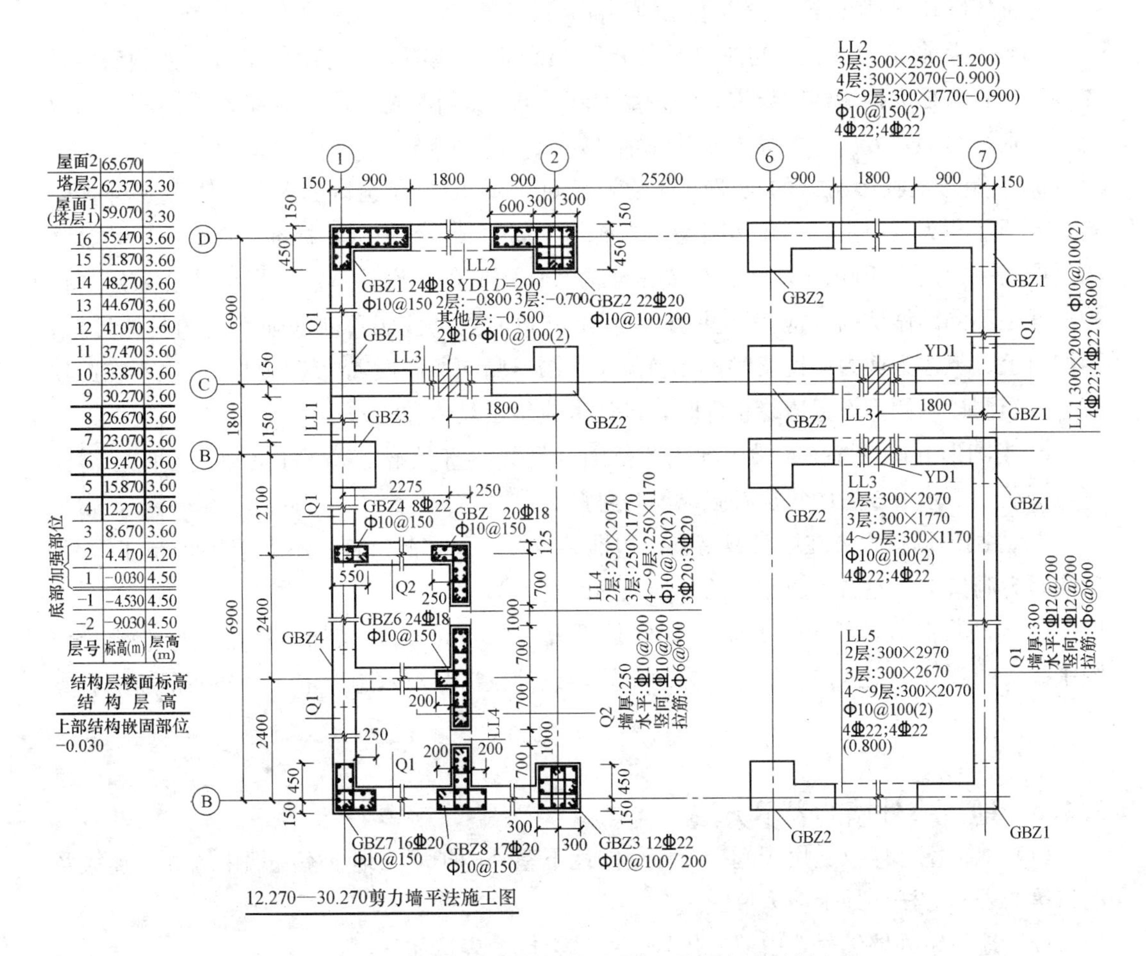

图 3-1-5 剪力墙平法施工图截面注写方式示例

3.1.5 剪力墙洞口的表示方法

（1）无论采用列表注写方式还是截面注写方式，剪力墙上的洞口均可在剪力墙平面布置图上原位表达。

（2）洞口的具体表示方法：

1）在剪力墙平面布置图上绘制洞口示意，并标注洞口中心的平面定位尺寸。

2）在洞口中心位置引注以下内容：

① 洞口编号：矩形洞口为JDXX（XX为序号），

圆形洞口为YDXX（XX为序号）；

② 洞口几何尺寸：矩形洞口为洞宽×洞高（$b \times h$），

圆形洞口为洞口直径D；

③ 洞口中心相对标高是相对于结构层楼（地）面标高的洞口中心高度。当其高于结构层楼面时为正值，低于结构层楼面时为负值。

④ 洞口每边补强钢筋，分以下几种不同情况：

a. 当矩形洞口的洞宽、洞高均不大于800mm时，此项注写为洞口每边补强钢筋的具体数值（若按标准构造详图设置补强钢筋时可不注）。当洞宽、洞高方向补强钢筋不一致时，分别注写洞宽方向、洞高方向补强钢筋，以“/”分隔。

b. 当矩形或圆形洞口的洞宽或直径大于800mm时，在洞口的上、下需设置补强暗梁，此项注写为洞口上、下每边暗梁的纵筋与箍筋的具体数值（在标准构造详图中，补强暗梁梁高一律定为400mm，施工时按标准构造详图取值，设计不注。当设计者采用与该构造详图不同的做法时，应另行注明），圆形洞口时尚需注明环向加强钢筋的具体数值；当洞口上、下边为剪力墙连梁时，此项免注；洞口竖向两侧设置边缘构件时，也不在此项表达（当洞口两侧不设置边缘构件时，设计者应给出具体做法）。

c. 当圆形洞口设置在连梁中部1/3范围（且圆洞直径不应大于1/3梁高）时，需注写在圆洞上下水平设置的每边补强纵筋与箍筋。

d. 当圆形洞口设置在墙身或暗梁、边框梁位置，而且洞口直径不大于300mm时，此项注写为洞口上下左右每边布置的补强纵筋的具体数值。

e. 当圆形洞口直径大于300mm，但是不大于800mm时，其加强钢筋在标准构造详图中是按照圆外切正六边形的边长方向布置，设计仅需注写六边形中一边补强钢筋的具体数值。

3.1.6 地下室外墙的表示方法

（1）地下室外墙仅适用于起挡土作用的地下室外围护墙。地下室外墙中墙柱、连梁及洞口等的表示方法同地上剪力墙。

（2）地下室外墙编号，由墙身代号、序号组成。表达如下：

DWQ××

（3）地下室外墙平面注写方式，包括集中标注墙体编号、厚度、贯通筋、拉筋等和原位标注附加非贯通筋等两部分内容。当仅设置贯通筋，未设置附加非贯通筋时，则仅做集中标注。

（4）地下室外墙的集中标注，规定如下：

1）注写地下室外墙编号，包括代号、序号、墙身长度（注为xx～xx轴）。

2）注写地下室外墙厚度b_w＝xxx。

3）注写地下室外墙的外侧、内侧贯通筋和拉筋。

① 以OS代表外墙外侧贯通筋。其中，外侧水平贯通筋以H打头注写，外侧竖向贯通筋以V打头注写。

② 以IS代表外墙内侧贯通筋。其中，内侧水平贯通筋以H打头注写，内侧竖向贯通筋以V打头注写。

③ 以tb打头注写拉筋直径、强度等级及间距，并注明“双向”或“梅花双向”。

（5）地下室外墙的原位标注，主要表示在外墙外侧配置的水平非贯通筋或竖向非贯通筋。

当配置水平非贯通筋时，在地下室墙体平面图上原位标注。在地下室外墙外侧绘制粗实线段代表水平非贯通筋，在其上注写钢筋编号并以H打头注写钢筋强度等级、直径、分布间距，以及自支座中线向两边跨内的伸出长度值。当自支座中线向两侧对称伸出时，可仅在单侧标注跨内伸出长度，另一侧不注，此种情况下非贯通筋总长度为标注长度的2倍。边支座处非贯通钢筋的伸出长度值从支座外边缘算起。

地下室外墙外侧非贯通筋通常采用“隔一布一”方式与集中标注的贯通筋间隔布置，其标注间距应与贯通筋相同，两者组合后的实际分布间距为各自标注间距的1/2。

当在地下室外墙外侧底部、顶部、中层楼板位置配置竖向非贯通筋时，应补充绘制地下室外墙竖向截面轮廓图并在其上原位标注。表示方法为在地下室外墙竖向截面轮廓图外侧绘制粗实线段代表竖向非贯通筋，在其上注写钢筋编号并以V打头注写钢筋强度等级、直径、分布间距，以及向上（下）层的伸出长度值，并在外墙竖向截面图名下注明分布范围（xx～xx轴）。

注：向层内的伸出长度值注写方式：

1. 地下室外墙底部非贯通钢筋向层内的伸出长度值从基础底板顶面算起。

2. 地下室外墙顶部非贯通钢筋向层内的伸出长度值从板底面算起。

3. 中层楼板处非贯通钢筋向层内的伸出长度值从板中间算起，当上下两侧伸出长度值相同时可仅注写一侧。

地下室外墙外侧水平、竖向非贯通筋配置相同者，可仅选择一处注写，其他可仅注写编号。

当在地下室外墙顶部设置通长加强钢筋时应注明。

设计时应注意：

Ⅰ. 设计者应根据具体情况判定扶壁柱或内墙是否作为墙身水平方向的支座，以选择合理的配筋方式。

Ⅱ. 在“顶板作为外墙的简支支承”、“顶板作为外墙的弹性嵌固支承”两种做法中，设计者应指定选用何种做法。

（6）采用平面注写方式表达的地下室剪力墙平法施工图示例如图3-1-6所示。

3.1.7 其他

（1）在抗震设计中，应注明底部加强区在剪力墙平法施工图中的所在部位及其高度范

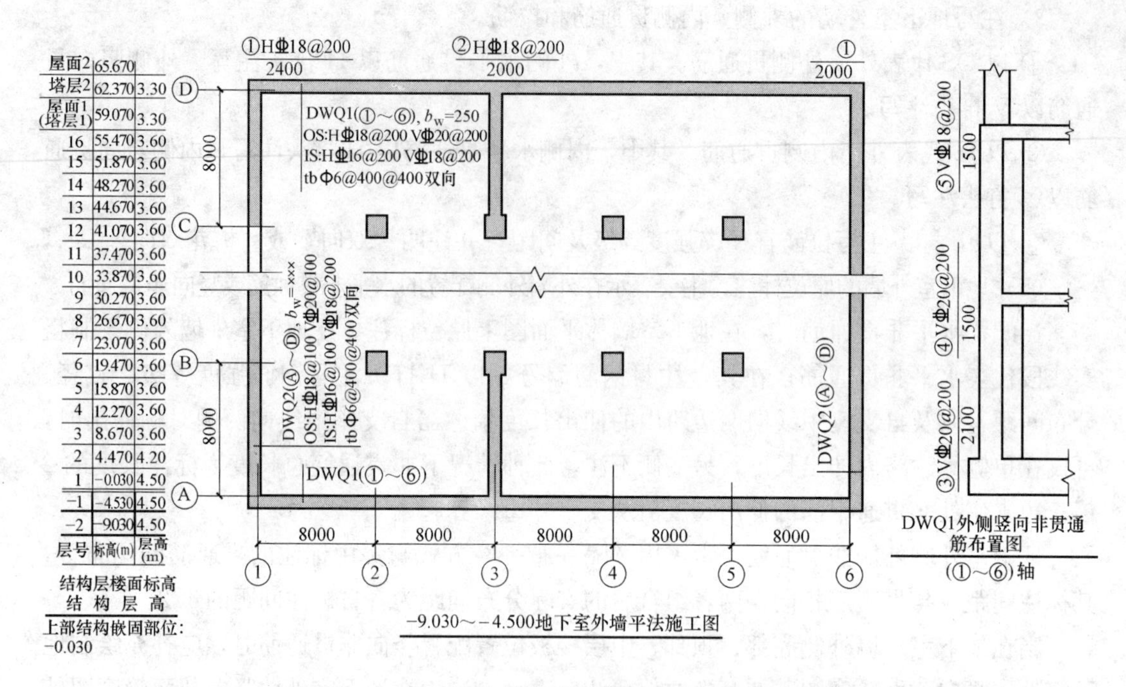

图 3-1-6 地下室外墙平法施工图平面注写示例

围，以便使施工人员明确在该范围内应按照加强部位的构造要求进行施工。

(2) 当剪力墙中有偏心受拉墙肢时，无论采用何种直径的竖向钢筋，均应采用机械连接或焊接接长，设计者应在剪力墙平法施工图中加以注明。

3.2 剪力墙标准构造详图

3.2.1 剪力墙插筋锚固构造

剪力墙插筋锚固构造见表 3-2-1。

剪力墙插筋锚固构造 **表 3-2-1**

名称		构造图	构造说明
墙插筋在基础中锚固构造	墙插筋保护层厚度＞5*d*	1—1；50；100；h_j；基础顶面；基础底面	字母释义： h_j——基础底面至基础顶面的高度，若为带基础梁的基础为基础梁顶面至基础梁底面的高度； *d*——墙插筋直径；

续表

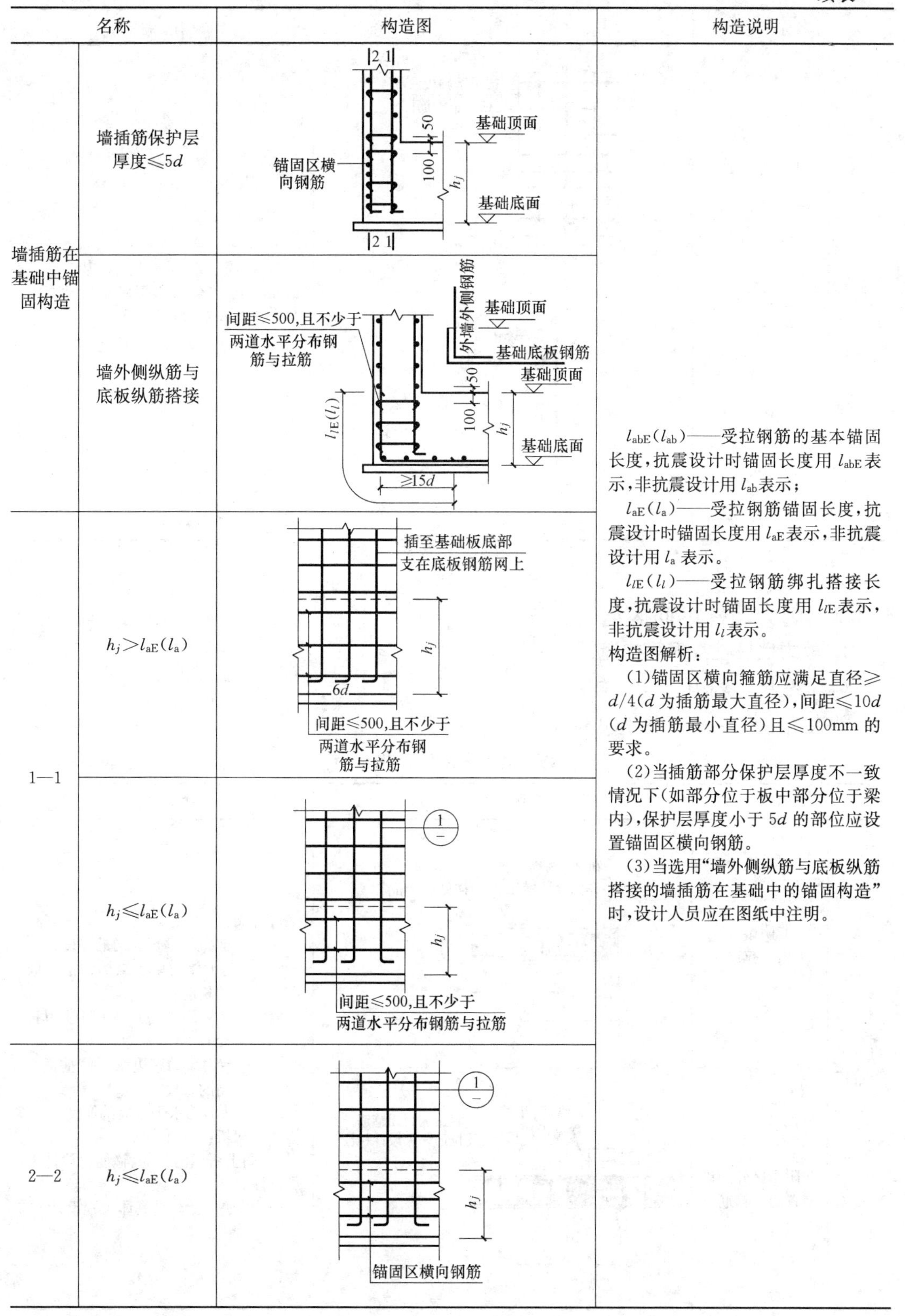

名称		构造图	构造说明
墙插筋在基础中锚固构造	墙插筋保护层厚度≤5d	2 1；50；基础顶面；锚固区横向钢筋；100；h_j；基础底面；2 1	l_{abE}(l_{ab})——受拉钢筋的基本锚固长度，抗震设计时锚固长度用 l_{abE} 表示，非抗震设计用 l_{ab} 表示； l_{aE}(l_a)——受拉钢筋锚固长度，抗震设计时锚固长度用 l_{aE} 表示，非抗震设计用 l_a 表示。 l_{lE}(l_l)——受拉钢筋绑扎搭接长度，抗震设计时锚固长度用 l_{lE} 表示，非抗震设计用 l_l 表示。 构造图解析： (1)锚固区横向箍筋应满足直径≥d/4(d 为插筋最大直径)，间距≤10d(d 为插筋最小直径)且≤100mm 的要求。 (2)当插筋部分保护层厚度不一致情况下(如部分位于板中部分位于梁内)，保护层厚度小于 5d 的部位应设置锚固区横向钢筋。 (3)当选用“墙外侧纵筋与底板纵筋搭接的墙插筋在基础中的锚固构造”时，设计人员应在图纸中注明。
	墙外侧纵筋与底板纵筋搭接	外墙外侧钢筋；基础顶面；间距≤500，且不少于两道水平分布钢筋与拉筋；基础底板钢筋；50；基础顶面；l_{lE}(l_l)；100；h_j；基础底面；≥15d	
1—1	h_j＞l_{aE}(l_a)	插至基础板底部支在底板钢筋网上；h_j；6d；间距≤500，且不少于两道水平分布钢筋与拉筋	
	h_j≤l_{aE}(l_a)	①；h_j；间距≤500，且不少于两道水平分布钢筋与拉筋	
2—2	h_j≤l_{aE}(l_a)	①；h_j；锚固区横向钢筋	

续表

名称		构造图	构造说明
2—2	$h_j>l_{aE}(l_a)$	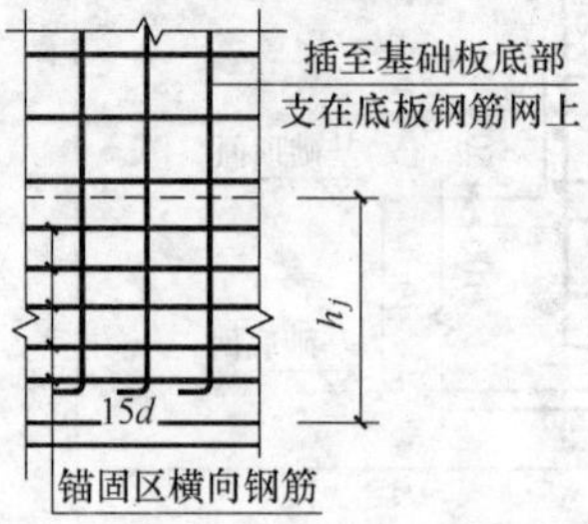 插至基础板底部 支在底板钢筋网上 h_j $15d$ 锚固区横向钢筋	(4)插筋下端设弯钩放在基础底板钢筋网上，当弯钩水平段不满足要求时应加长或采取其他措施
①		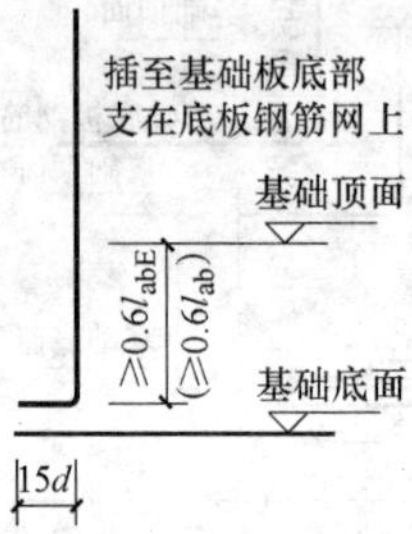 插至基础板底部 支在底板钢筋网上 基础顶面 $\geq 0.6l_{abE}$ $(\geq 0.6l_{ab})$ 基础底面 $15d$	

3.2.2 剪力墙柱钢筋构造

1. 剪力墙柱柱身钢筋构造

(1) 约束边缘构件 YBZ 构造

约束边缘构件 YBZ 构造见表 3-2-2。

约束边缘构件 YBZ 构造 **表 3-2-2**

名称		构造图	构造说明
约束边缘暗柱	非阴影区设置拉筋	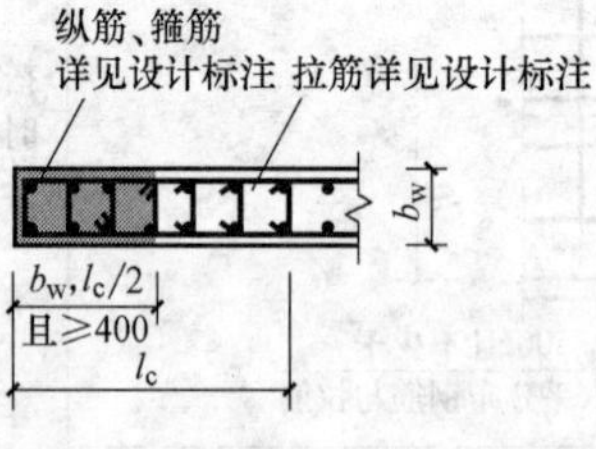 纵筋、箍筋详见设计标注 拉筋详见设计标注 b_w $b_w, l_c/2$ 且≥400 l_c	字母释义： b_w——剪力墙垂直方向的厚度； l_c——剪力墙约束边缘构件沿墙肢的长度； h_c——柱截面长边尺寸(圆柱为直径)； b_c——剪力墙约束边缘端柱垂直方向的长度； b_f——剪力墙水平方向的厚度。 构造图解析： (1)图上所示的拉筋、箍筋由设计人员标注。 (2)几何尺寸 l_c 见具体工程设计
	非阴影区外圈设置封闭箍筋	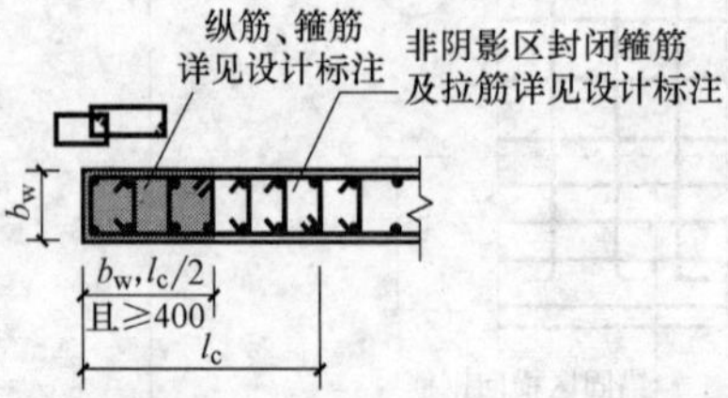 纵筋、箍筋详见设计标注 非阴影区封闭箍筋及拉筋详见设计标注 b_w $b_w, l_c/2$ 且≥400 l_c	

续表

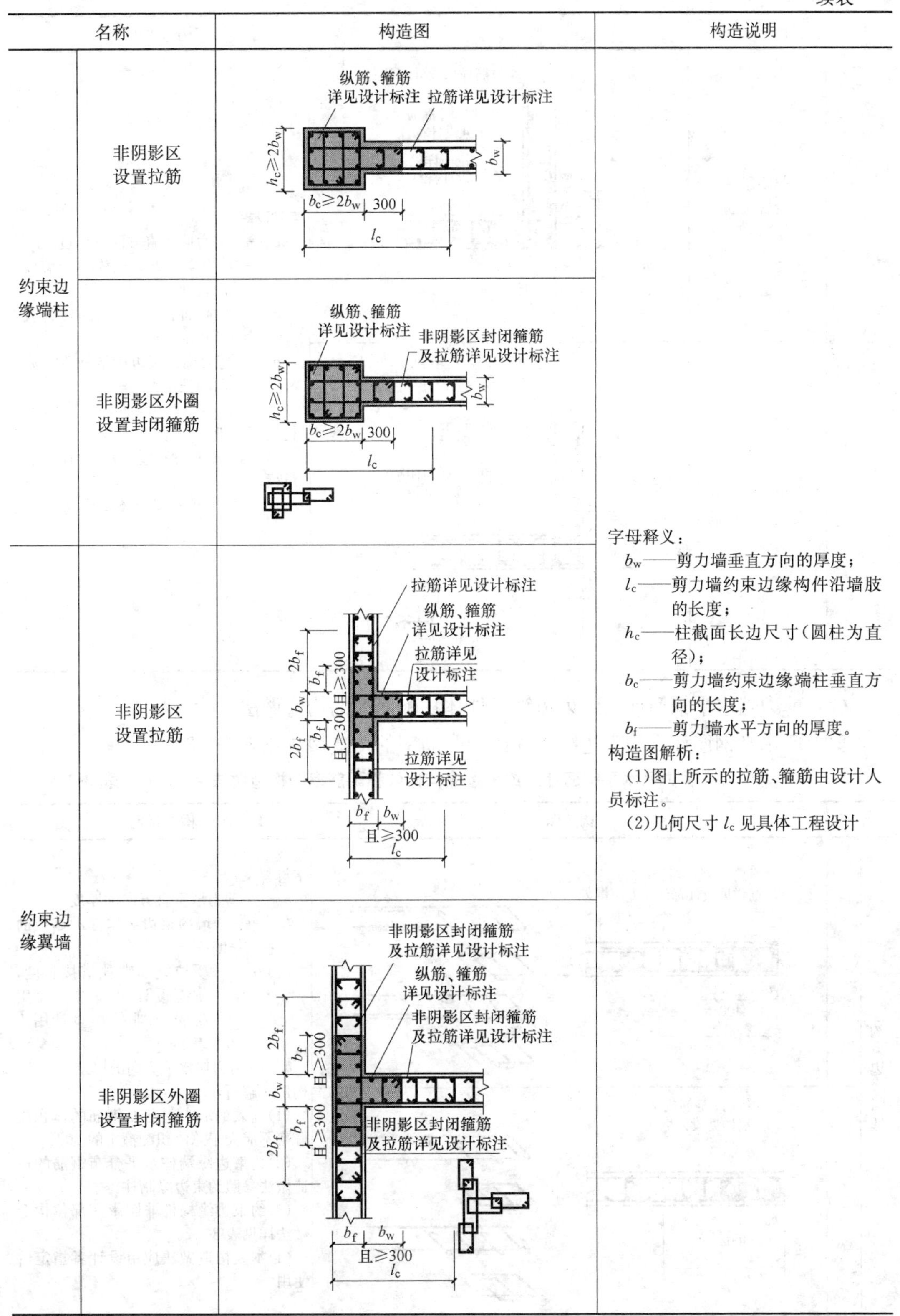

名称		构造图	构造说明
约束边缘端柱	非阴影区设置拉筋		字母释义： b_w——剪力墙垂直方向的厚度； l_c——剪力墙约束边缘构件沿墙肢的长度； h_c——柱截面长边尺寸(圆柱为直径)； b_c——剪力墙约束边缘端柱垂直方向的长度； b_f——剪力墙水平方向的厚度。 构造图解析： (1)图上所示的拉筋、箍筋由设计人员标注。 (2)几何尺寸 l_c 见具体工程设计
	非阴影区外圈设置封闭箍筋		
约束边缘翼墙	非阴影区设置拉筋		
	非阴影区外圈设置封闭箍筋		

续表

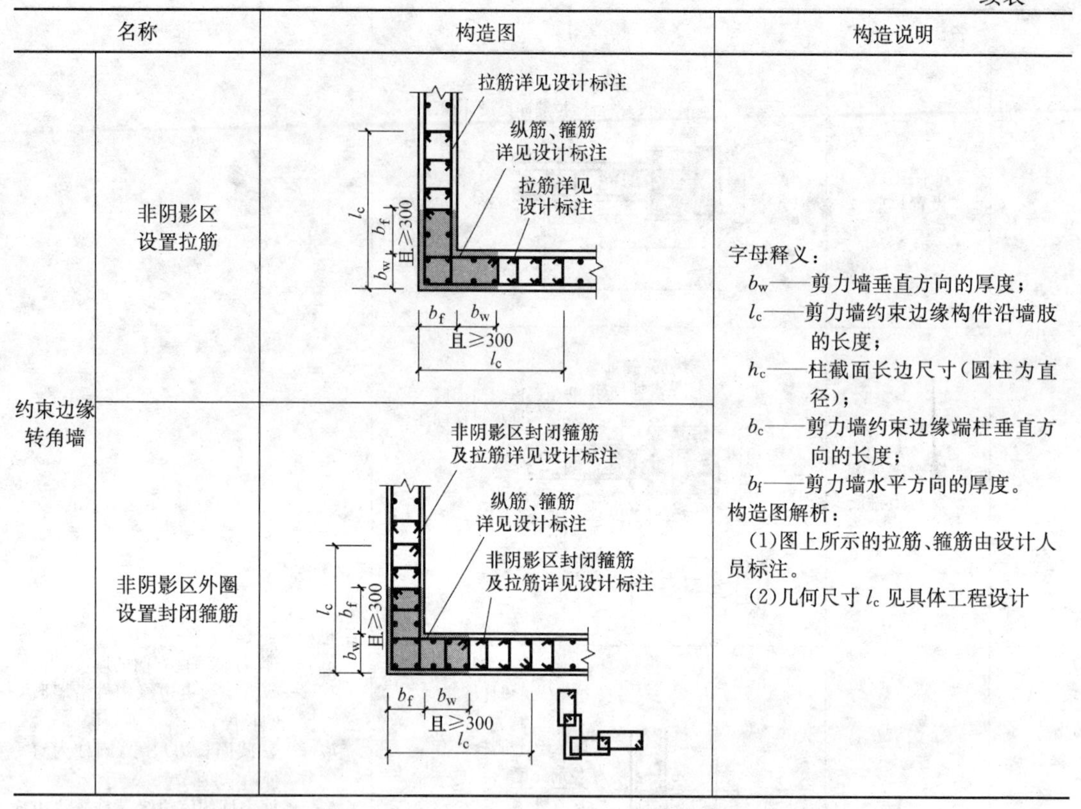

名称		构造图	构造说明
约束边缘转角墙	非阴影区设置拉筋		字母释义： b_w——剪力墙垂直方向的厚度； l_c——剪力墙约束边缘构件沿墙肢的长度； h_c——柱截面长边尺寸（圆柱为直径）； b_c——剪力墙约束边缘端柱垂直方向的长度； b_f——剪力墙水平方向的厚度。 构造图解析： (1)图上所示的拉筋、箍筋由设计人员标注。 (2)几何尺寸 l_c 见具体工程设计
	非阴影区外圈设置封闭箍筋		

(2) 剪力墙水平钢筋计入约束边缘构件体积配筋率的构造做法

剪力墙水平钢筋计入约束边缘构件体积配筋率的构造做法见表 3-2-3。

剪力墙水平钢筋计入约束边缘构件体积配筋率的构造做法　　表 3-2-3

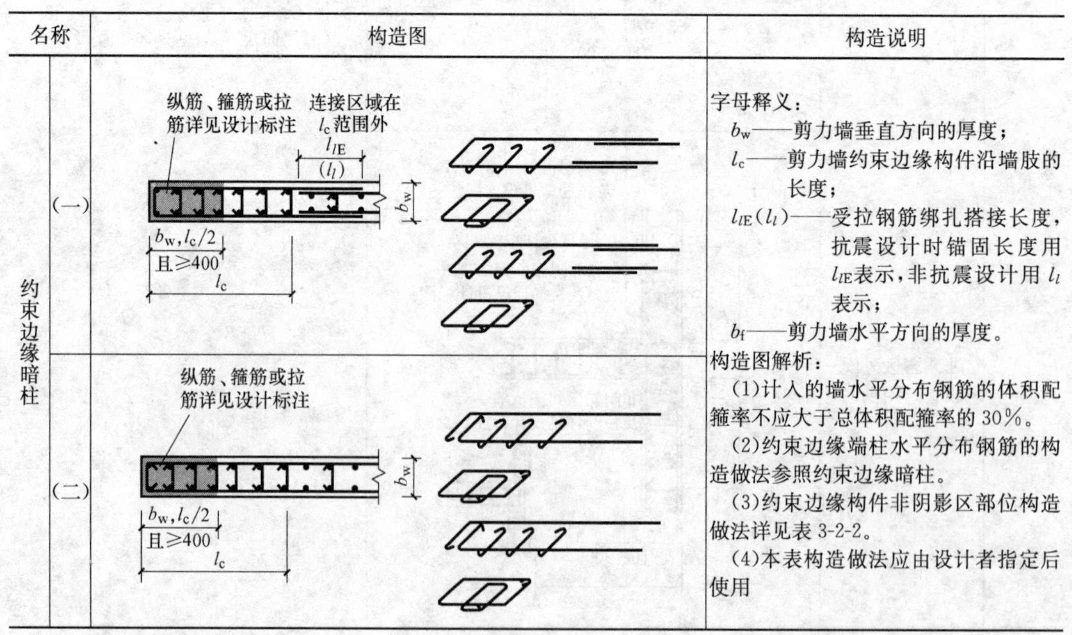

名称		构造图	构造说明
约束边缘暗柱	(一)		字母释义： b_w——剪力墙垂直方向的厚度； l_c——剪力墙约束边缘构件沿墙肢的长度； $l_{lE}(l_l)$——受拉钢筋绑扎搭接长度，抗震设计时锚固长度用 l_{lE} 表示，非抗震设计用 l_l 表示； b_f——剪力墙水平方向的厚度。 构造图解析： (1)计入的墙水平分布钢筋的体积配箍率不应大于总体积配箍率的 30%。 (2)约束边缘端柱水平分布钢筋的构造做法参照约束边缘暗柱。 (3)约束边缘构件非阴影区部位构造做法详见表 3-2-2。 (4)本表构造做法应由设计者指定后使用
	(二)		

续表

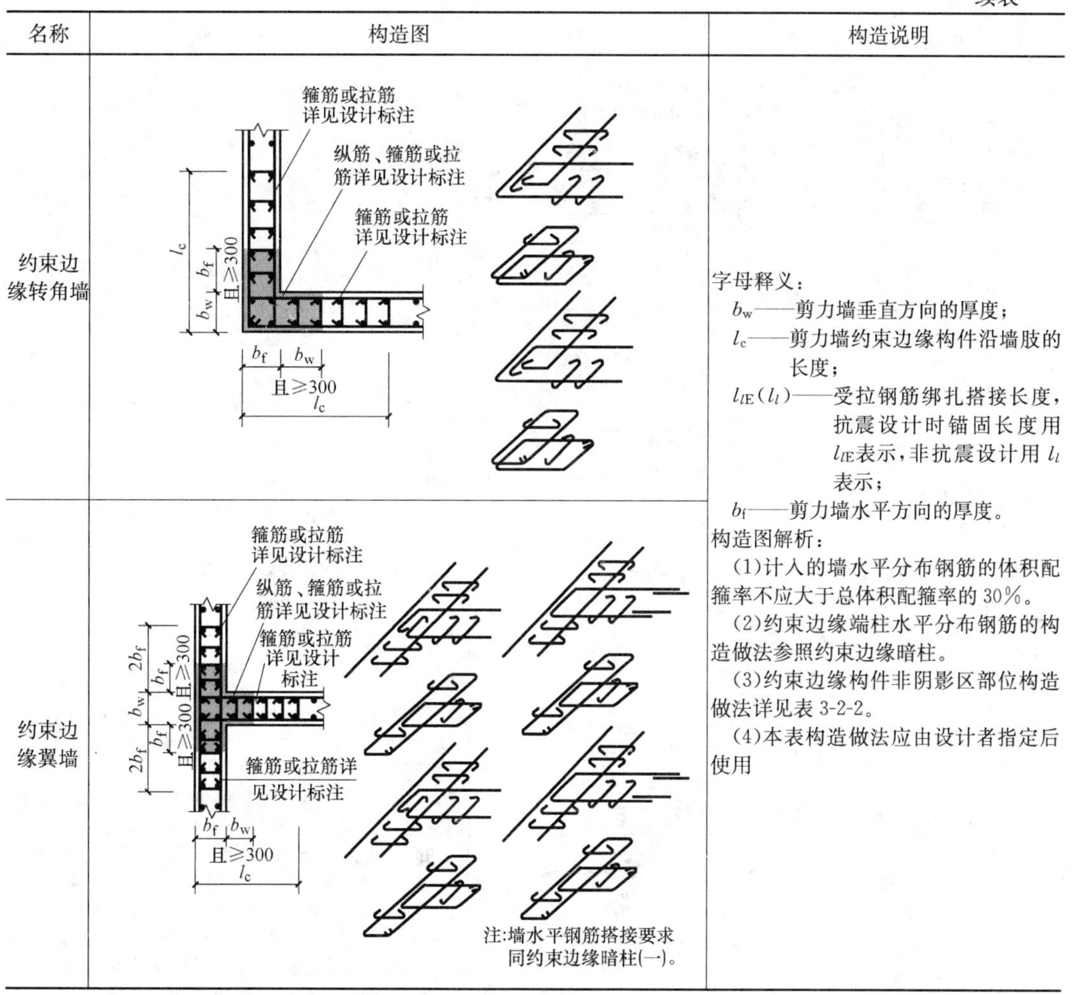

名称	构造图	构造说明
约束边缘转角墙		字母释义: b_w——剪力墙垂直方向的厚度; l_c——剪力墙约束边缘构件沿墙肢的长度; $l_{lE}(l_l)$——受拉钢筋绑扎搭接长度,抗震设计时锚固长度用l_{lE}表示,非抗震设计用l_l表示; b_f——剪力墙水平方向的厚度。 构造图解析: (1)计入的墙水平分布钢筋的体积配箍率不应大于总体积配箍率的30%。 (2)约束边缘端柱水平分布钢筋的构造做法参照约束边缘暗柱。 (3)约束边缘构件非阴影区部位构造做法详见表3-2-2。 (4)本表构造做法应由设计者指定后使用
约束边缘翼墙		

(3) 构造边缘构件 GBZ、扶壁柱 FBZ、非边缘暗柱 AZ 构造

构造边缘构件 GBZ、扶壁柱 FBZ、非边缘暗柱 AZ 构造见表 3-2-4。

构造边缘构件 GBZ、扶壁柱 FBZ、非边缘暗柱 AZ 构造 **表 3-2-4**

名称	构造图	构造说明
构造边缘暗柱	纵筋、箍筋及拉筋详见设计标注 b_w ≥b_w,≥400	字母释义: b_w——剪力墙垂直方向的厚度; b_c——柱截面短边尺寸; h_c——柱截面长边尺寸(圆柱为直径); b_f——剪力墙水平方向的厚度; h——暗柱截面长边尺寸。 构造图解析: (1)搭接长度范围内,约束边缘构件阴影部分、构造边缘构件、扶壁柱及非边缘暗柱的箍筋直径应不小于纵向搭接钢筋最大直径的0.25倍。箍筋间距不大于纵向搭接钢筋最小直径的5倍,且不大于100mm

续表

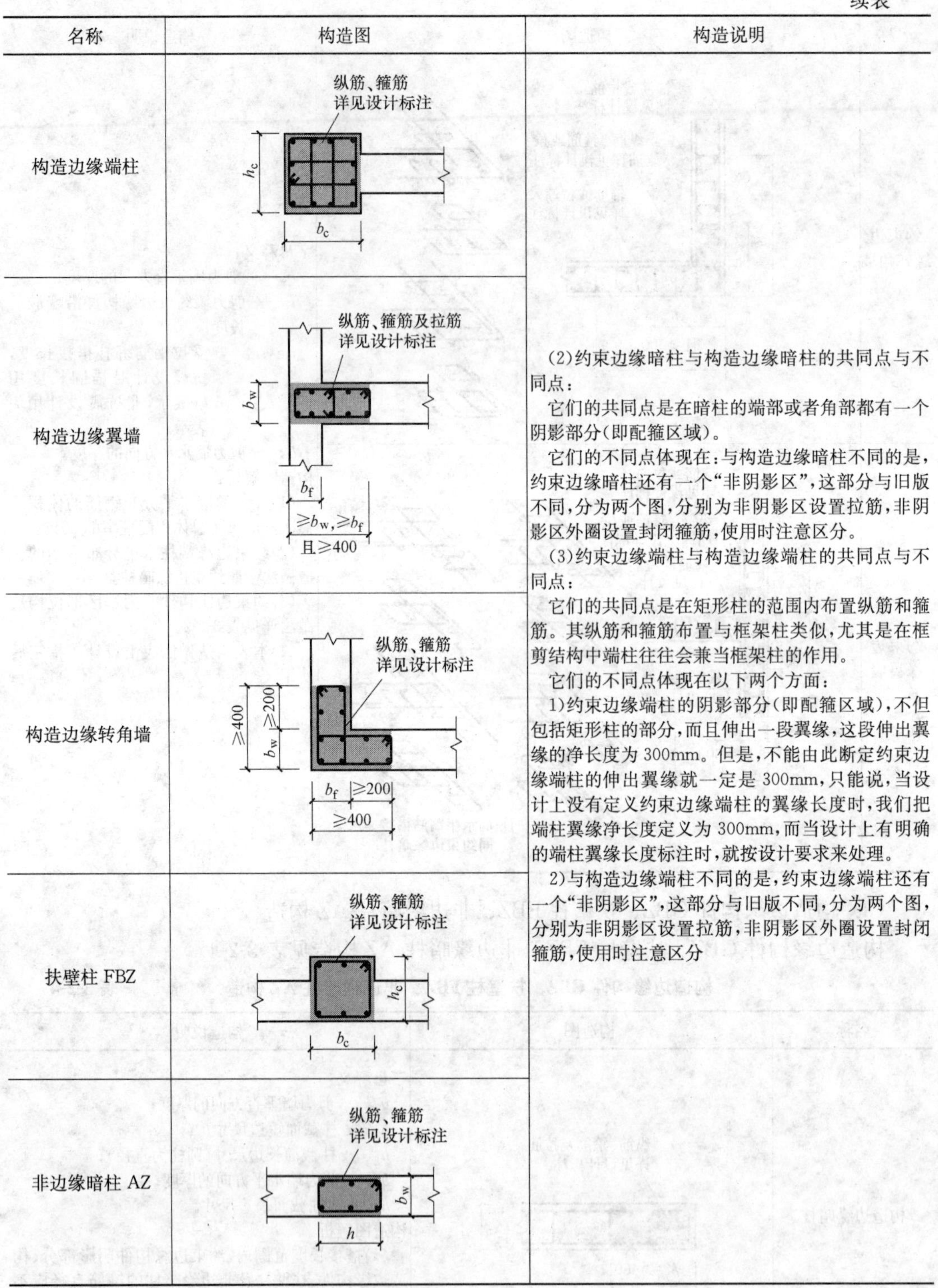

名称	构造图	构造说明
构造边缘端柱		（2）约束边缘暗柱与构造边缘暗柱的共同点与不同点： 它们的共同点是在暗柱的端部或者角部都有一个阴影部分（即配箍区域）。 它们的不同点体现在：与构造边缘暗柱不同的是，约束边缘暗柱还有一个“非阴影区”，这部分与旧版不同，分为两个图，分别为非阴影区设置拉筋，非阴影区外圈设置封闭箍筋，使用时注意区分。 （3）约束边缘端柱与构造边缘端柱的共同点与不同点： 它们的共同点是在矩形柱的范围内布置纵筋和箍筋。其纵筋和箍筋布置与框架柱类似，尤其是在框剪结构中端柱往往会兼当框架柱的作用。 它们的不同点体现在以下两个方面： 1）约束边缘端柱的阴影部分（即配箍区域），不但包括矩形柱的部分，而且伸出一段翼缘，这段伸出翼缘的净长度为300mm。但是，不能由此断定约束边缘端柱的伸出翼缘就一定是300mm，只能说，当设计上没有定义约束边缘端柱的翼缘长度时，我们把端柱翼缘净长度定义为300mm，而当设计上有明确的端柱翼缘长度标注时，就按设计要求来处理。 2）与构造边缘端柱不同的是，约束边缘端柱还有一个“非阴影区”，这部分与旧版不同，分为两个图，分别为非阴影区设置拉筋，非阴影区外圈设置封闭箍筋，使用时注意区分
构造边缘翼墙		
构造边缘转角墙		
扶壁柱 FBZ		
非边缘暗柱 AZ		

（4）剪力墙边缘构件纵向钢筋连接构造

剪力墙边缘构件纵向钢筋连接构造见表3-2-5。

剪力墙边缘构件纵向钢筋连接构造　　表 3-2-5

名称	构造图	构造说明
绑扎搭接	l_{lE} (l_l)　≥0.3l_{lE} (≥0.3l_l)　l_{lE} (l_l)　≥500　楼板顶面 基础顶面	字母释义： l_{lE}(l_l)——受拉钢筋绑扎搭接长度，抗震设计时锚固长度用 l_{lE}表示，非抗震设计用 l_l表示； d——纵向钢筋直径。 构造图解析： (1)适用于约束边缘构件阴影部分和构造边缘构件的纵向钢筋。 (2)实际施工中，尽量采用机械连接和焊接连接，这样可以不进行连接点的箍筋加密。当遇到较小直径的钢筋必须采用绑扎搭接连接，就会出现绑扎搭接区范围内的箍筋加密间距较小的现象，这样做相对而言还是比较合理的
机械连接	35d　≥500　相邻钢筋交错机械连接　楼板顶面 基础顶面	
焊接	35d ≥500　≥500　相邻钢筋交错焊接　楼板顶面 基础顶面	

（5）剪力墙上起约束边缘构件纵筋构造

剪力墙上起约束边缘构件纵筋构造如图 3-2-1。

2. 剪力墙柱节点钢筋构造

（1）墙柱变截面钢筋构造

当剪力墙柱子楼层上下截面变化，端柱变截面处的钢筋构造与框架柱相同。除端柱外，其他剪力墙柱变截面构造要求，如图 3-2-2所示。

（2）墙柱柱顶钢筋构造

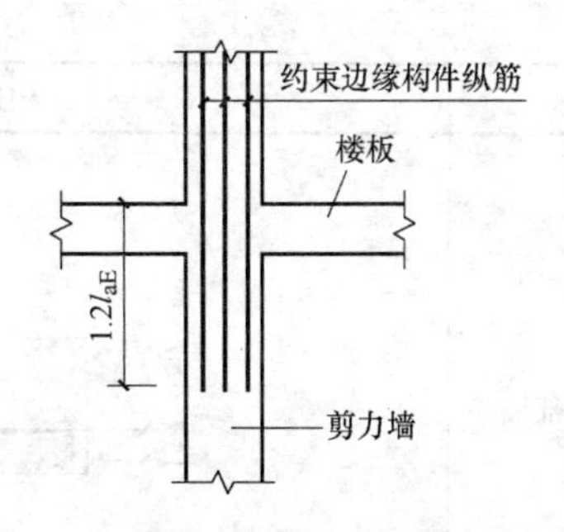

图 3-2-1　剪力墙上起约束边缘构件纵筋构造

l_{aE}—受拉钢筋抗震锚固长度

端柱柱顶钢筋构造同框架柱。除端柱外，墙柱纵筋构造要求如图 3-2-3 所示。

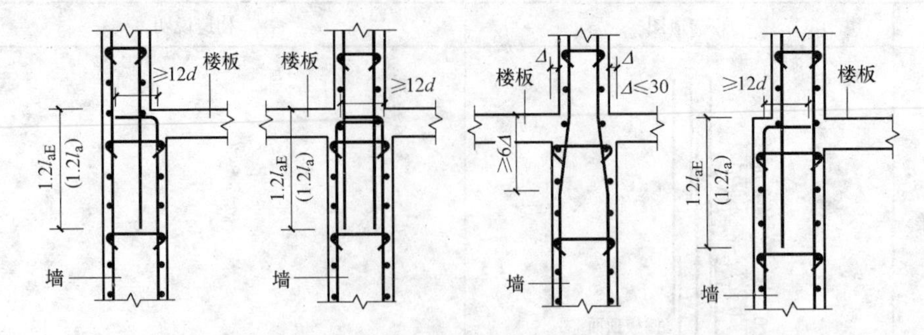

图 3-2-2　剪力墙变截面处竖向分布钢筋构造

l_{aE}（l_a）—受拉钢筋锚固长度，抗震设计时用 l_{aE} 表示，非抗震设计用 l_a 表示；

d—受拉钢筋直径；Δ—上下柱同向侧面错开的宽度

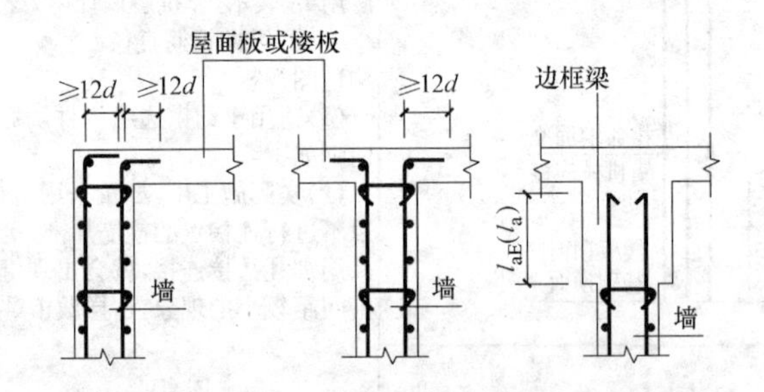

图 3-2-3　剪力墙竖向钢筋顶部构造

l_{aE}（l_a）—受拉钢筋锚固长度，抗震设计时用 l_{aE} 表示，非抗震设计用 l_a 表示；

d—受拉钢筋直径

3.2.3　剪力墙身钢筋构造

1. 剪力墙身水平钢筋构造

剪力墙设有端柱、翼墙、转角墙、边缘暗柱、无暗柱封边构造、斜交墙等竖向约束边缘构件时，剪力墙身水平钢筋构造要求的主要内容见表 3-2-6、表 3-2-7。

剪力墙身水平钢筋构造（一）　　　　**表 3-2-6**

名称	构造图	构造说明
端柱端部墙	15d　15d　b_w	字母释义： d——水平钢筋直径； l_{abE}(l_{ab})——受拉钢筋的基本锚固长度，抗震设计时锚固长度用 l_{abE} 表示，非抗震设计用 l_{ab} 表示； b_f——剪力墙水平方向的厚度； b_w——剪力墙垂直方向的厚度； l_{aE}(l_a)——受拉钢筋锚固长度，抗震设计时锚固长度用 l_{aE} 表示，非抗震设计用 l_a 表示；

续表

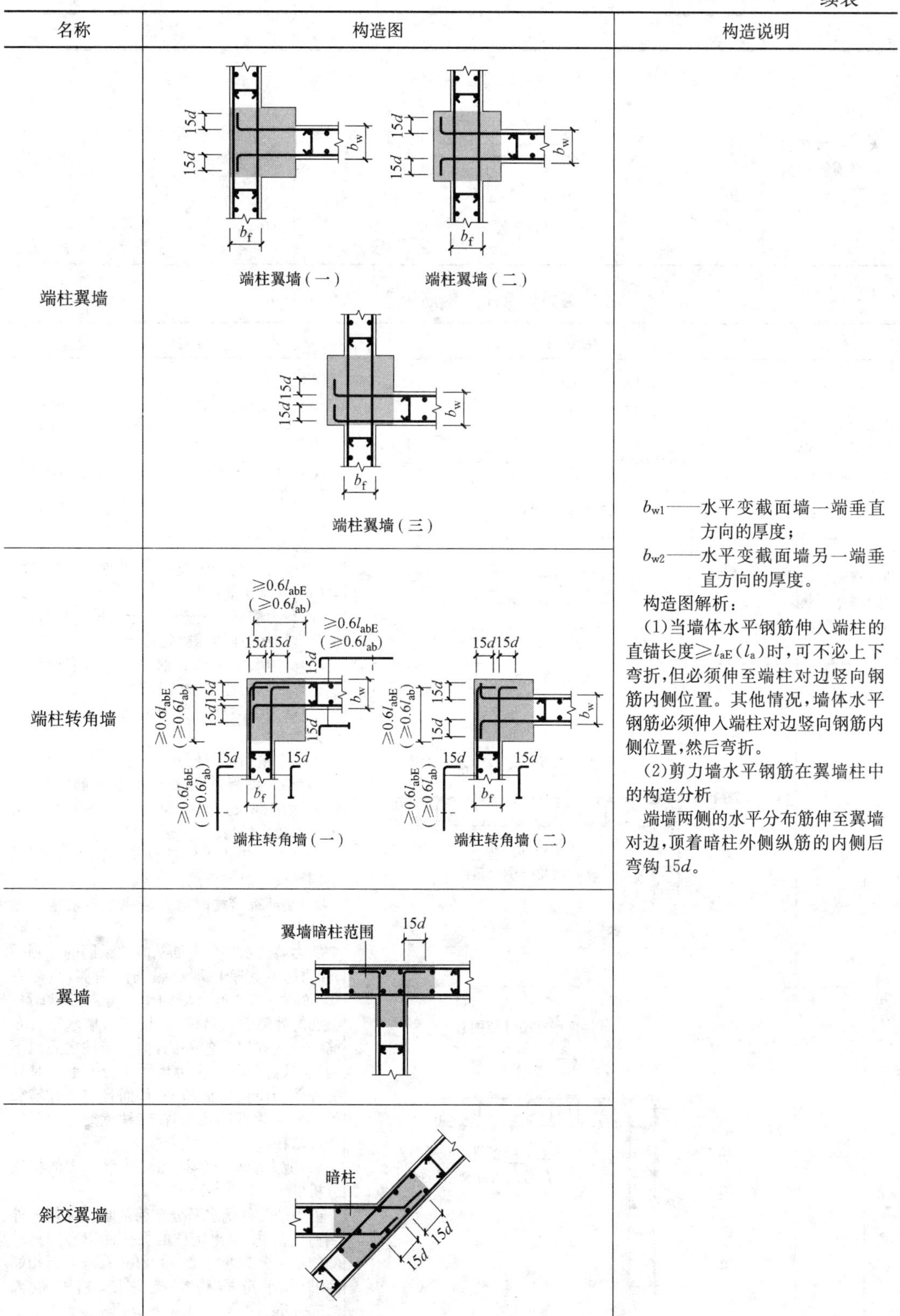

名称	构造图	构造说明
端柱翼墙	端柱翼墙（一） 端柱翼墙（二） 端柱翼墙（三）	b_{w1}——水平变截面墙一端垂直方向的厚度； b_{w2}——水平变截面墙另一端垂直方向的厚度。 构造图解析： （1）当墙体水平钢筋伸入端柱的直锚长度≥l_{aE}（l_a）时，可不必上下弯折，但必须伸至端柱对边竖向钢筋内侧位置。其他情况，墙体水平钢筋必须伸入端柱对边竖向钢筋内侧位置，然后弯折。 （2）剪力墙水平钢筋在翼墙柱中的构造分析 端墙两侧的水平分布筋伸至翼墙对边，顶着暗柱外侧纵筋的内侧后弯钩 15d。
端柱转角墙	端柱转角墙（一） 端柱转角墙（二）	
翼墙		
斜交翼墙		

续表

名称	构造图	构造说明
水平变截面墙水平钢筋构造	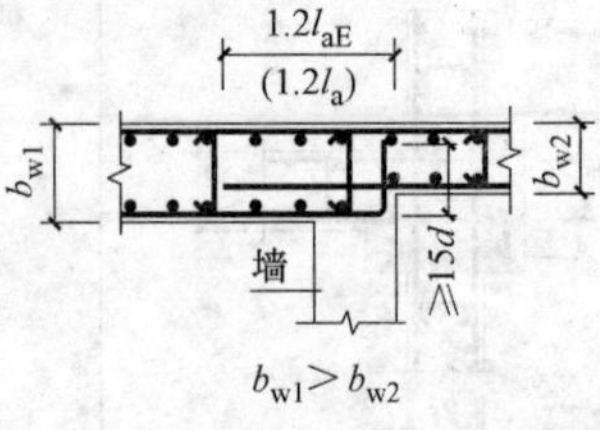 $1.2l_{aE}$ ($1.2l_a$) b_{w1} b_{w2} 墙 ≥15d $b_{w1}>b_{w2}$	如果剪力墙设置了三排、四排钢筋，则墙中间的各排水平分布筋同上述构造

剪力墙身水平钢筋构造（二） 表 3-2-7

名称		构造图	构造说明
端部无暗柱时剪力墙水平钢筋端部做法		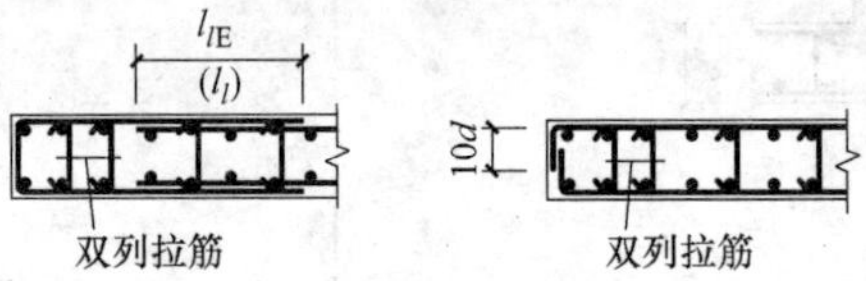 l_{lE} (l_l) 10d 双列拉筋 双列拉筋 (当墙厚度较小时)	字母释义： $l_{lE}(l_l)$——受拉钢筋绑扎搭接长度，抗震设计时锚固长度用 l_{lE}表示，非抗震设计用 l_l表示； d——水平钢筋直径； $l_{aE}(l_a)$——受拉钢筋锚固长度，抗震设计时锚固长度用 l_{aE}表示，非抗震设计用 l_a 表示； b_w——剪力墙垂直方向的厚度。 构造图解析： (1)本表中图所示拉筋应与剪力墙每排的竖向筋和水平筋绑扎。 (2)剪力墙钢筋配置若多于两排，中间排水平筋端部构造同内侧钢筋。 (3)剪力墙水平分布钢筋计入约束构件体积配箍率的构造做法见表 3-2-3。 (4)端部无暗柱时剪力墙水平钢筋端部做法分析 图集中给出了两种方案： 1)端部 U 形筋与墙身水平钢筋搭接 l_{lE}(l_l)，墙端部设置双列拉筋。这种方案适用于墙厚较小的情况。 2)墙身两侧水平钢筋伸至墙端弯钩 10d，墙端部设置双列拉筋。 (5)端部有暗柱时剪力墙水平钢筋端部做法分析 剪力墙的水平分布筋从暗柱纵筋的外侧插入暗柱，伸到暗柱端部纵筋的内侧，然后弯 10d 的直钩。“剪力墙的水平分布筋从暗柱纵筋的外侧插入暗柱”是说剪力墙水平分布筋的位置在墙身的外侧，伸入暗柱之后也不例外，这样就形成剪力墙水平分布筋在暗柱的外侧与暗柱的箍筋平行，而且与暗柱箍筋处于同一垂直层面，即在暗柱箍筋之间插空通过暗柱。 (6)剪力墙水平钢筋在转角墙柱中的构造分析 剪力墙的外侧水平分布筋从暗柱纵筋的外侧通过暗柱，绕出暗柱的另一侧以后同另一侧的水平分布筋搭接≥1.2l_{aE}(l_a)，上下相邻两排水平分布筋交错搭接，错开距离≥500mm。
端部有暗柱时剪力墙水平钢筋端部做法		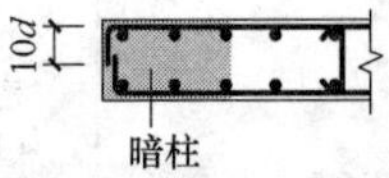 10d 暗柱	
转角墙	(一)	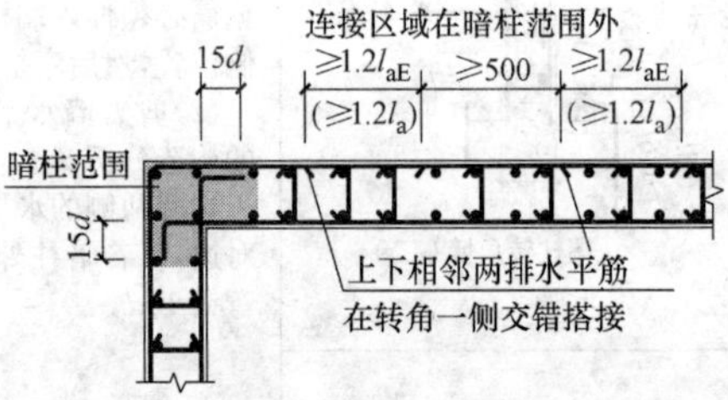 连接区域在暗柱范围外 15d ≥1.2l_{aE} (≥1.2l_a) ≥500 ≥1.2l_{aE} (≥1.2l_a) 暗柱范围 15d 上下相邻两排水平筋在转角一侧交错搭接 (外侧水平筋连续通过转弯)	
转角墙	(二)	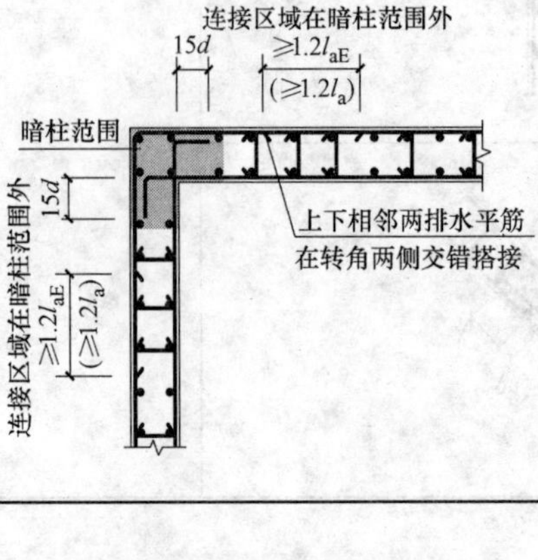 连接区域在暗柱范围外 15d ≥1.2l_{aE} (≥1.2l_a) 暗柱范围 15d 上下相邻两排水平筋在转角两侧交错搭接 连接区域在暗柱范围外 ≥1.2l_{aE} (≥1.2l_a)	

续表

<table>
<tr><th colspan="2">名称</th><th>构造图</th><th>构造说明</th></tr>
<tr><td>转角墙</td><td>(三)</td><td> 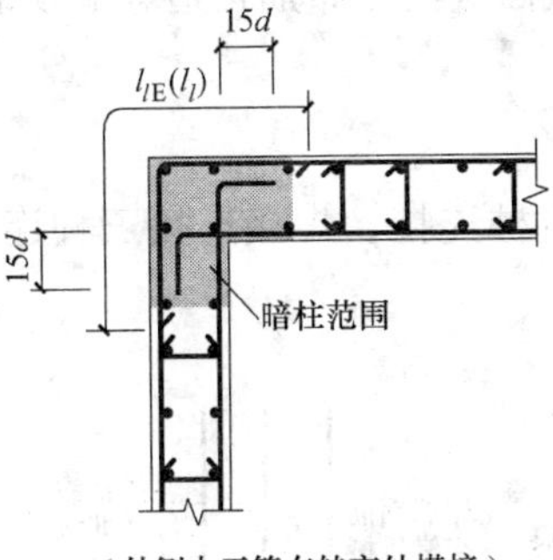15d
$l_{lE}(l_l)$
15d
暗柱范围
(外侧水平筋在转弯处搭接)</td><td rowspan="6">关于剪力墙水平分布筋在转角墙柱的连接，有以下两种情况需要注意：
1)剪力墙转角墙柱两侧水平分布筋直径不同时，要转到直径较小一侧搭接，以保证直径较大一侧的水平抗剪能力不减弱。
2)当剪力墙转角墙柱的另外一侧不是墙身而是连接梁的时候，墙身的外侧水平分布筋不能拐到连梁外侧进行搭接，而应该把连梁的外侧水平分布筋拐过转角墙柱，与墙身的水平分布筋进行搭接。
剪力墙的内侧水平分布筋伸至转角墙对边纵筋内侧后弯钩15d。
如果剪力墙设置了三排、四排钢筋，则墙中间的各排水平分布筋同上述构造。
(7)剪力墙水平钢筋交错搭接构造分析
剪力墙水平钢筋的搭接长度≥$1.2l_{aE}(l_a)$，沿高度每隔一根错开搭接，相邻两个搭接区之间错开的净距离≥500mm。
(8)剪力墙多排配筋的构造分析
1)剪力墙布置两排配筋、三排配筋和四排配筋的条件为：当墙厚度≤400mm时，设置两排钢筋网；当400mm<墙厚度≤700mm时，设置三排钢筋网；当墙厚度>700mm时，设置四排钢筋网。
2)剪力墙身的各排钢筋网设置水平分布筋和垂直分布筋。布置钢筋时，把水平分布筋放在外侧，垂直分布筋放在水平分布筋的内侧。因此，剪力墙的保护层是针对水平分布筋来说的。
3)拉筋要求拉住两个方向上的钢筋，即同时钩住水平分布筋和垂直分布筋。由于剪力墙身的水平分布筋放在最外面，所以拉筋连接外侧钢筋网和内侧钢筋网，也就是把拉筋钩在水平分布筋的外侧。
4)拉筋保护层的问题。混凝土保护层保护一个“面”或一条“线”，但难以做到保护每一个“点”，因此，局部钢筋“点”的保护层厚度不够属正常现象</td></tr>
<tr><td colspan="2">斜交转角墙</td><td> 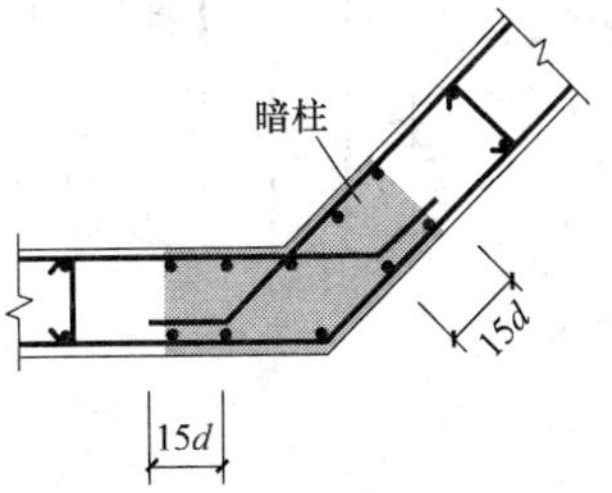暗柱
15d
15d</td></tr>
<tr><td colspan="2">剪力墙水平钢筋交错搭接</td><td> 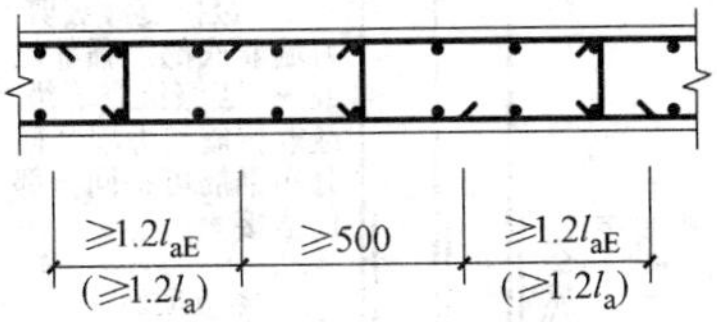≥$1.2l_{aE}$ (≥$1.2l_a$) ≥500 ≥$1.2l_{aE}$ (≥$1.2l_a$)
(沿高度每隔一根错开搭接)</td></tr>
<tr><td rowspan="3">剪力墙多排配筋</td><td>双排</td><td> 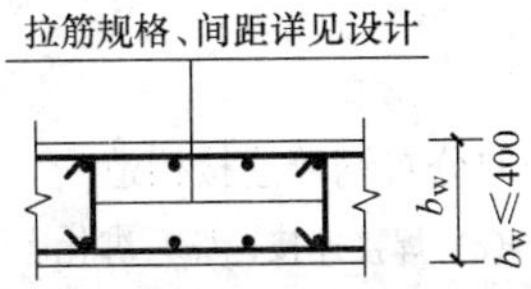拉筋规格、间距详见设计
b_w b_w≤400</td></tr>
<tr><td>三排</td><td> 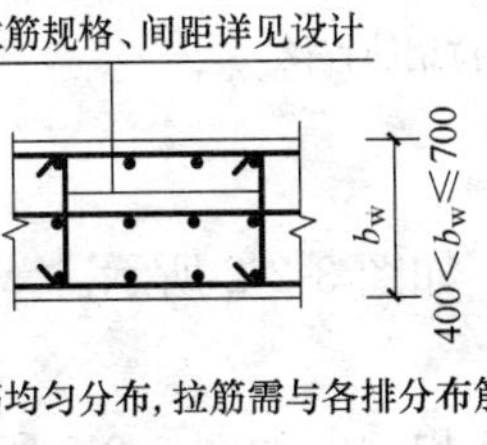拉筋规格、间距详见设计
b_w 400<b_w≤700
(水平、竖直钢筋均匀分布，拉筋需与各排分布筋绑扎)</td></tr>
<tr><td>四排</td><td> 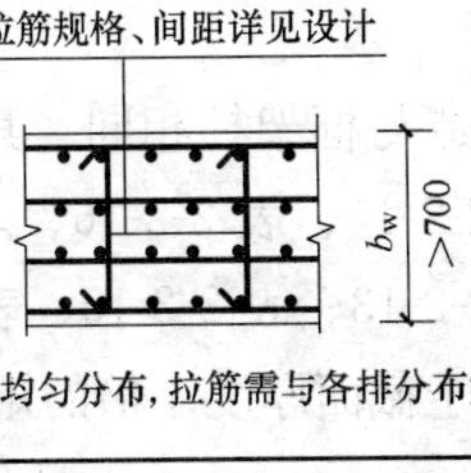拉筋规格、间距详见设计
b_w >700
(水平、竖直钢筋均匀分布，拉筋需与各排分布筋绑扎)</td></tr>
</table>

2. 剪力墙身竖向分布钢筋构造

剪力墙身竖向分布钢筋连接构造、变截面竖向分布筋构造、墙顶部竖向分布筋构造等内容，其主要内容有：

(1) 竖向分布筋连接构造

剪力墙竖向分布钢筋通常采用搭接、机械连接、焊接连接三种连接方式，如图 3-2-4 所示。

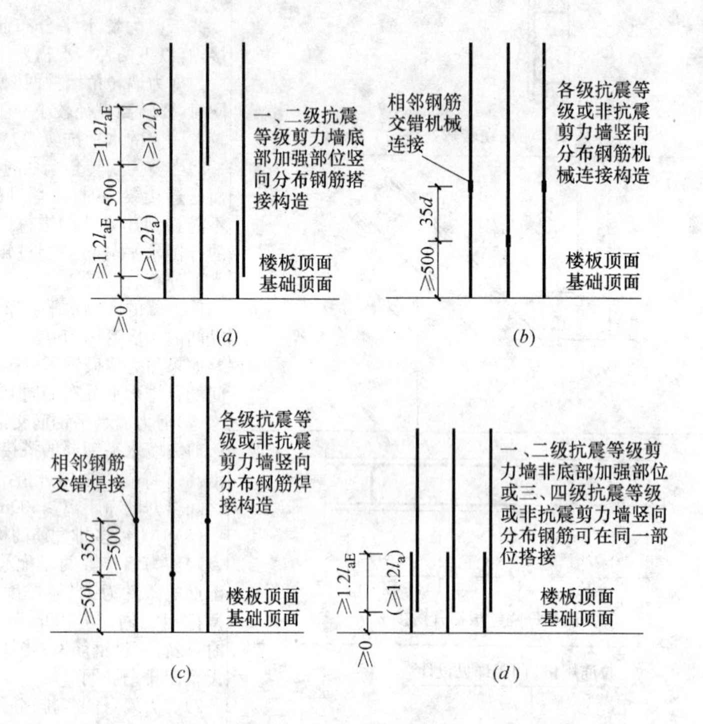

图 3-2-4 剪力墙身竖向分布钢筋连接构造

(*a*) 绑扎连接 1；(*b*) 机械连接；(*c*) 焊接连接；(*d*) 绑扎连接 2

l_{aE}（l_a）—受拉钢筋锚固长度，抗震设计时用 l_{aE} 表示，非抗震设计用 l_a 表示；

d—受拉钢筋直径

(2) 变截面竖向分布筋构造

变截面墙身纵筋构造形式与墙柱相同，如图 3-2-2 所示。

(3) 墙顶部竖向分布筋构造

墙身顶部竖向分布钢筋构造与剪力墙柱相同，如图 3-2-3 所示。

(4) 小墙肢的处理

1）端柱、小墙肢的竖向钢筋与箍筋构造与框架柱相同。其中抗震竖向钢筋与箍筋构造详见表 2-2-5、表 2-2-7、表 2-2-12、表 2-2-14、表 2-2-16、表 2-2-18、表 2-2-19，非抗震纵向钢筋构造与箍筋详见表 2-2-11、表 2-2-13、表 2-2-15、表 2-2-17、表 2-2-20。

2）图集中所指小墙肢为截面高度不大于截面厚度 4 倍的矩形截面独立墙肢。

3.2.4 剪力墙梁配筋构造

1. 剪力墙连梁配筋构造

(1) 连梁配筋构造

剪力墙连梁的钢筋种类包括：纵向钢筋、箍筋、拉筋、墙身水平钢筋。

剪力墙连梁配筋构造如图 3-2-5 所示。

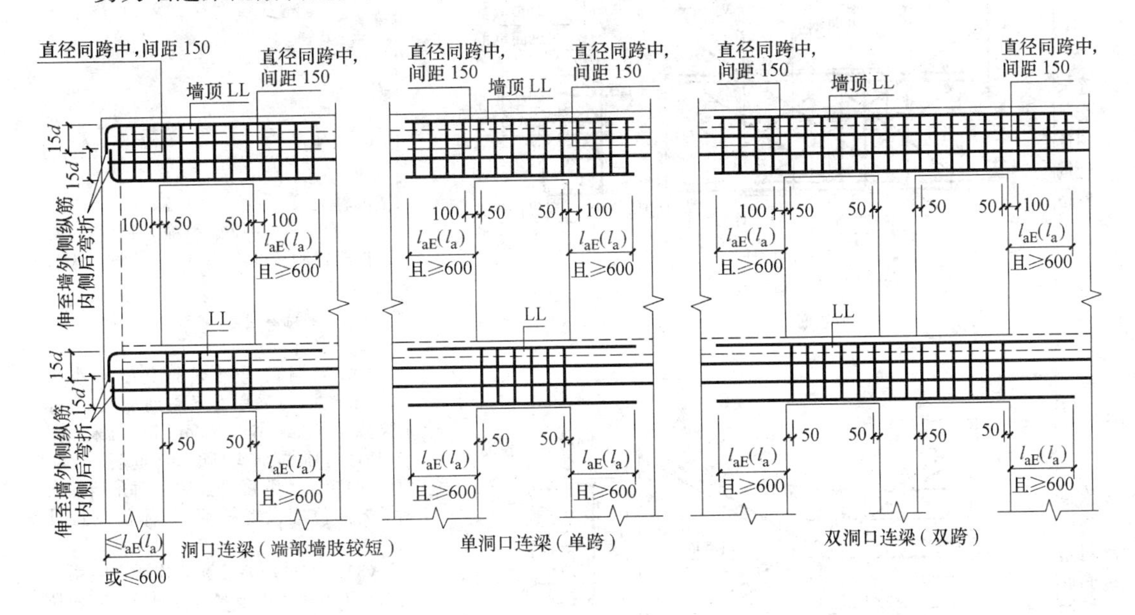

图 3-2-5 剪力墙连梁配筋构造

注：1. 括号内为非抗震设计时连梁纵筋锚固长度。

2. 当端部洞口连梁的纵向钢筋在端支座的直锚长度≥l_{aE}（l_a）且≥600 时，可不必往上（下）弯折。

3. 洞口范围内的连梁箍筋详见具体工程设计。

4. 连梁设有交叉斜筋、对角暗撑及集中对角斜筋的做法，具体见表 3-2-8。

1）连梁的纵筋。相对于整个剪力墙（含墙柱、墙身、墙梁）而言，基础是其支座；但是相对于连梁而言，其支座就是墙柱和墙身。所以，连梁的钢筋设置（包括连梁的纵筋和箍筋的设置），具备“有支座”的构件的某些特点，与“梁构件”有些类似。

连梁以暗柱或端柱为支座，连梁主筋锚固起点应当从暗柱或端柱的边缘算起。

2）剪力墙水平分布筋与连梁的关系。连梁是一种特殊的墙身，它是上下楼层窗洞口之间的那部分水平的窗间墙。所以，剪力墙身水平分布筋从暗梁的外侧通过连梁，如图 3-2-6 所示。

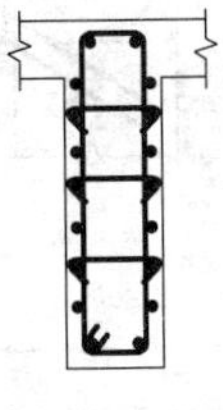

图 3-2-6 剪力墙连梁侧面纵筋和拉筋构造

3）连梁的拉筋。拉筋的直径和间距为：当梁宽≤350mm 时为 6mm，梁宽>350mm 时为 8mm，拉筋间距为 2 倍箍筋间距，竖向沿侧面水平筋隔一拉一。

（2）连梁特殊配筋构造

连梁特殊配筋构造见表 3-2-8。

连梁特殊配筋构造 **表 3-2-8**

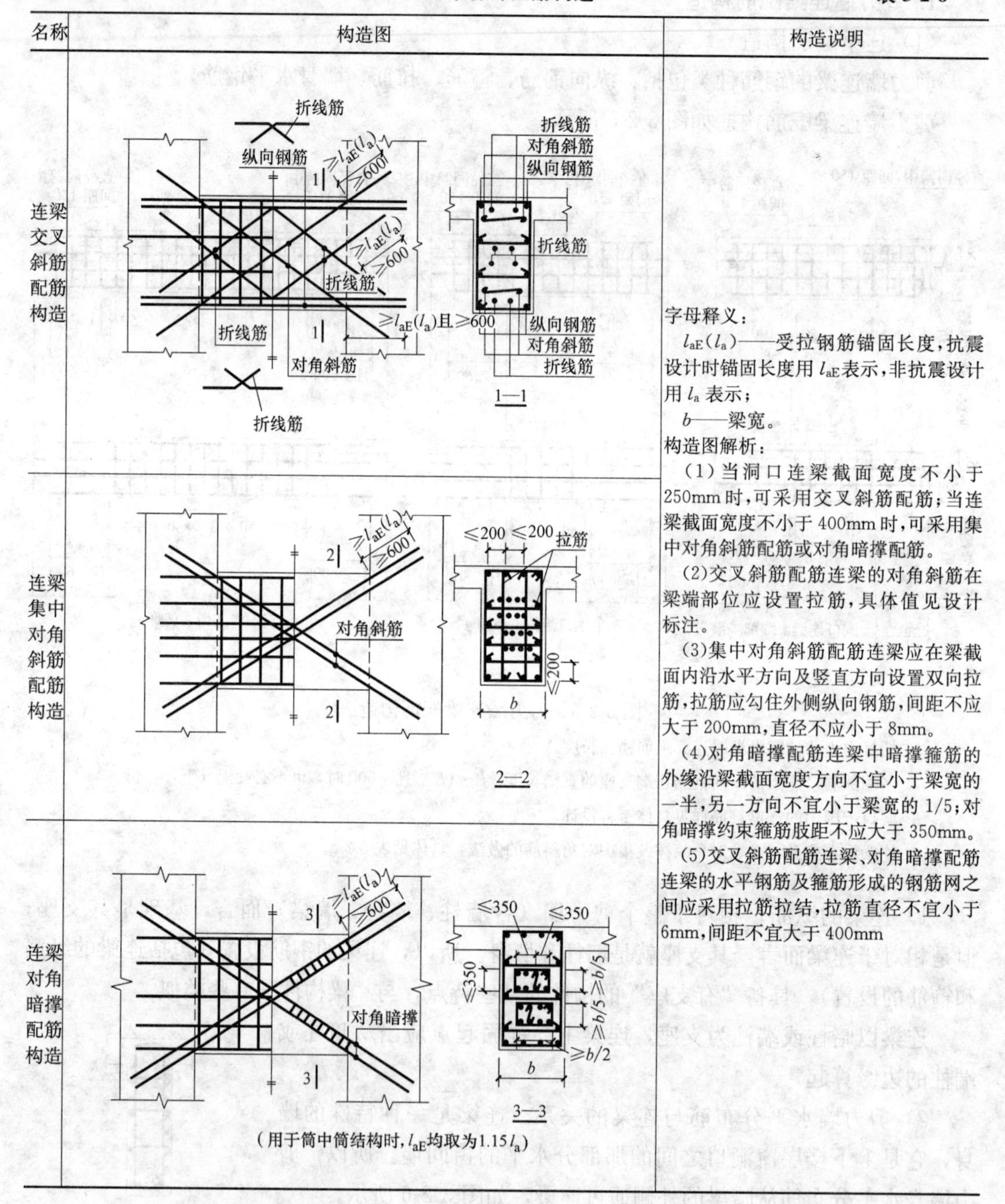

名称	构造图	构造说明
连梁交叉斜筋配筋构造	1—1	字母释义： $l_{aE}(l_a)$——受拉钢筋锚固长度，抗震设计时锚固长度用 l_{aE} 表示，非抗震设计用 l_a 表示； b——梁宽。 构造图解析： （1）当洞口连梁截面宽度不小于 250mm 时，可采用交叉斜筋配筋；当连梁截面宽度不小于 400mm 时，可采用集中对角斜筋配筋或对角暗撑配筋。 （2）交叉斜筋配筋连梁的对角斜筋在梁端部位应设置拉筋，具体值见设计标注。 （3）集中对角斜筋配筋连梁应在梁截面内沿水平方向及竖直方向设置双向拉筋，拉筋应勾住外侧纵向钢筋，间距不应大于 200mm，直径不应小于 8mm。 （4）对角暗撑配筋连梁中暗撑箍筋的外缘沿梁截面宽度方向不宜小于梁宽的一半，另一方向不宜小于梁宽的 1/5；对角暗撑约束箍筋肢距不应大于 350mm。 （5）交叉斜筋配筋连梁、对角暗撑配筋连梁的水平钢筋及箍筋形成的钢筋网之间应采用拉筋拉结，拉筋直径不宜小于 6mm，间距不宜大于 400mm
连梁集中对角斜筋配筋构造	2—2	
连梁对角暗撑配筋构造	3—3 （用于筒中筒结构时，l_{aE} 均取为 $1.15 l_a$）	

2. 剪力墙边框梁配筋构造

剪力墙边框梁的钢筋种类包括：纵向钢筋、箍筋、拉筋、边框梁侧面的水平分布筋。

11G101-1 图集关于剪力墙边框梁（BKL）钢筋构造只有在图集 74 页的一个断面图，

所以，我们可以认为边框梁的纵筋是沿墙肢方向贯通布置，而边框梁的箍筋也是沿墙肢方向全长布置，而且是均匀布置，不存在箍筋加密区和非加密区。

剪力墙边框梁配筋构造如图 3-2-7 所示。

(1) 墙身水平分布筋按其间距在边框梁箍筋的内侧通过。因此，边框梁侧面纵筋的拉筋是同时钩住边框梁的箍筋和水平分布筋。

(2) 墙身垂直分布筋穿越边框梁。剪力墙的边框梁不是剪力墙的支座，边框梁本身也是剪力墙的加强带。所以，当剪力墙顶部设置有边框梁时，剪力墙竖向钢筋不能锚入边框梁：若当前层是中间楼层，则剪力墙竖向钢筋穿越边框梁直伸入上一层；若当前层是顶层，则剪力墙竖向钢筋应该穿越边框梁锚入现浇板内。

(3) 边框梁的拉筋。拉筋的直径和间距同剪力墙连梁。

(4) 边框梁的纵筋。

1) 边框梁一般都与端柱发生联系，而端柱的竖向钢筋与箍筋构造与框架柱相同，所以，边框梁纵筋与端柱纵筋之间的关系也可以参考框架梁纵筋与框架柱纵筋的关系。即边框梁纵筋在端柱纵筋之内伸入端柱。

2) 边框梁纵筋伸入端柱的长度不同于框架梁纵筋在框架柱的锚固构造，因为端柱不是边框梁的支座，它们都是剪力墙的组成部分。因此，边框梁纵筋在端柱的锚固构造可以参考表 3-2-6 和表 3-2-7 剪力墙身水平钢筋构造。

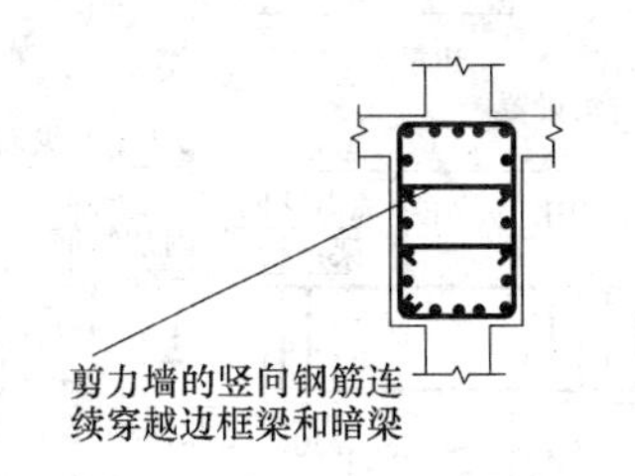

图 3-2-7 剪力墙边框梁配筋构造

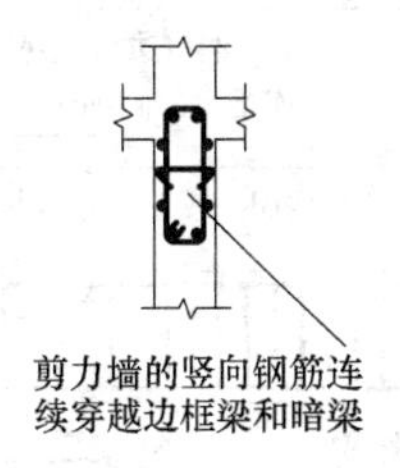

图 3-2-8 剪力墙暗梁配筋构造

3. 剪力墙暗梁配筋构造

剪力墙暗梁的钢筋种类包括：纵向钢筋、箍筋、拉筋、暗梁侧面的水平分布筋。

11G101-1 图集关于剪力墙暗梁（AL）钢筋构造只有在图集 74 页的一个断面图，所以，我们也可以认为暗梁的纵筋是沿墙肢方向贯通布置，而暗梁的箍筋也是沿墙肢方向全长布置，而且是均匀布置，不存在箍筋加密区和非加密区。

剪力墙暗梁配筋构造如图 3-2-8 所示。

(1) 暗梁是剪力墙的一部分，对剪力墙有阻止开裂的作用，是剪力墙的一道水平线性加强带。暗梁一般设置在剪力墙靠近楼板底部的位置，就像砖混结构的圈梁那样。

(2) 墙身水平分布筋按其间距在暗梁箍筋的外侧布置。从图 3-2-8 可以看出，在暗梁上部纵筋和下部纵筋的位置上不需要布置水平分布筋。但是，整个墙身的水平分布筋按其间距布置到暗梁下部纵筋时，可能不正好是一个水平分布筋间距，此时的墙身水平分布筋是否还按其间距继续向上布置，可依从施工人员安排。

（3）剪力墙的暗梁不是剪力墙身的支座，暗梁本身是剪力墙的加强带。所以，当每个楼层的剪力墙顶部设置有暗梁时，剪力墙竖向钢筋不能锚入暗梁：若当前层是中间楼层，则剪力墙竖向钢筋穿越暗梁直伸入上一层；若当前层是顶层，则剪力墙竖向钢筋应该穿越暗梁锚入现浇板内。

（4）暗梁的拉筋。拉筋的直径和间距同剪力墙连梁。

（5）暗梁的纵筋。暗梁纵筋是布置在剪力墙身上的水平钢筋，因此，可以参考表 3-2-6 和表 3-2-7 剪力墙身水平钢筋构造。

4. 剪力墙边框梁或暗梁与连梁重叠时配筋构造

剪力墙边框梁或暗梁与连梁重叠时配筋构造如图 3-2-9 所示。

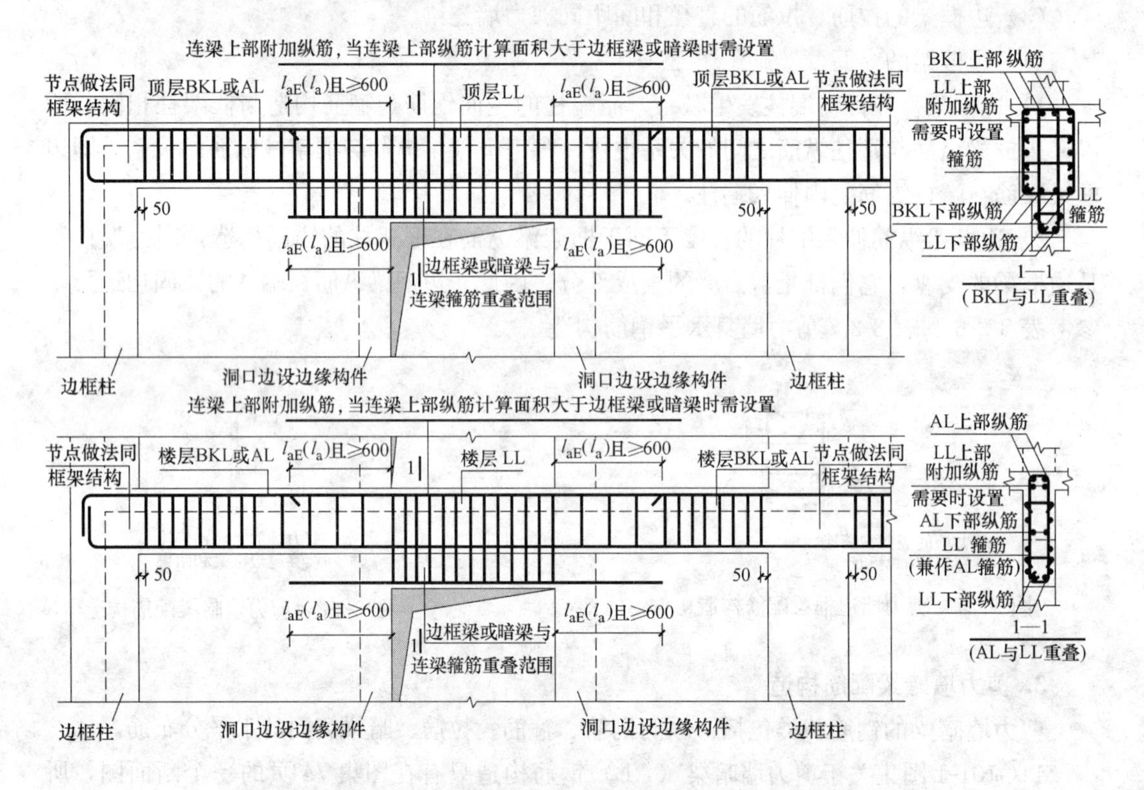

图 3-2-9　剪力墙边框梁或暗梁与连梁重叠时配筋构造
（括号内尺寸用于非抗震）

3.2.5 剪力墙洞口补强构造

这里所说的“洞口”是剪力墙身上面开的小洞，它不应该是众多的门窗洞口，后者在剪力墙结构中以连梁和暗柱所构成。

剪力墙洞口钢筋种类包括：补强钢筋或补强暗梁纵向钢筋、箍筋、拉筋。同时，引起剪力墙纵横钢筋的截断或连梁箍筋的截断。

剪力墙洞口补强构造见表 3-2-9。

剪力墙洞口补强构造 **表 3-2-9**

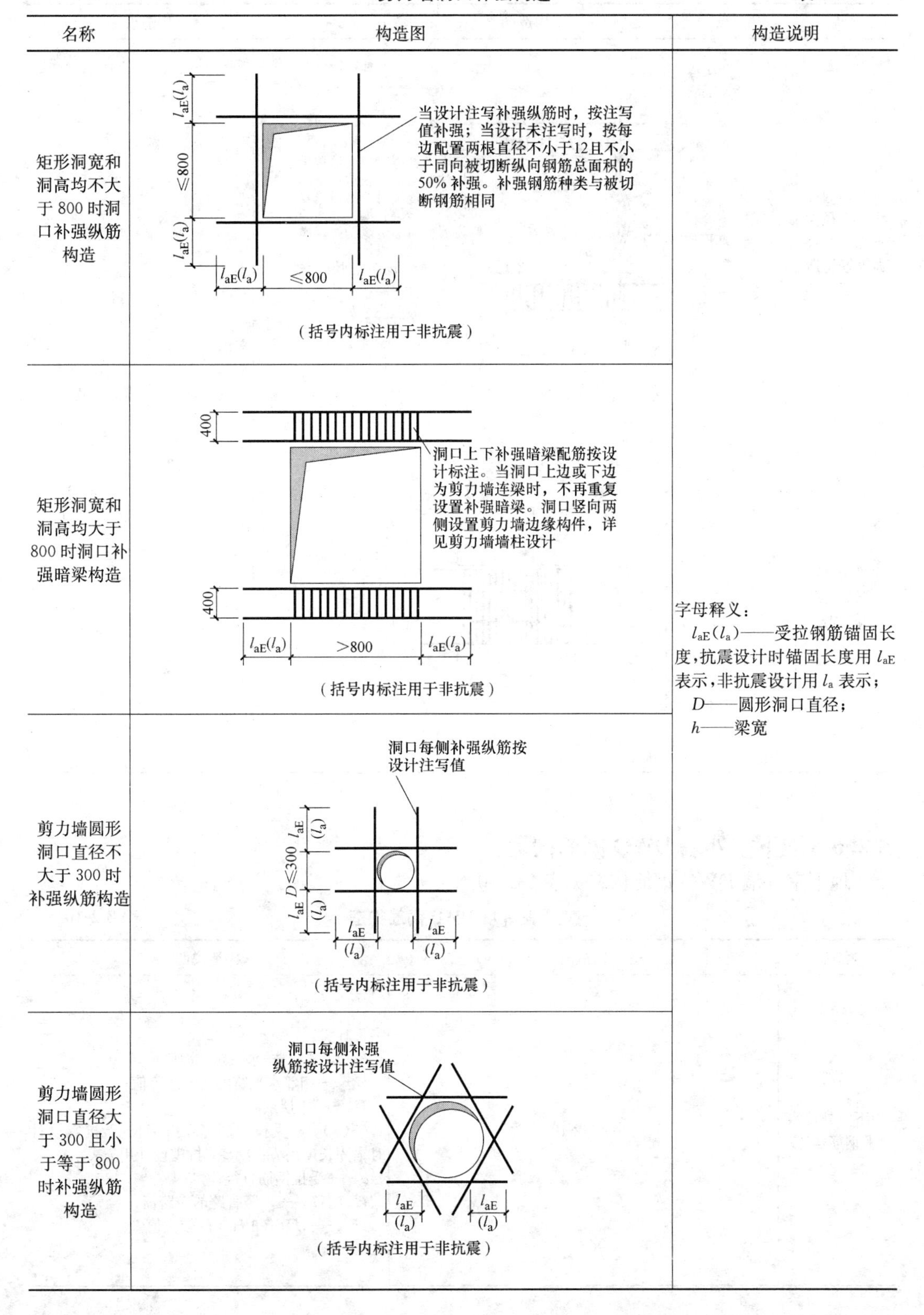

名称	构造图	构造说明
矩形洞宽和洞高均不大于 800 时洞口补强纵筋构造	当设计注写补强纵筋时，按注写值补强；当设计未注写时，按每边配置两根直径不小于12且不小于同向被切断纵向钢筋总面积的50%补强。补强钢筋种类与被切断钢筋相同 （括号内标注用于非抗震）	字母释义： $l_{aE}(l_a)$——受拉钢筋锚固长度，抗震设计时锚固长度用 l_{aE} 表示，非抗震设计用 l_a 表示； D——圆形洞口直径； h——梁宽
矩形洞宽和洞高均大于 800 时洞口补强暗梁构造	洞口上下补强暗梁配筋按设计标注。当洞口上边或下边为剪力墙连梁时，不再重复设置补强暗梁。洞口竖向两侧设置剪力墙边缘构件，详见剪力墙墙柱设计 （括号内标注用于非抗震）	
剪力墙圆形洞口直径不大于 300 时补强纵筋构造	洞口每侧补强纵筋按设计注写值 （括号内标注用于非抗震）	
剪力墙圆形洞口直径大于 300 且小于等于 800 时补强纵筋构造	洞口每侧补强纵筋按设计注写值 （括号内标注用于非抗震）	

续表

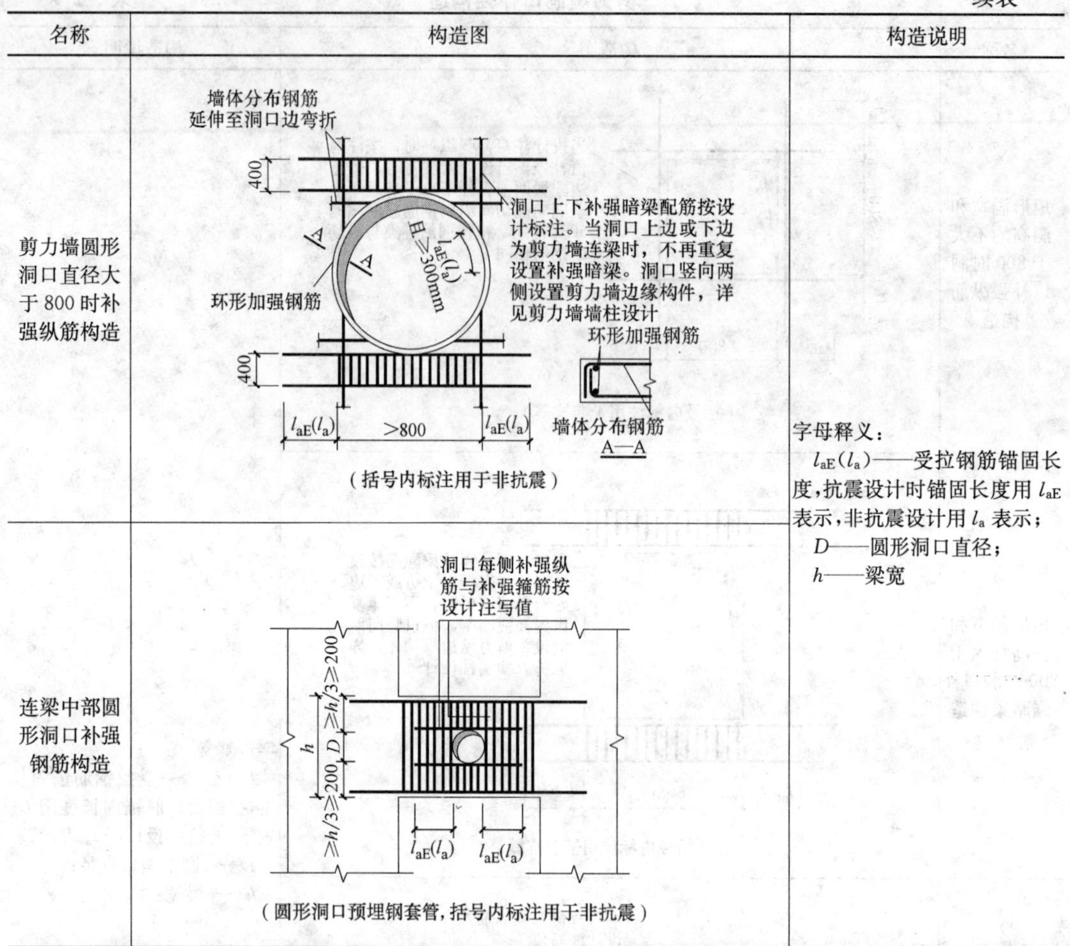

名称	构造图	构造说明
剪力墙圆形洞口直径大于 800 时补强纵筋构造	（括号内标注用于非抗震）	字母释义： $l_{aE}(l_a)$——受拉钢筋锚固长度，抗震设计时锚固长度用 l_{aE} 表示，非抗震设计用 l_a 表示； D——圆形洞口直径； h——梁宽
连梁中部圆形洞口补强钢筋构造	（圆形洞口预埋钢套管，括号内标注用于非抗震）	

3.2.6 地下室外墙 DWQ 钢筋构造

地下室外墙 DWQ 钢筋构造见表 3-2-10。

地下室外墙 DWQ 钢筋构造 **表 3-2-10**

名称	构造图	构造说明
地下室外墙水平钢筋构造	图 3-2-10	字母释义： l_{n1}、l_{n2}、l_{n3}——水平跨的净跨值； l_{nx}——相邻水平跨的较大净跨值； H_n——本层层高； $l_{lE}(l_l)$——受拉钢筋绑扎搭接长度，抗震设计时锚固长度用 l_{lE} 表示，非抗震设计用 l_l 表示； d——受拉钢筋直径； H_{-1}、H_{-2}——竖直跨的净跨值； H_{-x}——H_{-1} 和 H_{-2} 的较大值。

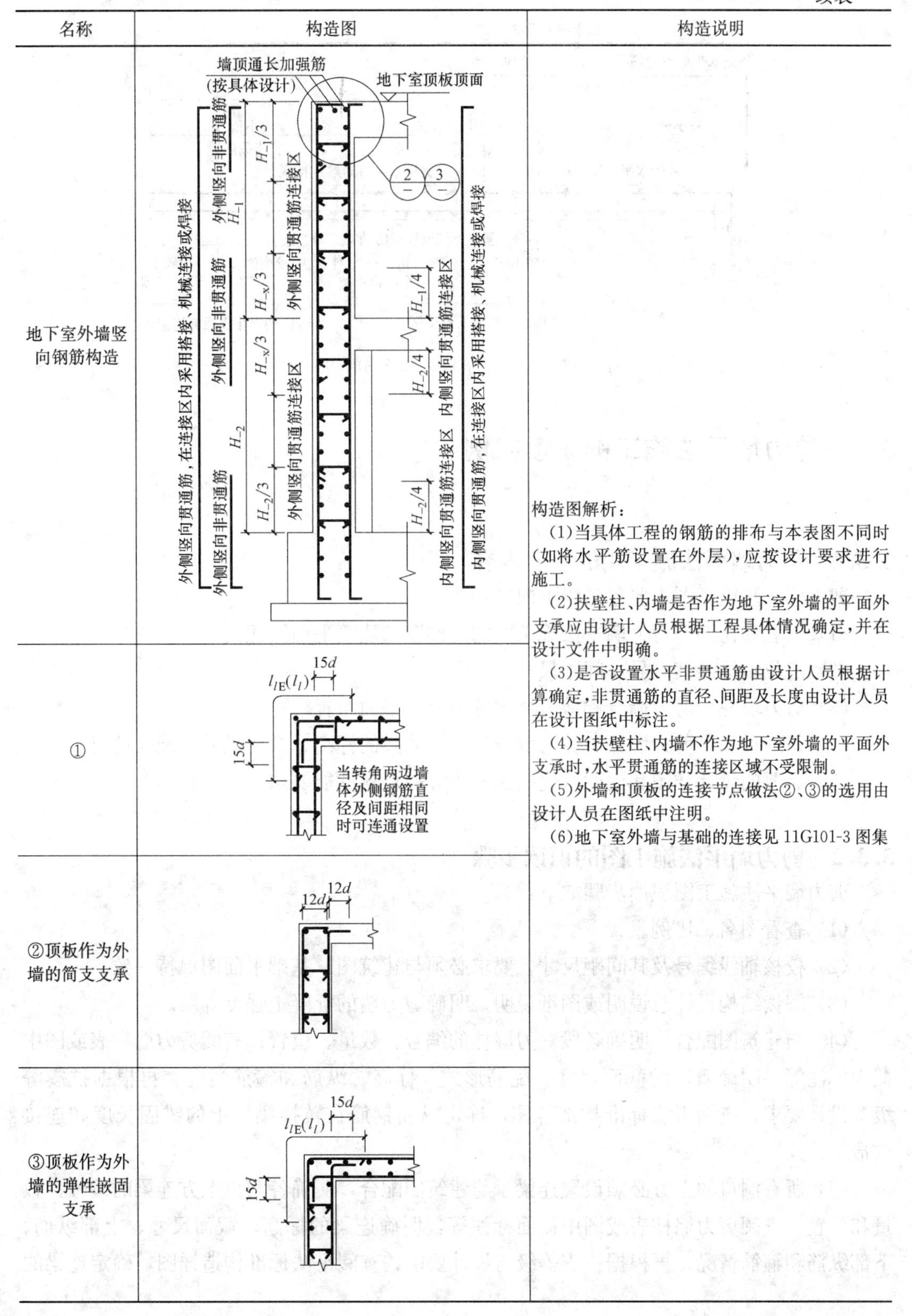

续表

名称	构造图	构造说明
地下室外墙竖向钢筋构造	墙顶通长加强筋（按具体设计） 地下室顶板顶面 外侧竖向贯通筋，在连接区内采用搭接、机械连接或焊接 外侧竖向非贯通筋 外侧竖向贯通筋连接区 $H_{-1}/3$　H_{-1}　$H_{-x}/3$　H_{-2}　$H_{-2}/3$ $H_{-1}/4$　$H_{-2}/4$ 内侧竖向贯通筋连接区 内侧竖向贯通筋，在连接区内采用搭接、机械连接或焊接 ② 3	
①	$l_{lE}(l_l)$　15d　15d 当转角两边墙体外侧钢筋直径及间距相同时可连通设置	构造图解析： （1）当具体工程的钢筋的排布与本表图不同时（如将水平筋设置在外层），应按设计要求进行施工。 （2）扶壁柱、内墙是否作为地下室外墙的平面外支承应由设计人员根据工程具体情况确定，并在设计文件中明确。 （3）是否设置水平非贯通筋由设计人员根据计算确定，非贯通筋的直径、间距及长度由设计人员在设计图纸中标注。 （4）当扶壁柱、内墙不作为地下室外墙的平面外支承时，水平贯通筋的连接区域不受限制。 （5）外墙和顶板的连接节点做法②、③的选用由设计人员在图纸中注明。 （6）地下室外墙与基础的连接见 11G101-3 图集
②顶板作为外墙的简支支承	12d　12d	
③顶板作为外墙的弹性嵌固支承	$l_{lE}(l_l)$　15d　15d	

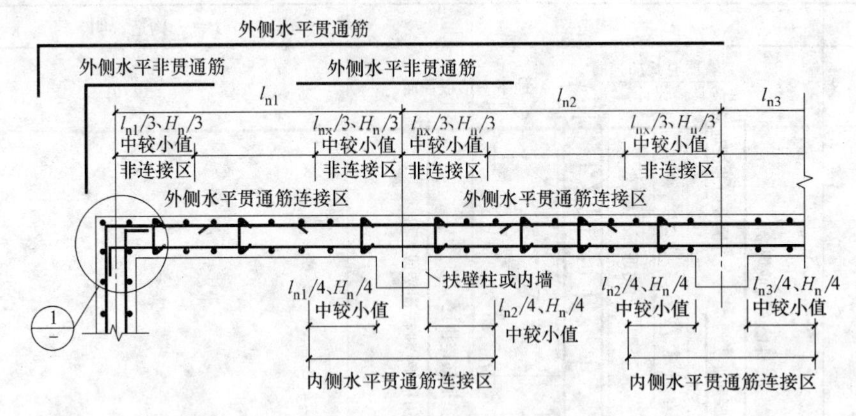

图 3-2-10　地下室外墙水平钢筋构造

3.3　剪力墙平法施工图识读实例

3.3.1　剪力墙平法施工图的主要内容

剪力墙平法施工图主要包括以下内容：

（1）图名和比例。剪力墙平法施工图的比例应与建筑平面图相同。

（2）定位轴线及其编号、间距尺寸。

（3）剪力墙柱、剪力墙身和剪力墙梁的编号、平面布置。

（4）每一种编号剪力墙柱、剪力墙身和剪力墙梁的标高、截面尺寸、配筋情况。

（5）必要的设计详图和说明（包括混凝土等的材料性能要求）。

3.3.2　剪力墙平法施工图的识读步骤

剪力墙平法施工图识读步骤如下：

（1）查看图名、比例。

（2）校核轴线编号及其间距尺寸，要求必须与建筑图、基础平面图保持一致。

（3）阅读结构设计总说明或图纸说明，明确剪力墙的混凝土强度等级。

（4）与建筑图配合，明确各段剪力墙柱的编号、数量、位置；查阅剪力墙柱表或图中截面标注等，明确墙柱的截面尺寸、配筋形式、标高、纵筋和箍筋情况。再根据抗震等级、设计要求，查阅平法标准构造详图，确定纵向钢筋在转换梁等上的锚固长度和连接构造。

（5）所有洞口的上方必须设置连梁。与建筑图配合，明确各洞口上方连梁的编号、数量和位置；查阅剪力墙柱表或图中截面标注等，明确连梁的标高、截面尺寸、上部纵筋、下部纵筋和箍筋情况。再根据抗震等级与设计要求，查阅平法标准构造详图，确定连梁的

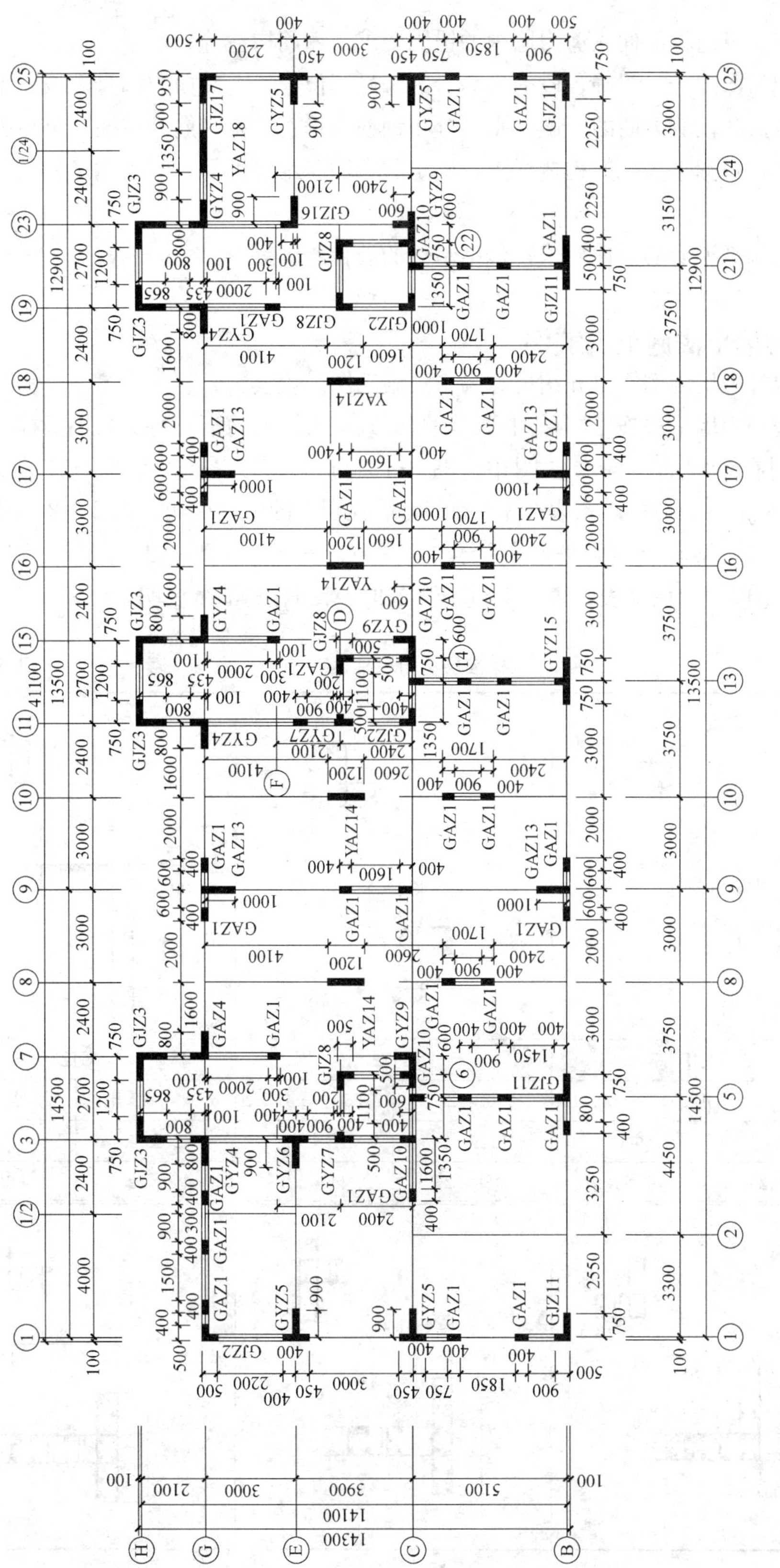

图 3-3-1 标准层墙柱平面布置图

侧面构造钢筋、纵向钢筋伸入剪力墙内的锚固要求、箍筋构造等。

（6）与建筑图配合，明确各段剪力墙身的编号、位置；查阅剪力墙身表或图中截面标注等。明确各层各段剪力墙的厚度、水平分布钢筋、垂直分布钢筋和拉筋。再根据抗震等级与设计要求，查阅平法标准构造详图，确定剪力墙身水平钢筋、竖向钢筋的连接和锚固构造。

（7）明确图纸说明的其他要求，包括暗梁的设置要求等。

3.3.3 剪力墙平法施工图实例

在此，以标准层为例简单介绍剪力墙平法施工图的识读。

××工程剪力墙平法施工图采用列表注写方式，为图面简洁，将剪力墙墙柱、墙梁和墙身分别绘制在不同的平面布置图中。图 3-3-1 为××工程标准层墙柱平面布置图，表 3-3-1 为相应的剪力墙柱表，表 3-3-3 为剪力墙柱相应的图纸说明，图 3-3-2 标准层顶梁配筋平面图（将墙梁和楼面梁平面布置合二为一），图 3-3-3 相应的连梁类型和连梁表，表 3-3-2 为相应的剪力墙身表，表 3-3-4 为连梁和墙身相应的图纸说明。

标准层剪力墙柱表　　　　表 3-3-1

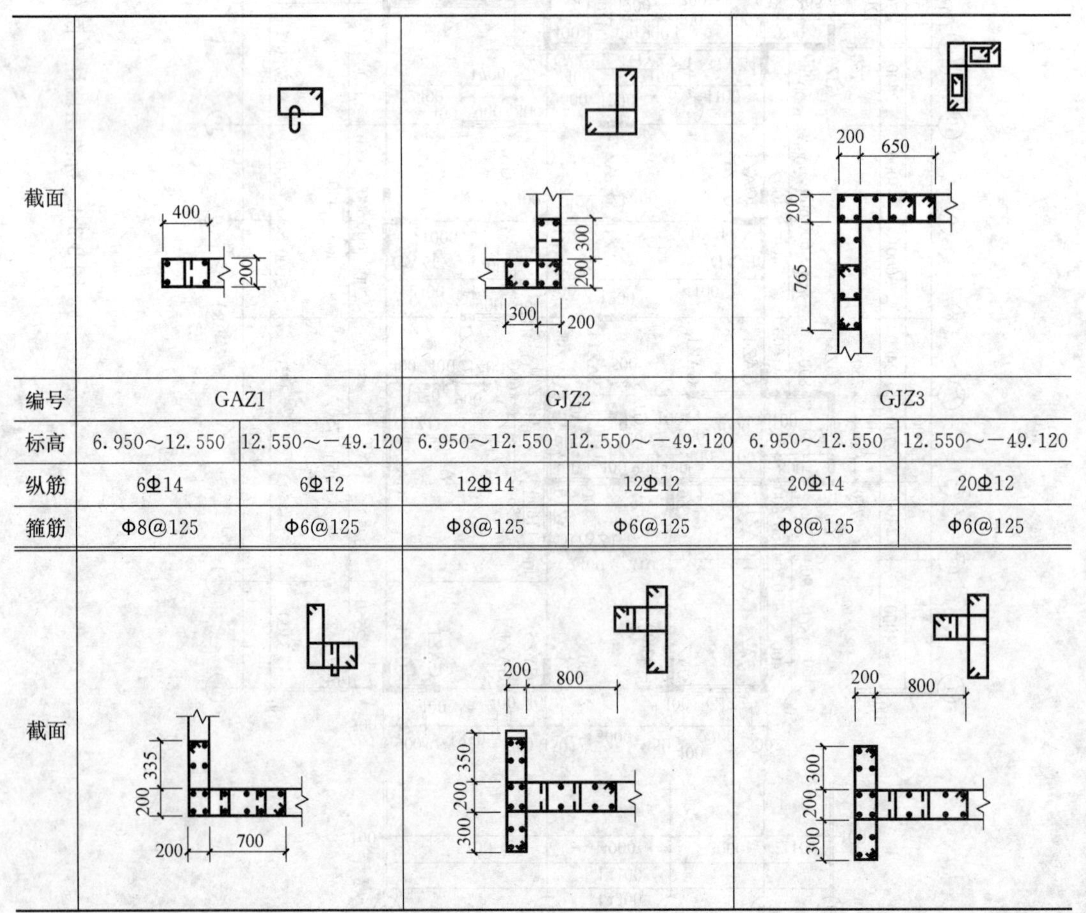

截面	（见图）		（见图）		（见图）	
编号	GAZ1		GJZ2		GJZ3	
标高	6.950～12.550	12.550～−49.120	6.950～12.550	12.550～−49.120	6.950～12.550	12.550～−49.120
纵筋	6Φ14	6Φ12	12Φ14	12Φ12	20Φ14	20Φ12
箍筋	Φ8@125	Φ6@125	Φ8@125	Φ6@125	Φ8@125	Φ6@125
截面	（见图）		（见图）		（见图）	

续表

编号	GYZ4		GYZ5		GYZ6	
标高	6.950～12.550	12.550～－49.120	6.950～12.550	12.550～－49.120	6.950～12.550	12.550～－49.120
纵筋	16Φ14	16Φ12	22Φ14	22Φ12	22Φ14	22Φ12
箍筋	Φ8@125	Φ6@125	Φ8@125	Φ6@125	Φ8@125	Φ6@125
截面	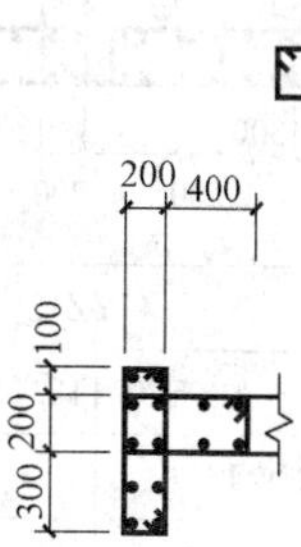		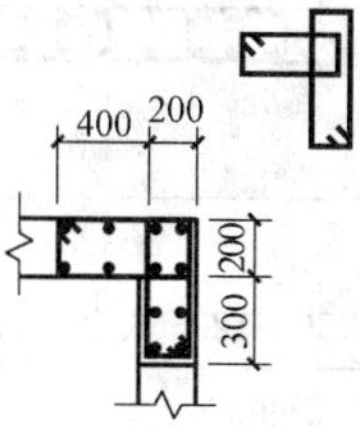		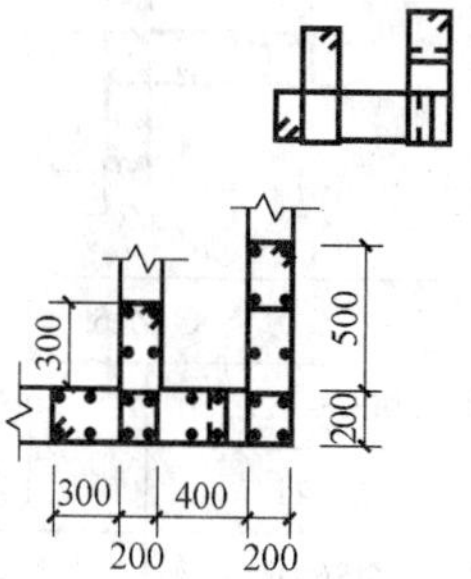	
编号	GYZ7		GYZ8		GYZ9	
标高	6.950～12.550	12.550～－49.120	6.950～12.550	12.550～－49.120	6.950～12.550	12.550～－49.120
纵筋	14Φ14	14Φ12	12Φ14	12Φ12	26Φ14	26Φ12
箍筋	Φ8@125	Φ6@125	Φ8@125	Φ6@125	Φ8@125	Φ6@125
截面	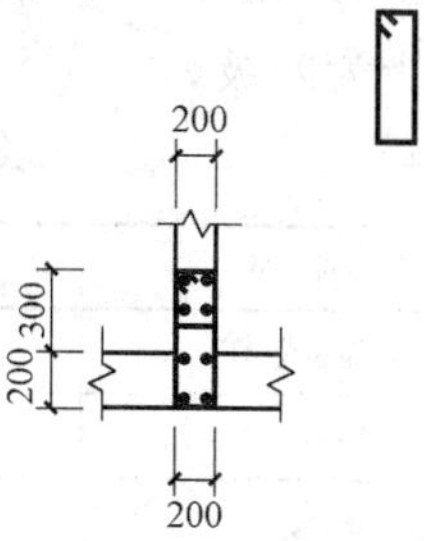		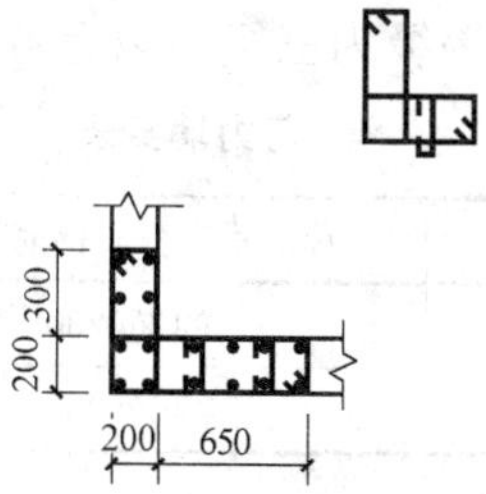		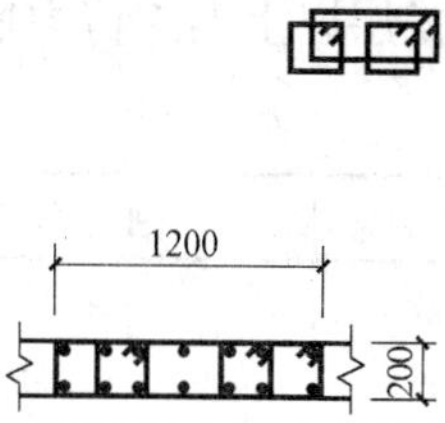	
编号	GYZ10		GYZ11		YAZ12	
标高	6.950～12.550	12.550～－49.120	6.950～12.550	12.550～－49.120	6.950～12.550	12.550～－49.120
纵筋	8Φ14	8Φ12	16Φ14	16Φ12	14Φ20	14Φ16
箍筋	Φ8@125	Φ6@125	Φ8@125	Φ6@125	Φ12@125	Φ10@125
截面	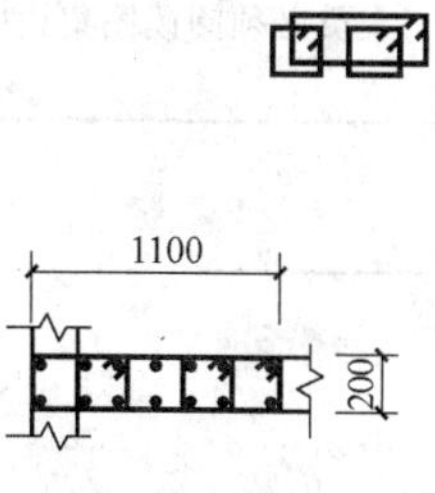		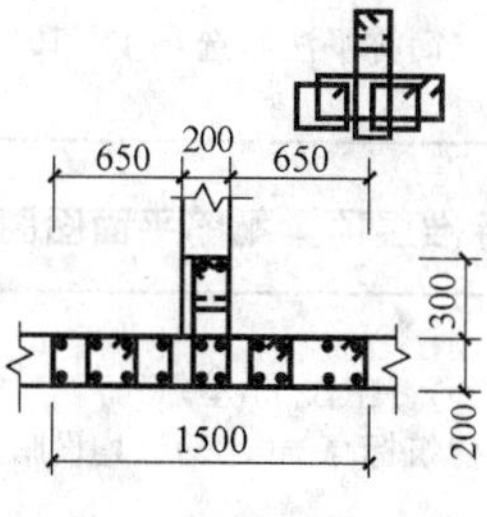		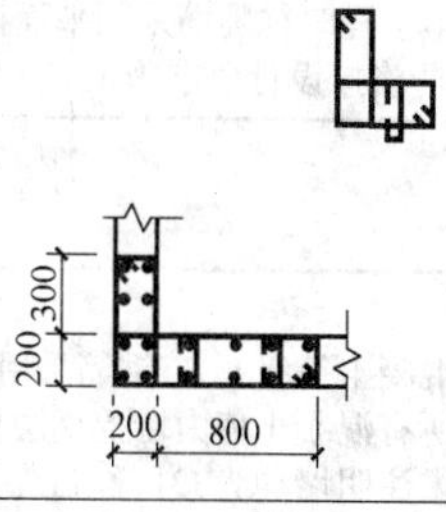	
编号	GAZ13		GAZ14		GJZ15	
标高	6.950～12.550	12.550～－49.120	6.950～12.550	12.550～－49.120	6.950～12.550	12.550～－49.120
纵筋	14Φ14	14Φ12	24Φ14	24Φ12	16Φ14	16Φ12
箍筋	Φ8@125	Φ6@125	Φ8@125	Φ6@125	Φ8@125	Φ6@125

续表

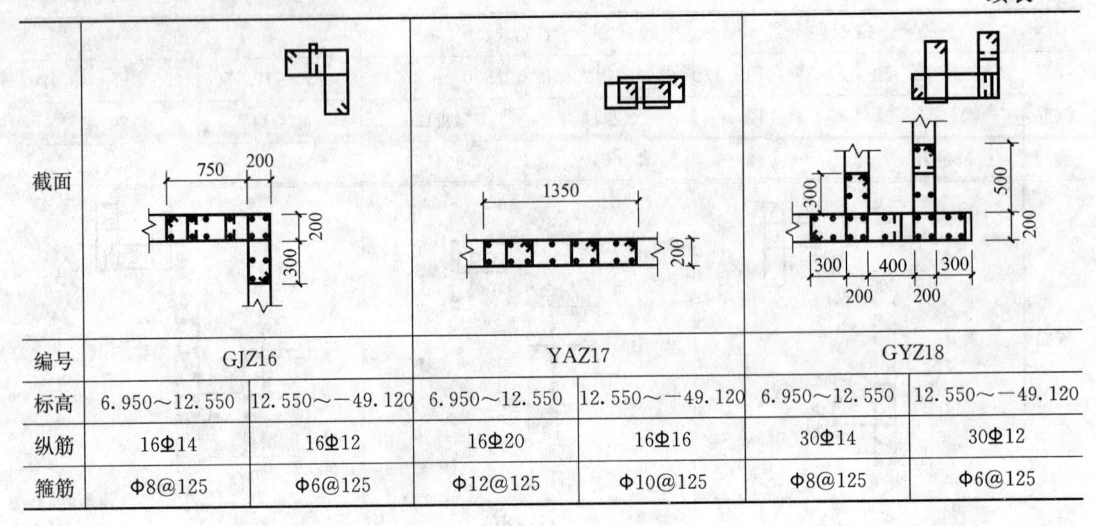

截面						
编号	GJZ16		YAZ17		GYZ18	
标高	6.950～12.550	12.550～－49.120	6.950～12.550	12.550～－49.120	6.950～12.550	12.550～－49.120
纵筋	16Φ14	16Φ12	16Φ20	16Φ16	30Φ14	30Φ12
箍筋	Φ8@125	Φ6@125	Φ12@125	Φ10@125	Φ8@125	Φ6@125

从图 3-3-1、表 3-3-1、表 3-3-3 可以了解以下内容：

图 3-3-1 为剪力墙柱平法施工图，绘制比例为 1∶100。

轴线编号及其间距尺寸与建筑图、框支柱平面布置图一致。

阅读结构设计总说明或图纸说明知，剪力墙混凝土强度等级为 C30。一、二层剪力墙及转换层以上两层剪力墙，抗震等级为三级，以上各层抗震等级为四级。

剪力墙身表 **表 3-3-2**

墙号	水平分布钢筋	垂直分布钢筋	拉筋	备注
Q1	Φ12@250	Φ12@250	Φ8@500	3、4 层
Q2	Φ10@250	Φ10@250	Φ8@500	5～16 层

标准层墙柱平面布置图图纸说明 **表 3-3-3**

说明：
1. 剪力墙、框架柱除标注外，混凝土等级均为 C30
2. 钢筋采用 HPB300(Φ)，HRB335(Φ)
3. 墙水平筋伸入暗柱
4. 剪力墙上留洞不得穿过暗柱
5. 本工程暗柱配筋采用平面接体表示法(简称平法)，选自 11G101-1 图集，施工人员必须阅读图集说明，理解各种规定，严格按设计要求施工

标准层顶梁配筋平面图图纸说明 **表 3-3-4**

说明：
1. 混凝土等级 C30，钢筋采用 HPB300(Φ)，HRB335(Φ)
2. 所有混凝土剪力墙上楼层板顶标高(建筑标高－0.05)处均设暗梁
3. 未注明墙均为 Q1，称轴线分中
4. 未注明主次梁相交处的次梁两侧各加设 3 根间距 50mm、直径同主梁箍筋直径的箍筋
5. 未注明处梁配筋及墙梁配筋见 11G101-1 图集，施工人员必须阅读图集说明，理解各种规定，严格按设计要求施工

对照建筑图和顶梁配筋平面图可知，在剪力墙的两端及洞口两侧按要求设置边缘构件

(即暗柱、端柱、翼墙和转角墙),图中共 18 类边缘构件,其中构造边缘暗柱 GAZ1 共 40 根,构造边缘转角柱 GJZ2、构造边缘翼柱 GYZ9 各 3 根,构造边缘转角柱 GJZ3、构造边缘翼柱 GYZ4 各 6 根,构造边缘翼柱 GYZ5、构造边缘转角柱 GJZ8 和 GJZ11、构造边缘暗柱 GAZ10 和 GAZ13、约束边缘暗柱 YAZ12 各 4 根,构造边缘翼柱 GYZ6 和 GYZ15、构造边缘转角柱 GJZ16 和 GJZ17、约束边缘暗柱 YAZ18 各 1 根,构造边缘翼柱 GYZ7 共 2 根。查阅剪力墙柱表知各边缘构件的截面尺寸、配筋形式,6.950～12.550m(3、4 层)和 12.550～49.120m(5～16 层)标高范围内的纵向钢筋和箍筋的数值。

因转换层以上两层(3、4 层)剪力墙,抗震等级为三级,以上各层抗震等级为四级,根据《高层建筑混凝土结构技术规程》JCJ 3—2010,并查阅平法标准构造详图知,墙体竖向钢筋在转换梁内锚固长度不小于 l_{aE}(31d)。墙柱、小墙肢的竖向钢筋与箍筋构造与框架柱相同,为保证同一截面内的钢筋接头面积百分率不大于 50%,钢筋接头应错开,各层连接构造见表 3-2-5 绑扎搭接构造图,纵向钢筋的搭接长度为 1.4l_{aE},其中 3、4 层(标高 6.950～12.550m)纵向钢筋锚固长度为 31d,5～16 层(标高 12.550～49.120m)纵向钢筋锚固长度为 30d。

从图 3-3-2、图 3-3-3、表 3-3-2、表 3-3-4 可以了解以下内容:

图 3-3-2 为标准层顶梁平法施工图,绘制比例为 1∶100。

轴线编号及其间距尺寸与建筑图、框支柱平面布置图一致。

阅读结构设计总说明或图纸说明知,剪力墙混凝土强度等级为 C30。一、二层剪力墙及转换层以上两层剪力墙,抗震等级为三级,以上各层抗震等级为四级。

对照建筑图和顶梁配筋平面图可知,所有洞口的上方均设有连梁,图中共 8 种连梁,其中 LL-1 和 LL-8 各 1 根,LL-2 和 LL-5 各 2 根,LL-3、LL-6 和 LL-7 各 3 根,LL-4 共 6 根,平面位置如图 3-3-2 示。查阅连梁表知,各个编号连梁的梁底标高、截面宽度和高度、连梁跨度、上部纵向钢筋、下部纵向钢筋及箍筋。从图 3-3-3 知,连梁的侧面构造钢筋即为剪力墙配置的水平分布筋,其在 3、4 层为直径 12mm、间距 250mm 的 HRB335 钢筋,在 5～16 层为直径 10mm、间距 250mm 的 HPB300 钢筋。

查阅平法标准构造详图可知,连梁纵向钢筋伸入剪力墙内的锚固要求和箍筋构造如图 3-2-5 [洞口连接(端部墙肢较短),单洞口连梁(单跨)] 所示。因转换层以上两层(3、4 层)剪力墙,抗震等级为三级,以上各层抗震等级为四级,知 3、4 层(标高 6.950～12.550m)纵向钢筋锚固长度为 31d,5～16 层(标高 12.550～49.120m)纵向钢筋锚固长度为 30d。顶层洞口连梁纵向钢筋伸入墙内的长度范围内,应设置间距为 150mm 的箍筋,箍筋直径与连梁跨内箍筋直径相同。

图中剪力墙身的编号只有一种,平面位置如图 3-3-2 示,墙厚 200mm。查阅剪力墙身表知,剪力墙水平分布钢筋和垂直分布钢筋均相同,在 3、4 层直径为 12mm、间距为 250mm 的 HRB335 钢筋,在 5～16 层直径为 10mm、间距为 250mm 的 HPB300 钢筋。拉筋直径为 8mm 的 HPB300 钢筋,间距为 500mm。

查阅 11G101-1 图集知,剪力墙身水平分布筋的锚固和搭接构造见表 3-2-6(翼墙)、

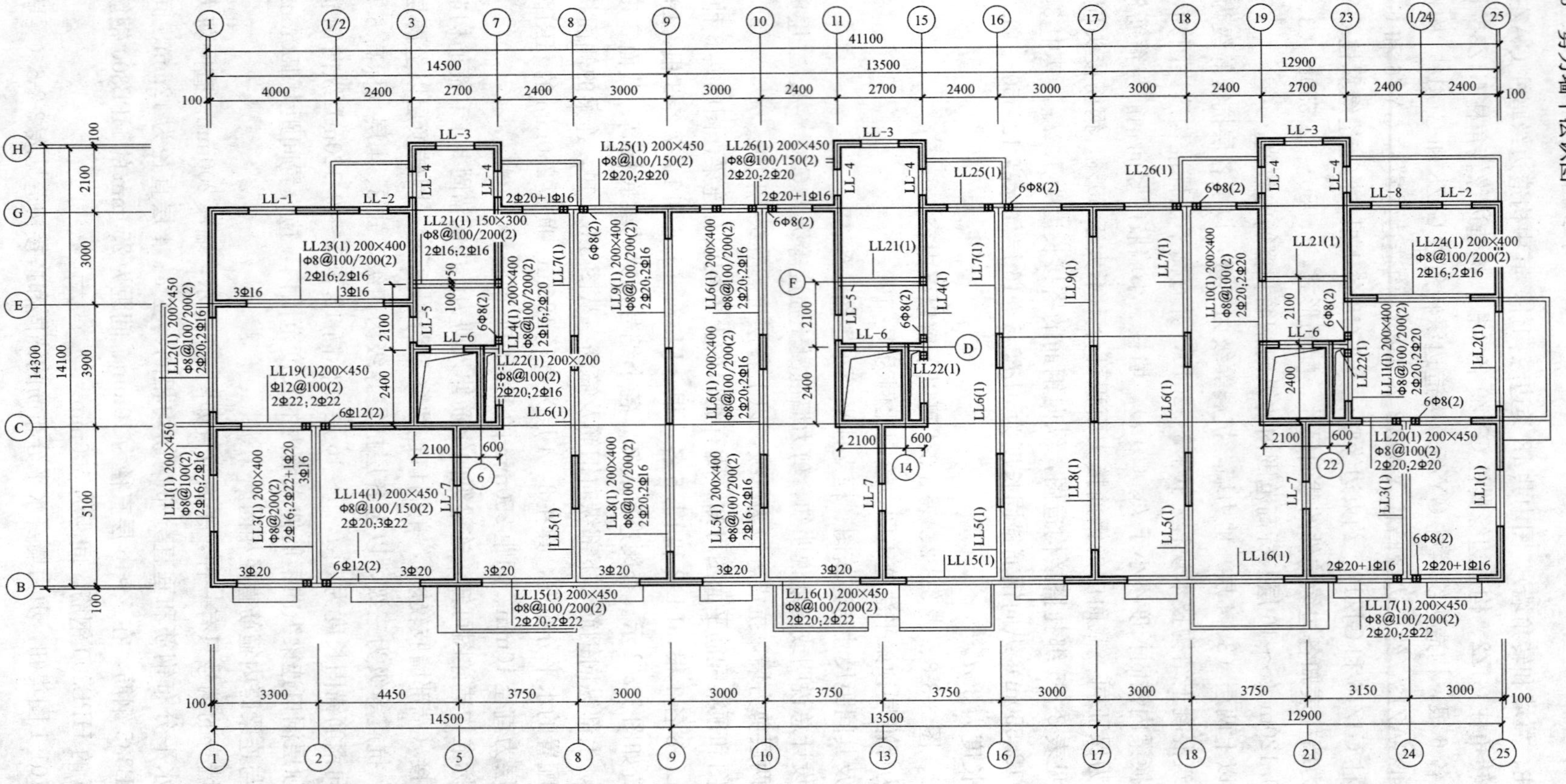

图 3-3-2 标准层顶梁配筋平面图

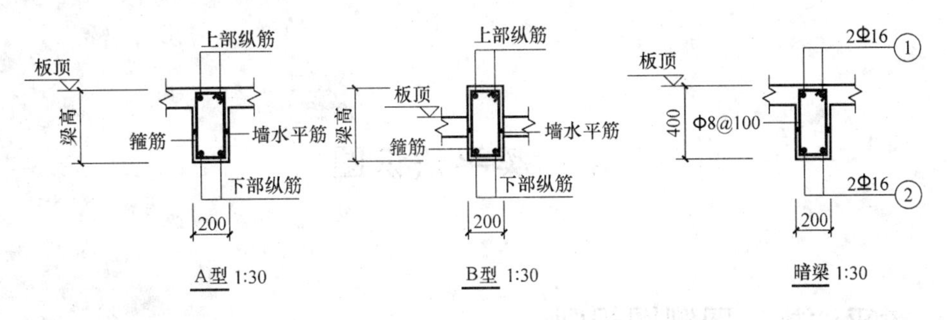

连梁表

梁号	类型	上部纵筋	下部纵筋	梁箍筋	梁宽	跨度	梁高	梁底标高(相对本层顶板结构标高,下沉为正)
LL-1	B	2Φ25	2Φ25	Φ8@100	200	1500	1400	450
LL-2	A	2Φ18	2Φ18	Φ8@100	200	900	450	450
LL-3	B	2Φ25	2Φ25	Φ8@100	200	1200	1300	1800
LL-4	B	4Φ20	4Φ20	Φ8@100	200	800	1800	0
LL-5	A	2Φ18	2Φ18	Φ8@100	200	900	750	750
LL-6	A	2Φ18	2Φ18	Φ8@100	200	1100	580	580
LL-7	A	2Φ18	2Φ18	Φ8@100	200	900	750	750
LL-8	B	2Φ25	2Φ25	Φ8@100	200	900	1800	1350

图 3-3-3　连梁类型和连梁表

表 3-2-7（端部无暗柱时剪力墙水平钢筋端部做法，转角墙，剪力墙水平钢筋交错搭接）构造图，剪力墙身竖向分布筋的顶层锚固、搭接和拉筋构造如图 3-2-3、图 3-2-4（d）、图 3-3-4 所示。因转换层以上两层（3、4 层）剪力墙，抗震等级为三级，以上各层抗震等级为四级，知 3、4 层（标高 6.950～12.550m）墙身竖向钢筋在转换梁内的锚固长度不小于 l_{aE}，水平分布筋锚固长度 l_{aE} 为 $31d$，5～16 层（标高 12.550～49.120m）水平分布筋锚固长度 l_{aE} 为 $24d$，各层搭接长度为 $1.4l_{aE}$；3、4 层（标高 6.950～12.550m）水平分布筋锚固长度 l_{aE} 为 $31d$，5～16 层（标高 12.550～49.120m）水平分布筋锚固长度 l_{aE} 为 $24d$，各层搭接长度为 $1.6l_{aE}$。

根据图纸说明，所有混凝土剪力墙上楼层板顶标高处均设暗梁，梁高 400mm，上部纵向钢筋和下部纵向钢筋同为 2 根直径 16mm 的 HPB335 钢筋，箍筋直径为 8mm、间距为 100mm 的 HRB300 钢筋，梁侧面构造钢筋即为剪力墙配置的水平分布筋，在 3、4 层设直径为 12mm、间距为 250mm 的 HRB335 钢筋，在 5～16 层设直径为 10mm、间距为 250mm 的 HPB300 钢筋。

拉筋规格、间距详设计

b_w

$b_w \leqslant 400$

剪力墙双排配筋

图 3-3-4　剪力墙双排配筋

b_w—剪力墙垂直方向的厚度

4 梁平法识图

4.1 梁平法施工图制图规则

4.1.1 梁平法施工图的表示方法

（1）梁平法施工图是在梁平面布置图上采用平面注写方式或截面注写方式表达。

（2）梁平面布置图，应分别按梁的不同结构层（标准层），将全部梁和与其相关联的柱、墙、板一起采用适当比例绘制。

（3）在梁平法施工图中，应当用表格或其他方式注明各结构层的顶面标高及相应的结构层号。

（4）对于轴线未居中的梁，应标注其偏心定位尺寸（贴柱边的梁可不注）。

4.1.2 平面注写方式

（1）平面注写方式是在梁平面布置图上，分别在不同编号的梁中各选一根梁，在其上注写截面尺寸和配筋具体数值的方式来表达梁平法施工图。

平面注写包括集中标注与原位标注，集中标注表达梁的通用数值，原位标注表达梁的特殊数值。当集中标注中的某项数值不适用于梁的某部位时，则将该项数值原位标注，施工时，原位标注取值优先，如图 4-1-1 所示。

（2）梁编号由梁类型代号、序号、跨数及有无悬挑代号几项组成，并应符合表 4-1-1 的规定。

梁编号 **表 4-1-1**

梁类型	代号	序号	跨数及是否带有悬挑
楼层框架梁	KL	××	(××)、(××A)或(××B)
屋面框架梁	WKL	××	(××)、(××A)或(××B)
框支梁	KZL	××	(××)、(××A)或(××B)
非框支梁	L	××	(××)、(××A)或(××B)
悬挑梁	XL	××	
井字梁	JZL	××	(××)、(××A)或(××B)

注：(××A) 为一端有悬挑，(××B) 为两端有悬挑，悬挑不计入跨数。

（3）梁集中标注的内容，有五项必注值及一项选注值（集中标注可以从梁的任意一跨引出），规定如下：

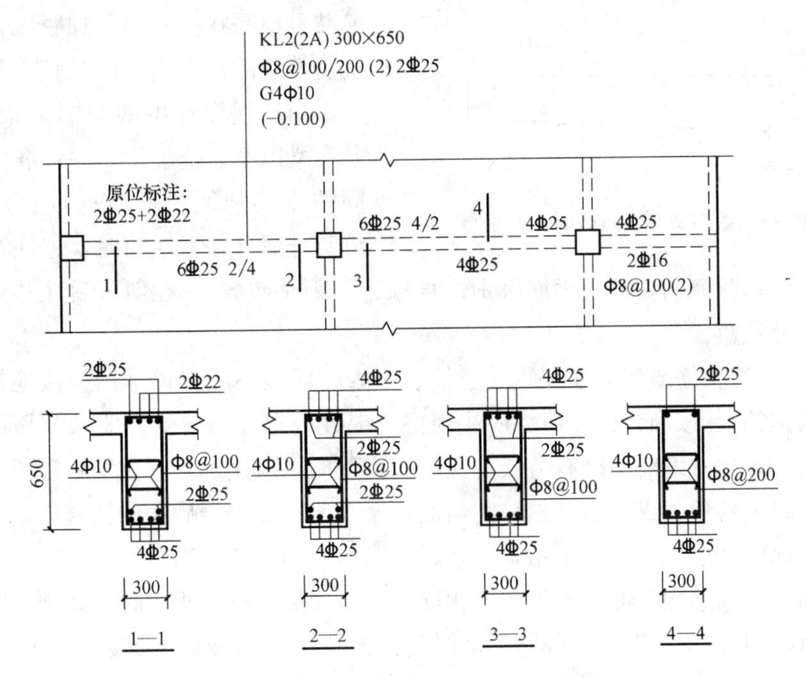

图 4-1-1 平面注写方式示例

注：图中四个梁截面是采用传统表示方法绘制，用于对比按平面注写方式表达的同样内容。
实际采用平面注写方式表达时，不需绘制梁截面配筋图和图中的相应截面号。

1）梁编号，见表 4-1-1，该项为必注值。

2）梁截面尺寸，该项为必注值。

当为等截面梁时，用 $b\times h$ 表示；

当为竖向加腋梁时，用 $b\times h$ GY$c_1\times c_2$ 表示，其中 c_1 为腋长，c_2 为腋高，如图4-1-2 所示；

当为水平加腋梁时，一侧加腋时用 $b\times h$ PY$c_1\times c_2$ 表示，其中 c_1 为腋长，c_2 为腋宽，加腋部位应在平面图中绘制，如图 4-1-3 所示；

当有悬挑梁并且根部和端部的高度不同时，用斜线分隔根部与端部的高度值，即为 $b\times h_1/h_2$，如图 4-1-4 所示。

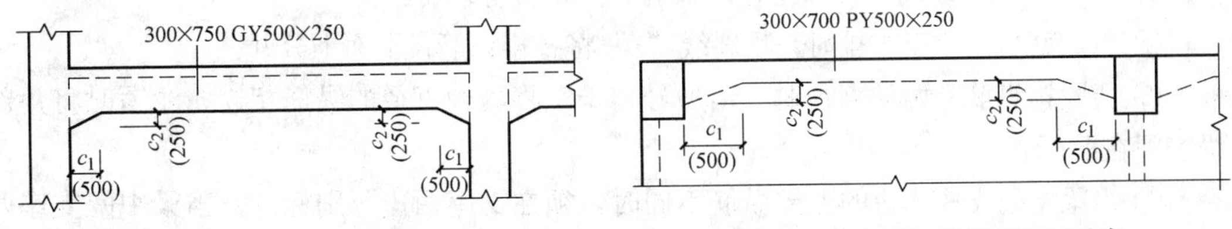

图 4-1-2 竖向加腋截面注写示意　　图 4-1-3 水平加腋截面注写示意

3）梁箍筋，包括钢筋级别、直径、加密区与非加密区间距及肢数，该项为必注值。箍筋加密区与非加密区的不同间距及肢数需用斜线“/”分隔；当梁箍筋为同一种间距及肢数时，则不需用斜线；当加密区与非加密区的箍筋肢数相同时，则将肢数注写一次；箍

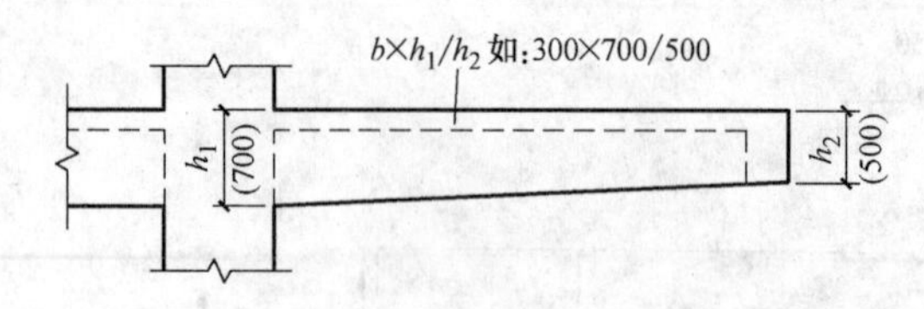

图 4-1-4 悬挑梁不等高截面注写示意

筋肢数应写在括号内。加密区范围见相应抗震等级的标准构造详图。

当抗震设计中的非框架梁、悬挑梁、井字梁以及非抗震设计中的各类梁采用不同的箍筋间距及肢数时，也用斜线“/”将其分隔开来。注写时，先注写梁支座端部的箍筋（包括箍筋的箍数、钢筋级别、直径、间距及肢数），在斜线后注写梁跨中部分的箍筋间距及肢数。

4）梁上部通长筋或架立筋配置（通长筋可为相同或不同直径采用搭接连接、机械连接或焊接的钢筋），该项为必注值。所注规格与根数应根据结构受力要求及箍筋肢数等构造要求而定。当同排纵筋中既有通长筋又有架立筋时，应用加号“＋”将通长筋和架立筋相连。注写时需将角部纵筋写在加号的前面，架立筋写在加号后面的括号内，以示不同直径及与通长筋的区别。当全部采用架立筋时，则将其写入括号内。

当梁的上部纵筋和下部纵筋为全跨相同，而且多数跨配筋相同时，此项可加注下部纵筋的配筋值，用分号“；”将上部与下部纵筋的配筋值分隔开来，少数跨不同者，按上述第（1）条的规定处理。

5）梁侧面纵向构造钢筋或受扭钢筋配置，该项为必注值。

当梁腹板高度 $h_w \geqslant 450$mm 时，需配置纵向构造钢筋，所注规格与根数应符合规范规定。此项注写值以大写字母 G 打头，接续注写设置在梁两个侧面的总配筋值，并且对称配置。

当梁侧面需配置受扭纵向钢筋时，此项注写值以大写字母 N 打头，接续注写配置在梁两个侧面的总配筋值，并且对称配置。受扭纵向钢筋应满足梁侧面纵向构造钢筋的间距要求，而且不再重复配置纵向构造钢筋。

6）梁顶面标高高差，该项为选注值。

梁顶面标高高差是指相对于结构层楼面标高的高差值，对于位于结构夹层的梁，则指相对于结构夹层楼面标高的高差。有高差时，需将其写入括号内，无高差时不注。

（4）梁原位标注的内容规定如下：

1）梁支座上部纵筋，该部位含通长筋在内的所有纵筋：

① 当上部纵筋多于一排时，用斜线“/”将各排纵筋自上而下分开。

② 当同排纵筋有两种直径时，用加号“＋”将两种直径的纵筋相连，注写时将角部纵筋写在前面。

③ 当梁中间支座两边的上部纵筋不同时，须在支座两边分别标注；当梁中间支座两边的上部纵筋相同时，可仅在支座的一边标注配筋值，另一边省去不注（图 4-1-5）。

设计时应注意：

a. 对于支座两边不同配筋值的上部纵筋，宜尽可能选用相同直径（不同根数），使其贯穿支座，避免支座两边不同直径的上部纵筋均在支座内锚固。

b. 对于以边柱、角柱为端支座的屋面框架梁，当能够满足配筋截面面积要求时，其梁的上部钢筋应尽可能只配置一层，以避免梁柱纵筋在柱顶处因层数过多、密度过大导致不方便施工和影响混凝土浇筑质量。

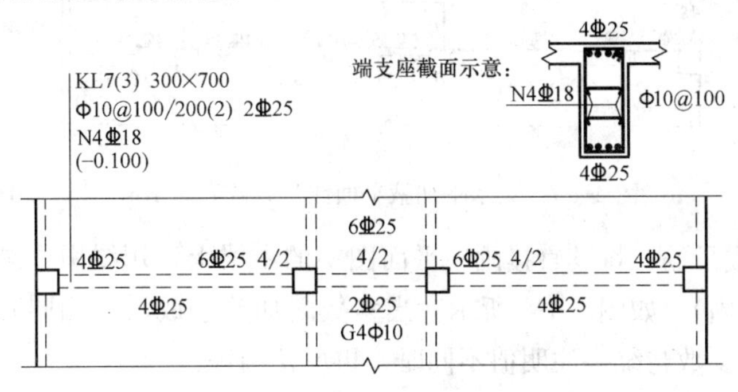

图 4-1-5 大小跨梁的注写示意

2）梁下部纵筋：

① 当下部纵筋多于一排时，用斜线“/”将各排纵筋自上而下分开。

② 当同排纵筋有两种直径时，用加号“+”将两种直径的纵筋相连，注写时角筋写在前面。

③ 当梁下部纵筋不全部伸入支座时，将梁支座下部纵筋减少的数量写在括号内。

④ 当梁的集中标注中已按上述第（3）条第 4）款的规定分别注写了梁上部和下部均为通长的纵筋值时，则不需在梁下部重复做原位标注。

⑤ 当梁设置竖向加腋时，加腋部位下部斜纵筋应在支座下部以 Y 打头注写在括号内，如图 4-1-6 所示。11G101-1 图集中框架梁竖向加腋构造适用于加腋部位参与框架梁计算，其他情况设计者应另行给出构造。当梁设置水平加腋时，水平加腋内上、下部斜纵筋应在加腋支座上部以 Y 打头注写在括号内，上下部斜纵筋之间用“/”分隔，如图 4-1-7 所示。

3）当在梁上集中标注的内容（即梁截面尺寸、箍筋、上部通长筋或架立筋，梁侧面纵向构造钢筋或受扭纵向钢筋，以及梁顶面标高高差中的某一项或几项数值）不适用于某跨或某悬挑部分时，则将其不同数值原位标注在该跨或该悬挑部位，施工时应按原位标注数值取用。

当在多跨梁的集中标注中已注明加腋，而该梁某跨的根部却不需要加腋时，则应在该跨原位标注等截面的 $b \times h$，以修正集中标注中的加腋信息，如图 4-1-6 所示。

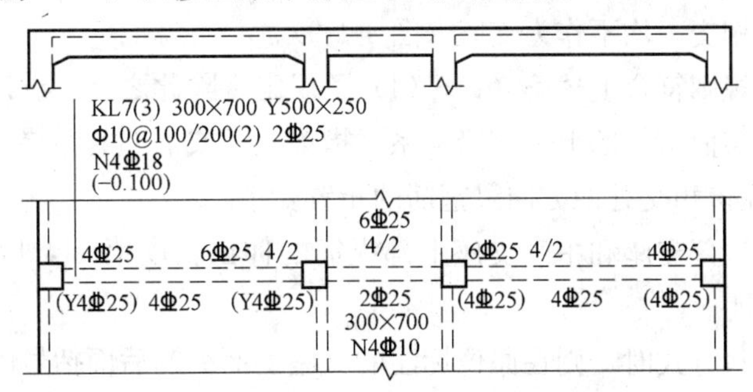

图 4-1-6 梁加腋平面注写方式表达示例

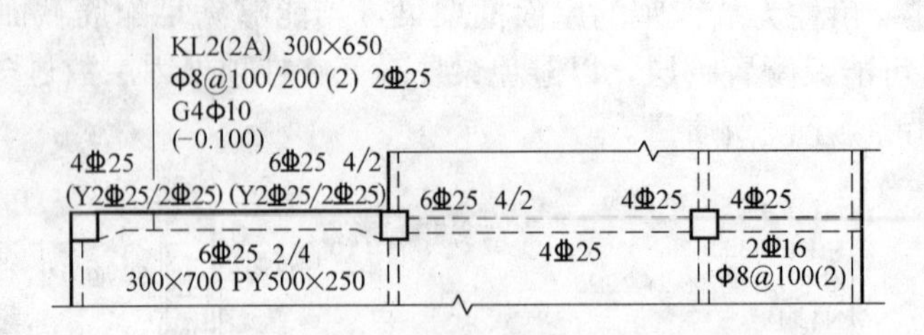

图 4-1-7 梁水平加腋平面注写方式表达示例

4）附加箍筋或吊筋，将其直接画在平面图中的主梁上，用线引注总配筋值（附加箍筋的肢数注在括号内），如图 4-1-8 所示。当多数附加箍筋或吊筋相同时，可在梁平法施工图上统一注明，少数与统一注明值不同时，再原位引注。

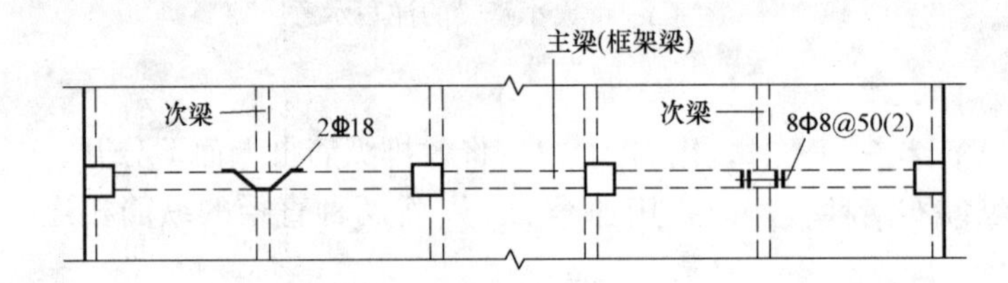

图 4-1-8 附加箍筋和吊筋的画法示例

施工时应注意：附加箍筋或吊筋的几何尺寸应按照标准构造详图，结合其所在位置的主梁和次梁的截面尺寸而定。

(5) 井字梁一般由非框架梁构成，并且以框架梁为支座（特殊情况下以专门设置的非框架大梁为支座）。在此情况下，为明确区分井字梁与作为井字梁支座的梁，井字梁用单粗虚线表示（当井字梁顶面高出板面时可用单粗实线表示），作为井字梁支座的梁用双细虚线表示（当梁顶面高出板面时可用双细实线表示）。

井字梁是指在同一矩形平面内相互正交所组成的结构构件，井字梁所分布范围称为“矩形平面网格区域”（简称“网格区域”）。当在结构平面布置中仅有由四根框架梁框起的一片网格区域时，所有在该区域相互正交的井字梁均为单跨；当有多片网格区域相连时，贯通多片网格区域的井字梁为多跨，而且相邻两片网格区域分界处即为该井字梁的中间支座。对某根井字梁编号时，其跨数为其总支座数减 1；在该梁的任意两个支座之间，无论有几根同类梁与其相交，均不作为支座（图 4-1-9）。

井字梁的注写规则符合上述第（1）～(4）条规定。除此之外，设计者应注明纵横两个方向梁相交处同一层面钢筋的上下交错关系（指梁上部或下部的同层面交错钢筋何梁在上何梁在下），以及在该相交处两方向梁箍筋的布置要求。

(6) 井字梁的端部支座和中间支座上部纵筋的伸出长度值 a_0，应由设计者在原位加注具体数值予以注明。

当采用平面注写方式时，则在原位标注的支座上部纵筋后面括号内加注具体伸出长度值，如图 4-1-10 所示。

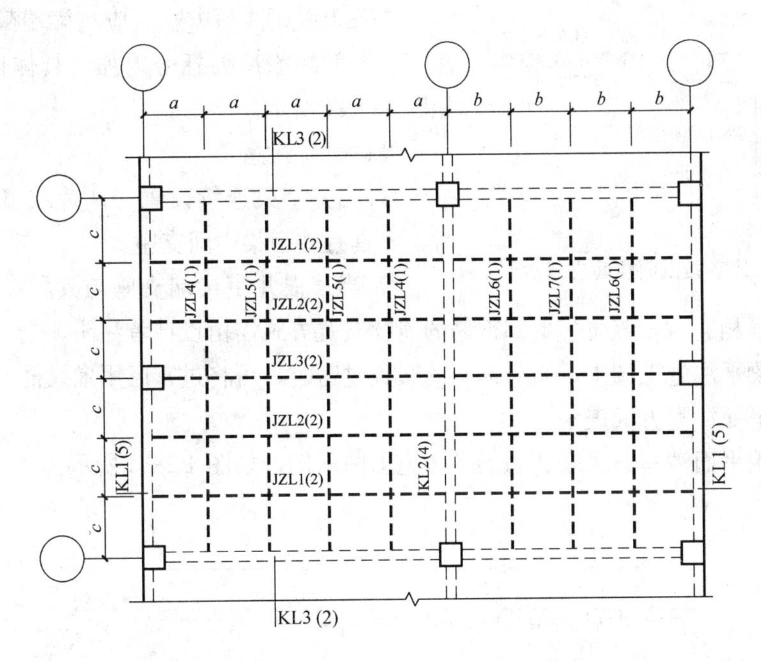

图 4-1-9　井字梁矩形平面网格区域示意

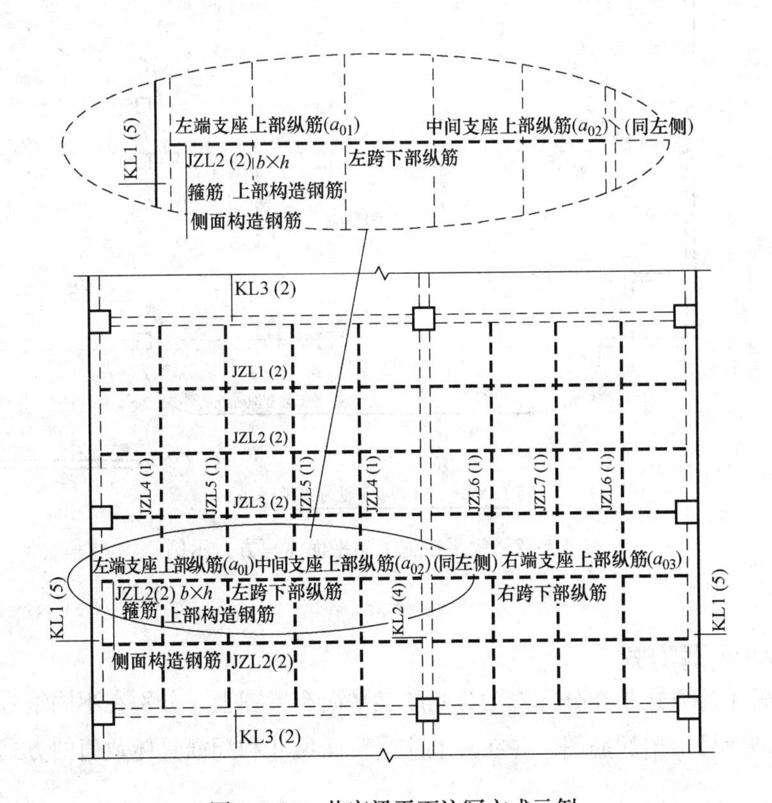

图 4-1-10　井字梁平面注写方式示例

注：图中仅示意井字梁的注写方法，未注明截面几何尺寸 $b\times h$，支座上部纵筋伸出长度 $a_{01}\sim a_{03}$，以及纵筋与箍筋的具体数值。

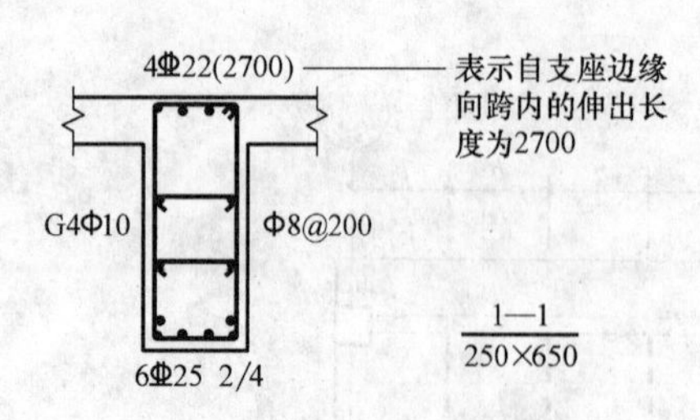

图 4-1-11 井字梁截面注写方式示例

若采用截面注写方式，应在梁端截面配筋图上注写的上部纵筋后面括号内加注具体伸出长度值，如图 4-1-11 所示。

设计时应注意：

1）当井字梁连续设置在两片或多排网格区域时，才具有井字梁中间支座。

2）当某根井字梁端支座与其所在网格区域之外的非框架梁相连时，该位置上部钢筋的连续布置方式需由设计者注明。

（7）在梁平法施工图中，当局部梁的布置过密时，可将过密区用虚线框出，适当放大比例后再用平面注写方式表示。

（8）采用平面注写方式表达的梁平法施工图示例，如图 4-1-12 所示。

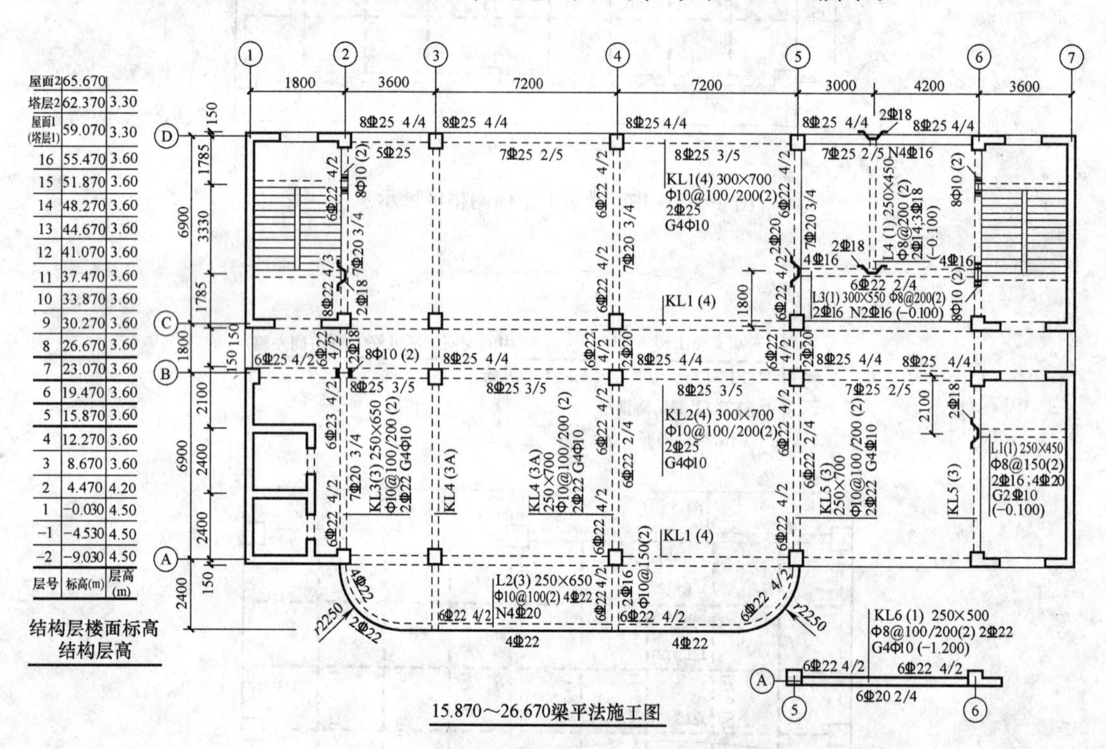

图 4-1-12 梁平法施工图平面注写方式示例

4.1.3 截面注写方式

（1）截面注写方式是在分标准层绘制的梁平面布置图上，分别在不同编号的梁中各选择一根梁用剖面号引出配筋图。并在其上注写截面尺寸和配筋具体数值的方式来表达梁平法施工图。

（2）对所有梁按表 4-1-1 的规定进行编号，从相同编号的梁中选择一根梁，先将“单边截面号”画在该梁上，再将截面配筋详图画在图中或其他图上。当某梁的顶面标高与结构层的楼面标高不同时，尚应继其梁编号后注写梁顶面标高高差（注写规定与平面注写方式相同）。

（3）在截面配筋详图上注写截面尺寸 $b\times h$、上部筋、下部筋、侧面构造筋或受扭筋以及箍筋的具体数值时，其表达形式与平面注写方式相同。

（4）截面注写方式既可以单独使用，也可与平面注写方式结合使用。

注：在梁平法施工图的平面图中，当局部区域的梁布置过密时，除了采用截面注写方式表达外，也可采用 4.1.2 平面注写方式第（7）条的措施来表达。当表达异形截面梁的尺寸与配筋时，用截面注写方式相对比较方便。

（5）应用截面注写方式表达的梁平法施工图示例，如图 4-1-13 所示。

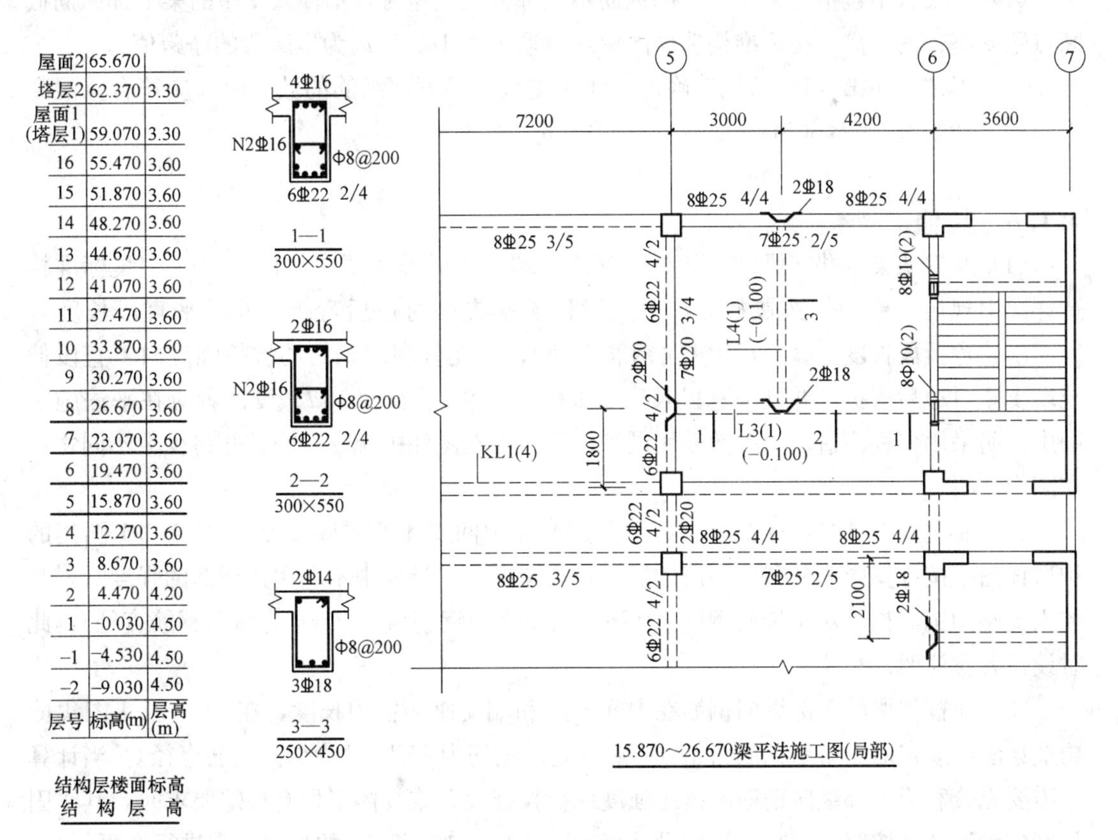

图 4-1-13　梁平法施工图截面注写方式示例

4.1.4　梁支座上部纵筋的长度规定

（1）为方便施工，凡框架梁的所有支座和非框架梁（不包括井字梁）的中间支座上部纵筋的伸出长度 a_0 值在标准构造详图中统一取值为：第一排非通长筋及与跨中直径不同的通长筋从柱（梁）边起伸出至 $l_n/3$ 位置；第二排非通长筋伸出至 $l_n/4$ 位置。l_n 的取值规定为：对于端支座，l_n 为本跨的净跨值；对于中间支座，l_n 为支座两边较大一跨的净跨值。

（2）悬挑梁（包括其他类型梁的悬挑部分）上部第一排纵筋伸出至梁端头并下弯，第二排伸出至 $3l/4$ 位置，l 为自柱（梁）边算起的悬挑净长。当具体工程需要将悬挑梁中的部分上部钢筋从悬挑梁根部开始斜向弯下时，应由设计者另加注明。

（3）设计者在执行上述第（1）、（2）条关于梁支座端上部纵筋伸出长度的统一取值规定时，特别是在大小跨相邻和端跨外为长悬臂的情况下，还应注意按《混凝土结构设计规范》GB 50010—2010 的相关规定进行校核，若不满足时应根据规范规定进行变更。

4.1.5 不伸入支座的梁下部纵筋长度规定

（1）当梁（不包括框支梁）下部纵筋不全部伸入支座时，不伸入支座的梁下部纵筋截断点距支座边的距离，在标准构造详图中统一取为 $0.1l_{ni}$，（l_{ni}为本跨梁的净跨值）。

（2）当按上述第（1）条规定确定不伸入支座的梁下部纵筋的数量时，应符合《混凝土结构设计规范》GB 50010—2010 的有关规定。

4.1.6 其他

（1）非框架梁、井字梁的上部纵向钢筋在端支座的锚固要求，11G101-1 图集标准构造详图中规定：当设计按铰接时，平直段伸至端支座对边后弯折，并且平直段长度≥$0.35l_{ab}$，弯折段长度 $15d$（d 为纵向钢筋直径）；当充分利用钢筋的抗拉强度时，直段伸至端支座对边后弯折，并且平直段长度≥$0.6l_{ab}$，弯折段长度 $15d$。设计者应在平法施工图中注明采用何种构造，当多数采用同种构造时可在图注中统一写明，并将少数不同之处在图中注明。

（2）非抗震设计时，框架梁下部纵向钢筋在中间支座的锚固长度，11G101-1 图集的构造详图中按计算中充分利用钢筋的抗拉强度考虑。当计算中不利用该钢筋的强度时，其伸入支座的锚固长度对于带肋钢筋为 $12d$，对于光面钢筋为 $15d$（d 为纵向钢筋直径），此时设计者应注明。

（3）非框架梁的下部纵向钢筋在中间支座和端支座的锚固长度，在 11G101-1 图集的构造详图中规定对于带肋钢筋为 $12d$；对于光面钢筋为 $15d$（d 为纵向钢筋直径）。当计算中需要充分利用下部纵向钢筋的抗压强度或抗拉强度，或具体工程有特殊要求时，其锚固长度应由设计者按照《混凝土结构设计规范》GB 50010—2010 的相关规定进行变更。

（4）当非框架梁配有受扭纵向钢筋时，梁纵筋锚入支座的长度为 l_a，在端支座直锚长度不足时可伸至端支座对边后弯折，并且平直段长度≥$0.6l_{ab}$，弯折段长度 $15d$。设计者应在图中注明。

（5）当梁纵筋兼做温度应力钢筋时，其锚入支座的长度由设计确定。

（6）当两楼层之间设有层间梁时（如结构夹层位置处的梁），应将设置该部分梁的区域划出另行绘制梁结构布置图，然后在其上表达梁平法施工图。

（7）11G101-1 图集 KZL 用于托墙框支梁，当托柱转换梁采用 KZL 编号并使用 11G101-1 图集构造时，设计者应根据实际情况进行判定，并提供相应的构造变更。

4.2 梁标准构造详图

4.2.1 楼层框架梁纵向钢筋构造

1. 抗震楼层框架梁纵向钢筋构造

抗震楼层框架梁纵向钢筋构造见表 4-2-1。

抗震楼层框架梁纵向钢筋构造 **表 4-2-1**

<table>
<tr><th>名　称</th><th>构 造 图</th><th>构 造 说 明</th></tr>
<tr><td>抗震楼层框架梁
KL 纵向钢筋构造</td><td>图 4-2-1</td><td rowspan="5">字母释义：
l_{lE}——纵向受拉钢筋抗震绑扎搭接长度；
l_{abE}——纵向受拉钢筋的抗震基本锚固长度；
l_{aE}——纵向受拉钢筋抗震锚固长度；
l_{n1}——左跨的净跨值；
l_{n2}——右跨的净跨值；
l_n——左跨 l_{ni} 和右跨 $l_{ni}+1$ 之较大值，其中 $i=1,2,3\cdots$；
d——纵向钢筋直径；
h_c——柱截面沿框架方向的高度；
h_0——梁截面高度。
构造图解析：
(1)梁上部通长钢筋与非贯通钢筋直径相同时，连接位置宜位于跨中 $l_{ni}/3$ 范围内；梁下部钢筋连接位置宜位于支座 $l_{ni}/3$ 范围内；且在同一连接区段内钢筋接头面积百分率不宜大于 50%。
(2)一级框架梁宜采用机械连接，二、三、四级可采用绑扎搭接或焊接连接。
(3)钢筋连接要求见 11G101-1 图集第 55 页。
(4)当梁纵筋(不包括侧面 G 打头的构造筋及架立筋)采用绑扎搭接接长时，搭接区内箍筋直径不小于 $d/4$(d 为搭接钢筋最大直径)，间距不应大于 100mm 及 $5d$(d 为搭接钢筋最小直径)。
(5)梁侧面构造钢筋要求见本章 4.2.8 侧面纵向构造钢筋及拉筋的构造</td></tr>
<tr><td>端支座加锚头
(锚板)锚固</td><td> 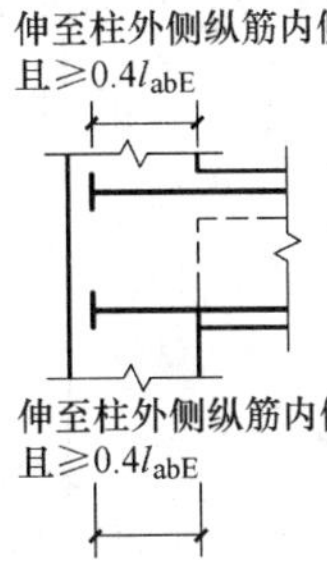伸至柱外侧纵筋内侧，且≥$0.4l_{abE}$
伸至柱外侧纵筋内侧，且≥$0.4l_{abE}$</td></tr>
<tr><td>端支座直锚</td><td> 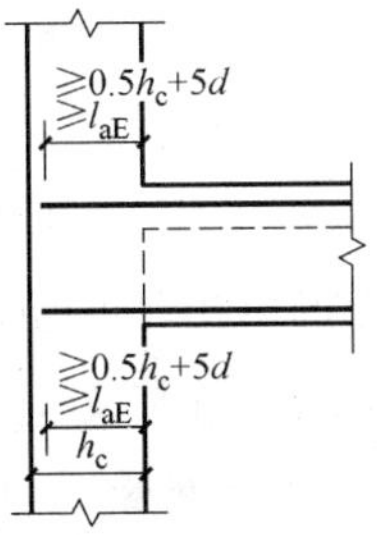≥$0.5h_c+5d$
≥l_{aE}
≥$0.5h_c+5d$
≥l_{aE}
h_c</td></tr>
<tr><td>中间层中间节点梁
下部筋在节
点外搭接</td><td> 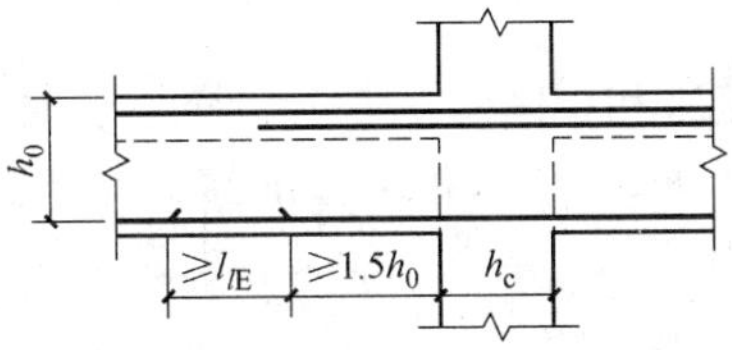h_0
≥l_{lE}　≥$1.5h_0$　h_c
(梁下部钢筋不能在柱内锚固时，可在节点外搭接。相邻跨钢筋直径不同时，搭接位置位于较小直径一跨)</td></tr>
<tr><td>纵向钢筋
弯折要求</td><td> 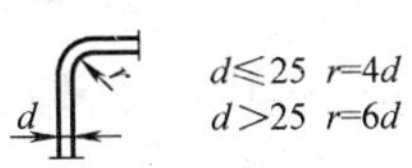d
$d\leq25$　$r=4d$
$d>25$　$r=6d$</td></tr>
</table>

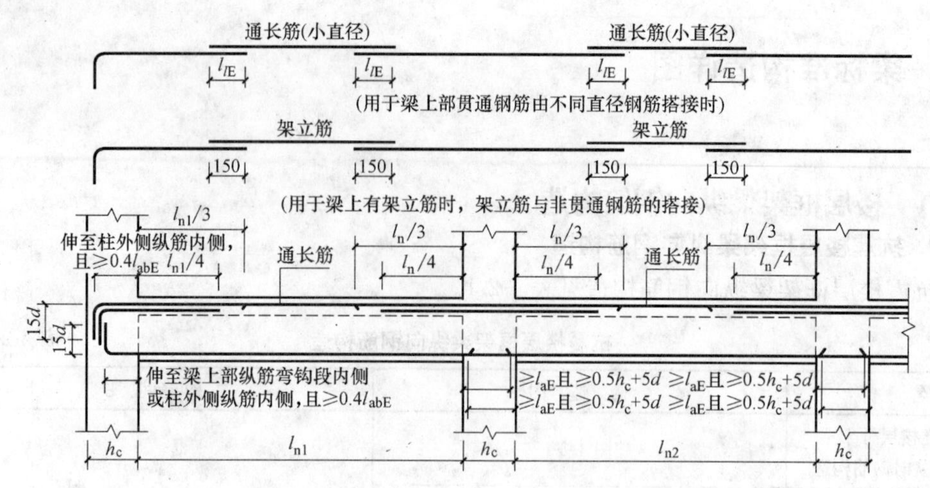

图 4-2-1 抗震楼层框架梁 KL 纵向钢筋构造

关于抗震楼层框架梁纵向钢筋构造需要从以下几个方面进行理解分析：

(1) 框架梁上部纵筋的构造分析

框架梁上部纵筋包括：上部通长筋、支座上部纵向钢筋（习惯称为支座负筋）和架立筋。此处所讲内容，对于屋面框架梁来说同样适用。

1) 框架梁上部通长筋的构造

① 从上部通长筋的概念出发，上部通长筋的直径可以小于支座负筋。这时，处于跨中的上部通长筋就在支座负筋的分界处（$l_n/3$），与支座负筋进行连接（据此，可算出上部通长筋的长度）。

由《建筑抗震设计规范》GB 50011—2010 第 6.3.4 条可知，抗震框架梁需要布置 2 根直径 14mm 以上的上部通长筋。当设计的上部通长筋（即集中标注的上部通长筋）直径小于（原位标注）支座负筋直径时，在支座附近可以使用支座负筋执行通长筋的职能，此时，跨中处的通长筋就在一跨的两端 1/3 跨距的地方与支座负筋进行连接。

② 当上部通长筋与支座负筋的直径相等时，上部通长筋可以在 $l_n/3$ 的范围内进行连接（这种情况下，上部通长筋的长度可以按贯通筋计算）。

2) 框架梁支座负筋的延伸长度

框架梁“支座负筋延伸长度”，端支座和中间支座是不同的。具体如下：

① 框架梁端支座的支座负筋延伸长度：第一排支座负筋从柱边开始延伸至 $l_{n1}/3$ 位置；第二排支座负筋从柱边开始延伸至 $l_{n1}/4$ 位置。

② 框架梁中间支座的支座负筋延伸长度：第一排支座负筋从柱边开始延伸至 $l_n/3$ 位置；第二排支座负筋从柱边开始延伸至 $l_n/4$ 位置。

3) 框架梁架立筋的构造

架立钢筋是梁的一种纵向构造钢筋。当梁顶面箍筋转角处无纵向受力钢筋时，应设置架立钢筋。架立钢筋的作用是形成钢筋骨架和承受温度收缩应力。

框架梁不一定具有架立筋，例如 11G101 图集第 34 页（即图 4-1-12）例子工程的

KL1，由于 KL1 所设置的箍筋是两肢箍，两根上部通长筋已经充当了两肢箍的架立筋了，所以在 KL1 的上部纵筋标注中就不需要注写架立筋了。

① 架立筋的根数＝箍筋的肢数－上部通长筋的根数

② 架立筋的长度＝梁的净跨长度－两端支座负筋的延伸长度＋150×2

(2) 框架梁下部纵筋的构造分析

此处所讲内容，对于屋面框架梁来说同样适用。

1) 框架梁下部纵筋的配筋方式：基本上是“按跨布置”，即是在中间支座锚固。

2) 钢筋“能通则通”一般是对于梁的上部纵筋说的，梁的下部纵筋则不强调“能通则通”，主要原因在于框架梁下部纵筋如果作贯通筋处理的话，很难找到钢筋的连接点。

3) 框架梁下部纵筋连接点的分析：

① 首先，梁的下部钢筋不能在下部跨中进行连接，因为，下部跨是正弯矩最大的地方，钢筋不允许在此范围内连接。

② 梁的下部钢筋在支座内连接也是不可行的，因为，在梁柱交叉的节点内，梁纵筋和柱纵筋都不允许连接。

③ 框架梁下部纵筋是否可以在靠近支座 $l_n/3$ 的范围内进行连接？

如果是“非抗震框架梁”，在竖向静荷载的作用下，每跨框架梁的最大正弯矩在跨中部位，而在靠近支座的地方只有负弯矩而不存在正弯矩。所以，此时，框架梁的下部纵筋可以在靠近支座 $l_n/3$ 的范围内进行连接，如图 4-2-2 所示。

如果是“抗震框架梁”，情况比较复杂，在地震作用下，框架梁靠近支座处有可能会成为正弯矩最大的地方。这样看来，抗震框架梁的下部纵筋似乎找不到可供连接的区域(跨中不行、靠近支座处也不行，在支座内更不行)。

所以说，框架梁的下部纵筋一般都是按跨处理，在中间支座锚固。

(3) 框架梁中间支座的节点构造分析

此处所讲内容，对于屋面框架梁来说同样适用。

1) 框架梁上部纵筋在中间支座的节点构造

在中间支座的框架梁上部纵筋一般是支座负筋。与支座负筋直径相同的上部通长筋在经过中间支座时，它本身就是支座负筋；与支座负筋直径不同的上部通长筋，在中间支座附近也是通过与支座负筋连接来实现“上部通长筋”功能的。

支座负筋在中间支座上一般有如下做法：

① 当支座两边的支座负筋直径相同、根数相等时，这些钢筋都是贯通穿过中间支座的。

② 当支座两边的支座负筋直径相同、根数不相等时，把“根数相等”部分的支座负筋贯通穿过中间支座，而将根数多出来的支座负筋弯锚入柱内。

③在施工图设计中要尽量避免出现支座两边的支座负筋直径不相同的情况。

2) 框架梁下部纵筋在中间支座的节点构造

框架梁的下部纵筋一般都是以“直形钢筋”在中间支座锚固。其锚固长度同时满足两个条件：锚固长度≥l_{aE}，锚固长度≥0.5h_c+5d。

前面提到过，框架梁的下部纵筋一般都是按跨处理，在中间支座锚固。然而，在满足钢筋“定尺长度”的前提下，相邻两跨同样直径的框架梁可以而且应该直通贯穿中间支座，这样做既可以节省钢筋，又对降低支座钢筋的密度有好处。

2. 非抗震楼层框架梁纵向钢筋构造

非抗震楼层框架梁纵向钢筋构造见表 4-2-2。

非抗震楼层框架梁纵向钢筋构造 表 4-2-2

名　称	构 造 图	构 造 说 明
非抗震楼层框架梁KL纵向钢筋构造	图 4-2-2	字母释义： l_l——纵向受拉钢筋非抗震绑扎搭接长度； l_{ab}——纵向受拉钢筋的非抗震基本锚固长度； l_a——纵向受拉钢筋非抗震锚固长度； l_{n1}——左跨的净跨值； l_{n2}——右跨的净跨值； l_n——左跨 l_{ni} 和右跨 $l_{ni}+1$ 之较大值，其中 i=1，2，3…； d——纵向钢筋直径； h_c——柱截面沿框架方向的高度； h_0——梁截面高度。 构造图解析： (1)梁上部通长钢筋与非贯通钢筋直径相同时，连接位置宜位于跨中 l_{ni}/3 范围内；梁下部钢筋连接位置宜位于支座 l_{ni}/3 范围内；且在同一连接区段内钢筋接头面积百分率不宜大于 50%。 (2)钢筋连接要求见 11G101-1 图集第 55 页。 (3)当具体工程对框架梁下部纵筋在中间支座或边支座的锚固长度要求不同时，应有设计者指定。 (4)当梁纵筋（不包括侧面 G 打头的构造筋及架立筋）采用绑扎搭接接长时，搭接区内箍筋直径不小于 d/4（d 为搭接钢筋最大直径），间距不应大于 100mm 及 5d（d 为搭接钢筋最小直径）。 (5)梁侧面构造钢筋要求见本章 4.2.8 侧面纵向构造钢筋及拉筋的构造
端支座加锚头（锚板）锚固	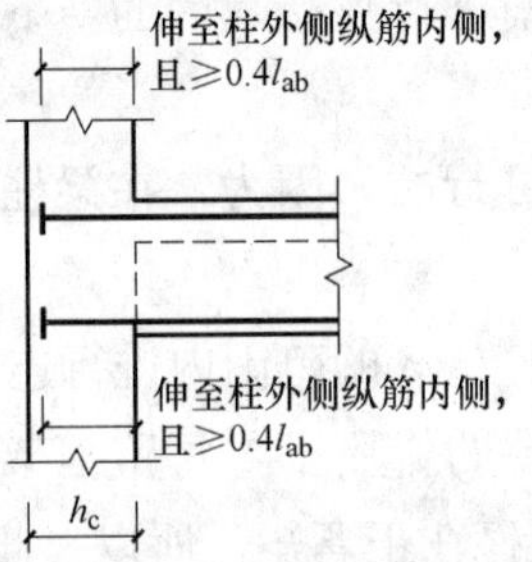 伸至柱外侧纵筋内侧，且≥0.4l_{ab} 伸至柱外侧纵筋内侧，且≥0.4l_{ab} h_c	
端支座直锚	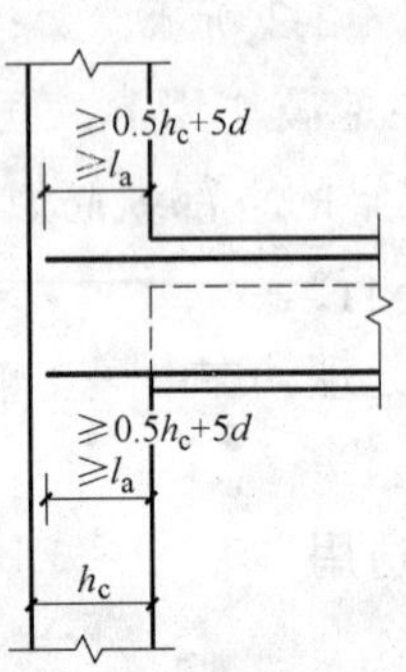 ≥0.5h_c+5d ≥l_a ≥0.5h_c+5d ≥l_a h_c	
中间层中间节点梁下部筋在节点外搭接	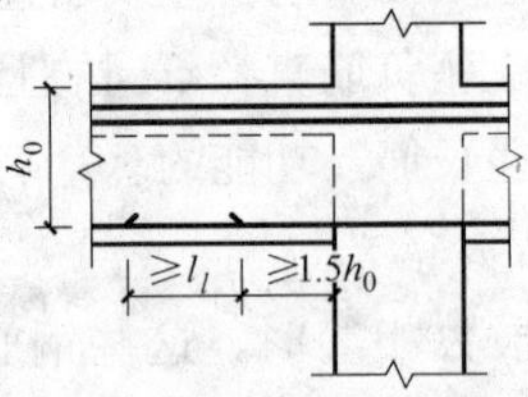 h_0 ≥l_l　≥1.5h_0 （梁下部钢筋不能在柱内锚固时，可在节点外搭接。相邻跨钢筋直径不同时，搭接位置位于较小直径一跨）	
纵向钢筋弯折要求	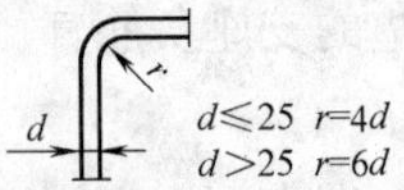 r d d≤25 r=4d d>25 r=6d	

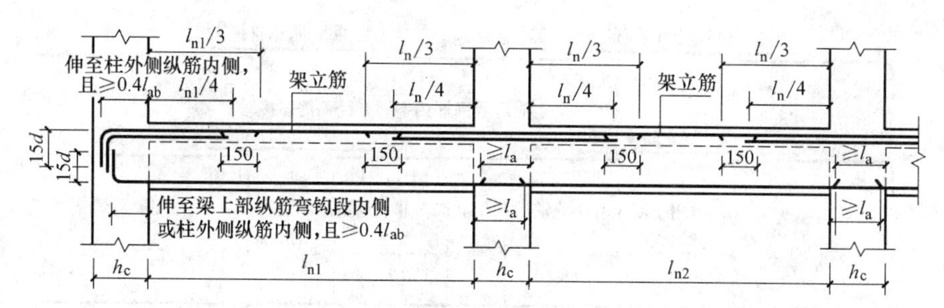

图 4-2-2 非抗震楼层框架梁 KL 纵向钢筋构造

4.2.2 屋面框架梁纵向钢筋构造

1. 抗震屋面框架梁纵向钢筋构造

抗震屋面框架梁纵向钢筋构造见表 4-2-3。

抗震屋面框架梁纵向钢筋构造 **表 4-2-3**

名　　称	构 造 图	构 造 说 明
抗震屋面框架梁WKL纵向钢筋构造	图 4-2-3	字母释义： l_{lE}——纵向受拉钢筋抗震绑扎搭接长度； l_{abE}——纵向受拉钢筋的抗震基本锚固长度； l_{aE}——纵向受拉钢筋抗震锚固长度； l_{n1}——左跨的净跨值； l_{n2}——右跨的净跨值； l_n——左跨 l_{ni} 和右跨 $l_{ni}+1$ 之较大值，其中 $i=1,2,3\cdots$； d——纵向钢筋直径； h_c——柱截面沿框架方向的高度； h_0——梁截面高度。 构造图解析： (1)梁上部通长钢筋与非贯通钢筋直径相同时，连接位置宜位于跨中 $l_{ni}/3$ 范围内；梁下部钢筋连接位置宜位于支座 $l_{ni}/3$ 范围内；且在同一连接区段内钢筋接头面积百分率不宜大于 50%。 (2)一级框架梁宜采用机械连接，二、三、四级可采用绑扎搭接或焊接连接。 (3)钢筋连接要求见 11G101-1 图集第 55 页。 (4)当梁纵筋(不包括侧面 G 打头的构造筋及架立筋)采用绑扎搭接接长时，搭接区内箍筋直径不小于 $d/4$(d 为搭接钢筋最大直径)，间距不应大于 100mm 及 $5d$(d 为搭接钢筋最小直径)。 (5)梁侧面构造钢筋要求见本章 4.2.8 侧面纵向构造钢筋及拉筋的构造。 (6)顶层端节点处梁上部钢筋与附加角部钢筋构造见表 2-2-16
顶层端节点梁下部钢筋端头加锚头(锚板)锚固	伸至梁上部纵筋弯钩段内侧且≥$0.4l_{abE}$ h_c	
顶层端支座梁下部钢筋直锚	≥$0.5h_c+5d$ ≥l_{aE} h_c	
顶层中间节点梁下部筋在节点外搭接	h_0 ≥l_{lE}　≥$1.5h_0$　h_c (梁下部钢筋不能在柱内锚固时，可在节点外搭接。相邻跨钢筋直径不同时，搭接位置位于较小直径一跨)	
纵向钢筋弯折要求	r d $d\leqslant25$ $r=6d$ $d>25$ $r=8d$	

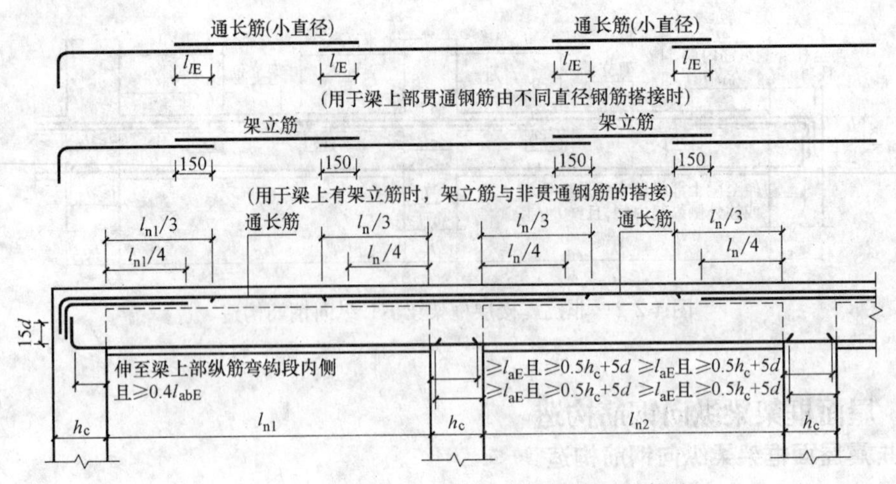

图 4-2-3 抗震屋面框架梁 WKL 纵向钢筋构造

2. 非抗震屋面框架梁纵向钢筋构造

非抗震屋面框架梁纵向钢筋构造见表 4-2-4。

非抗震屋面框架梁纵向钢筋构造 **表 4-2-4**

名称	构造图	构造说明
非抗震屋面框架梁 WKL 纵向钢筋构造	图 4-2-4	字母释义： l_l——纵向受拉钢筋非抗震绑扎搭接长度； l_{ab}——纵向受拉钢筋的非抗震基本锚固长度； l_a——纵向受拉钢筋非抗震锚固长度； l_{n1}——左跨的净跨值； l_{n2}——右跨的净跨值； l_n——左跨 l_{ni} 和右跨 $l_{ni}+1$ 之较大值，其中 $i=1,2,3\cdots$； d——纵向钢筋直径； h_c——柱截面沿框架方向的高度； h_0——梁截面高度。 构造图解析： (1)梁上部通长钢筋与非贯通钢筋直径相同时，连接位置宜位于跨中 $l_{ni}/3$ 范围内；梁下部钢筋连接位置宜位于支座 $l_{ni}/3$ 范围内；且在同一连接区段内钢筋接头面积百分率不宜大于 50%。 (2)钢筋连接要求见 11G101-1 图集第 55 页。 (3)当具体工程对框架梁下部纵筋在中间支座或边支座的锚固长度要求不同时，应有设计者指定。 (4)当梁纵筋(不包括侧面 G 打头的构造筋及架立筋)采用绑扎搭接接长时，搭接区内箍筋直径不小于 $d/4$(d 为搭接钢筋最大直径)，间距不应大于 100mm 及 $5d$(d 为搭接钢筋最小直径)。 (5)梁侧面构造钢筋要求见本章 4.2.8 侧面纵向构造钢筋及拉筋的构造。 (6)顶层端节点处梁上部钢筋与附加角部钢筋构造见表 2-2-17。
顶层端节点梁下部钢筋端头加锚头(锚板)锚固	伸至柱外侧纵筋内侧，且≥0.4l_{ab} h_c	
顶层端支座梁下部钢筋直锚	≥0.5h_c+5d ≥l_a h_c	
顶层中间节点梁下部筋在节点外搭接	h_0 ≥l_l ≥1.5h_0 h_c (梁下部钢筋不能在柱内锚固时，可在节点外搭接。相邻跨钢筋直径不同时，搭接位置位于较小直径一跨)	
纵向钢筋弯折要求	d≤25 r=6d d>25 r=8d	

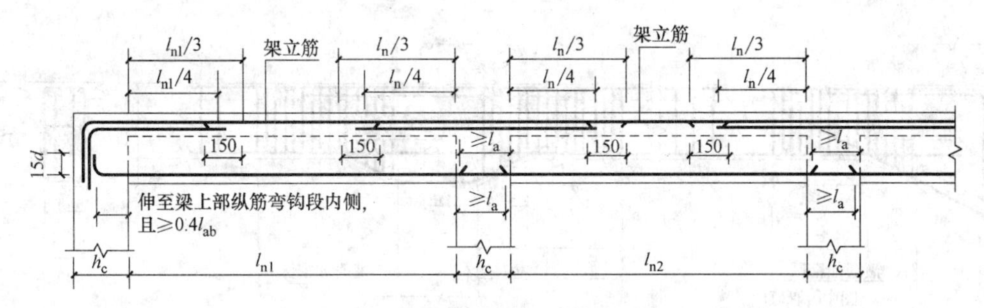

图 4-2-4 非抗震屋面框架梁 WKL 纵向钢筋构造

4.2.3 框架梁水平、竖向加腋构造

框架梁水平、竖向加腋构造见表 4-2-5。

框架梁水平、竖向加腋构造　　表 4-2-5

名　　称	构 造 图	构 造 说 明
框架梁水平加腋构造	图 4-2-5(a)	字母释义： $l_{aE}(l_a)$——受拉钢筋锚固长度，抗震设计时锚固长度用 l_{aE} 表示，非抗震设计用 l_a 表示； c_1、c_2、c_3——加密区长度； h_b——框架梁的截面高度； b_b——框架梁的截面宽度。 构造图解析： (1)括号内为非抗震梁纵筋的锚固长度。 (2)当梁结构平法施工图中，水平加腋部位的配筋设计未给出时，其梁腋上下部斜纵筋(仅设置第一排)直径分别同梁内上下纵筋，水平间距不宜大于 200；水平加腋部位侧面纵向构造筋的设置及构造要求同梁内侧面纵向构造筋，见本章 4.2.8 侧面纵向构造钢筋及拉筋的构造。 (3)图 4-2-5 中框架梁竖向加腋构造适用于加腋部分参与框架梁计算，配筋由设计标注；其他情况设计应另行给出做法。 (4)加腋部位箍筋规格及肢距与梁端部的箍筋相同
框架梁竖向加腋构造	图 4-2-5(b)	

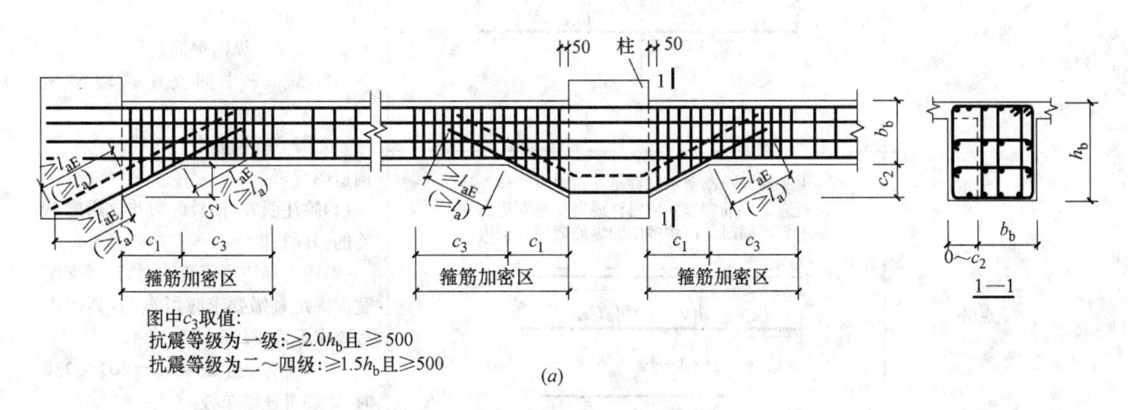

(a)

图 4-2-5 框架梁水平、竖向加腋构造

(a) 框架梁水平加腋构造

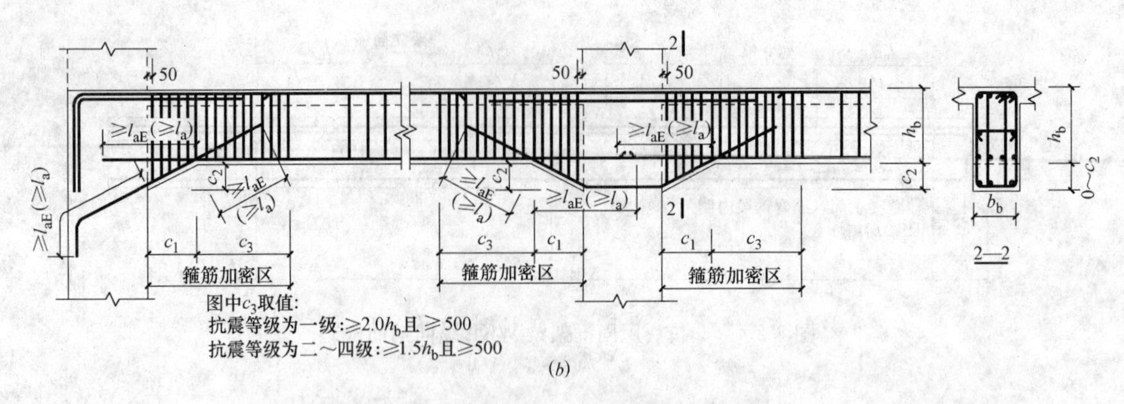

(b)

图 4-2-5 框架梁水平、竖向加腋构造（续）

(b) 框架梁竖向加腋构造

4.2.4 框架梁、屋面框架梁中间支座纵向钢筋构造

框架梁、屋面框架梁中间支座纵向钢筋构造见表 4-2-6。

框架梁、屋面框架梁中间支座纵向钢筋构造　　　表 4-2-6

名　称	构 造 图	构 造 说 明
节点①	$l_{aE}(l_a)$；(可直锚)；$15d$；Δ_h；≥$0.4l_{abE}$(≥$0.4l_{ab}$)；h_c；当$\Delta_h/(h_c-50)\leqslant 1/6$时参见节点⑤做法	字母释义： l_{aE}(l_a)——受拉钢筋锚固长度，抗震设计时锚固长度用l_{aE}表示，非抗震设计用l_a表示； l_{abE}(l_{ab})——受拉钢筋的基本锚固长度，抗震设计时锚固长度用l_{abE}表示，非抗震设计用l_{ab}表示； h_c——柱截面沿框架方向的高度； d——纵向钢筋直径； Δ_h——中间支座两端梁高差值； r——钢筋弯折半径。 构造图解析： (1)除注明外，括号内为非抗震梁纵筋的锚固长度。 (2)图中标注可直锚的钢筋，当支座宽度满足直锚要求时可直锚，具体构造要求见表 4-2-1～表 4-2-4。 (3)节点⑤，当$\Delta_h/(h_c-50)\leqslant 1/6$时，纵筋可连续布置
节点②	Δ_h；$l_{aE}(l_a)$；$l_{aE}(l_a)$；h_c	
节点③	当支座两边梁宽不同或错开布置时，将无法直通的纵筋弯锚入柱内；或当支座两边纵筋根数不同时，可将多出的纵筋弯锚入柱内；$l_{aE}(l_a)$；(可直锚)；$15d$；≥$0.4l_{abE}$(≥$0.4l_{ab}$)	

续表

名　称	构 造 图	构造说明
节点④	$l_{aE}(l_a)$；$\geqslant 0.4l_{abE}(\geqslant 0.4l_{ab})$；$\Delta_h$；15$d$；（可直锚）；15$d$；（可直锚）；$\Delta_h$；$h_c$；锚固构造同上部钢筋；$\Delta_h/(h_c-50)>1/6$	字母释义： $l_{aE}(l_a)$——受拉钢筋锚固长度，抗震设计时锚固长度用l_{aE}表示，非抗震设计用l_a表示； $l_{abE}(l_{ab})$——受拉钢筋的基本锚固长度，抗震设计时锚固长度用l_{abE}表示，非抗震设计用l_{ab}表示； h_c——柱截面沿框架方向的高度； d——纵向钢筋直径； Δ_h——中间支座两端梁高差值； r——钢筋弯折半径。 构造图解析： （1）除注明外，括号内为非抗震梁纵筋的锚固长度。 （2）图中标注可直锚的钢筋，当支座宽度满足直锚要求时可直锚，具体构造要求见表4-2-1～表4-2-4。 （3）节点⑤，当$\Delta_h/(h_c-50)\leqslant 1/6$时，纵筋可连续布置
节点⑤	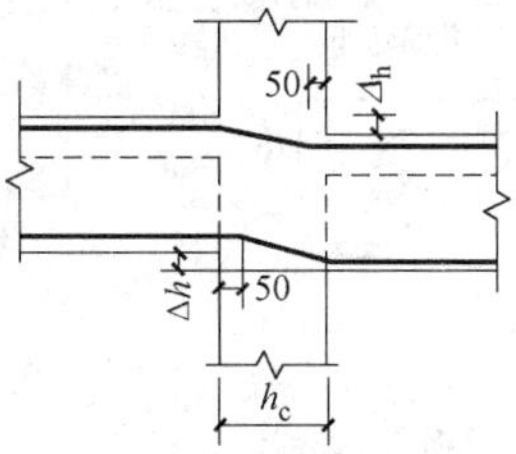 50；Δ_h；Δ_h；50；h_c	
节点⑥	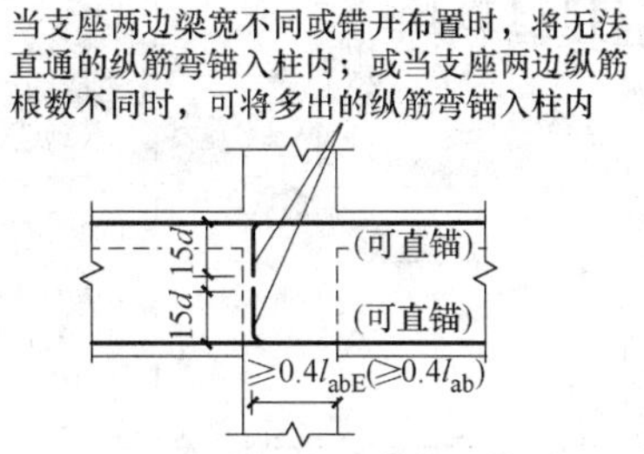 当支座两边梁宽不同或错开布置时，将无法直通的纵筋弯锚入柱内；或当支座两边纵筋根数不同时，可将多出的纵筋弯锚入柱内；15d；15d；（可直锚）；（可直锚）；$\geqslant 0.4l_{abE}(\geqslant 0.4l_{ab})$	
纵向钢筋弯折要求	d；r；$d\leqslant 25$ $r=4d$；$d>25$ $r=6d$	

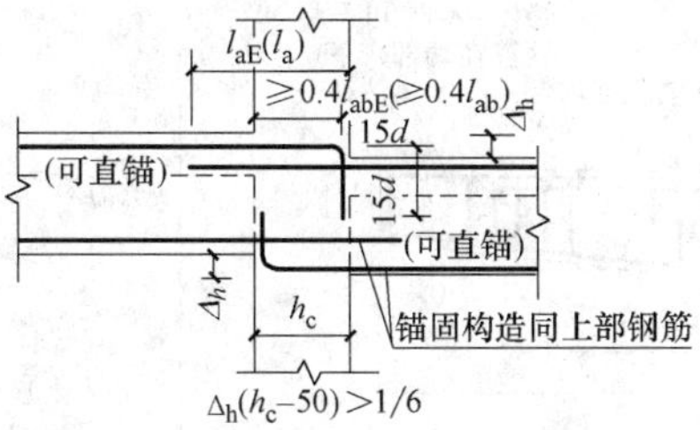

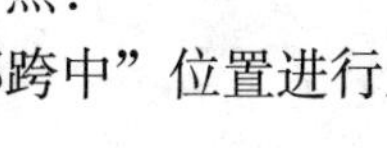

4.2.5　悬挑梁与各类悬挑端配筋构造

梁悬挑端具有如下构造特点：

（1）梁的悬挑端在“上部跨中”位置进行上部纵筋的原位标注，这是因为悬挑端的上部纵筋是“全跨贯通”的。

（2）悬挑端的下部钢筋为受压钢筋，它只需要较小的配筋就可以了，不同于框架梁第一跨的下部纵筋（受拉钢筋）。

（3）悬挑端的箍筋一般没有“加密区和非加密区”的区别，只有一种间距。

（4）在悬挑端进行梁截面尺寸的原位标注。

悬挑梁与各类悬挑端配筋构造见表4-2-7。

悬挑梁与各类悬挑端配筋构造 表 4-2-7

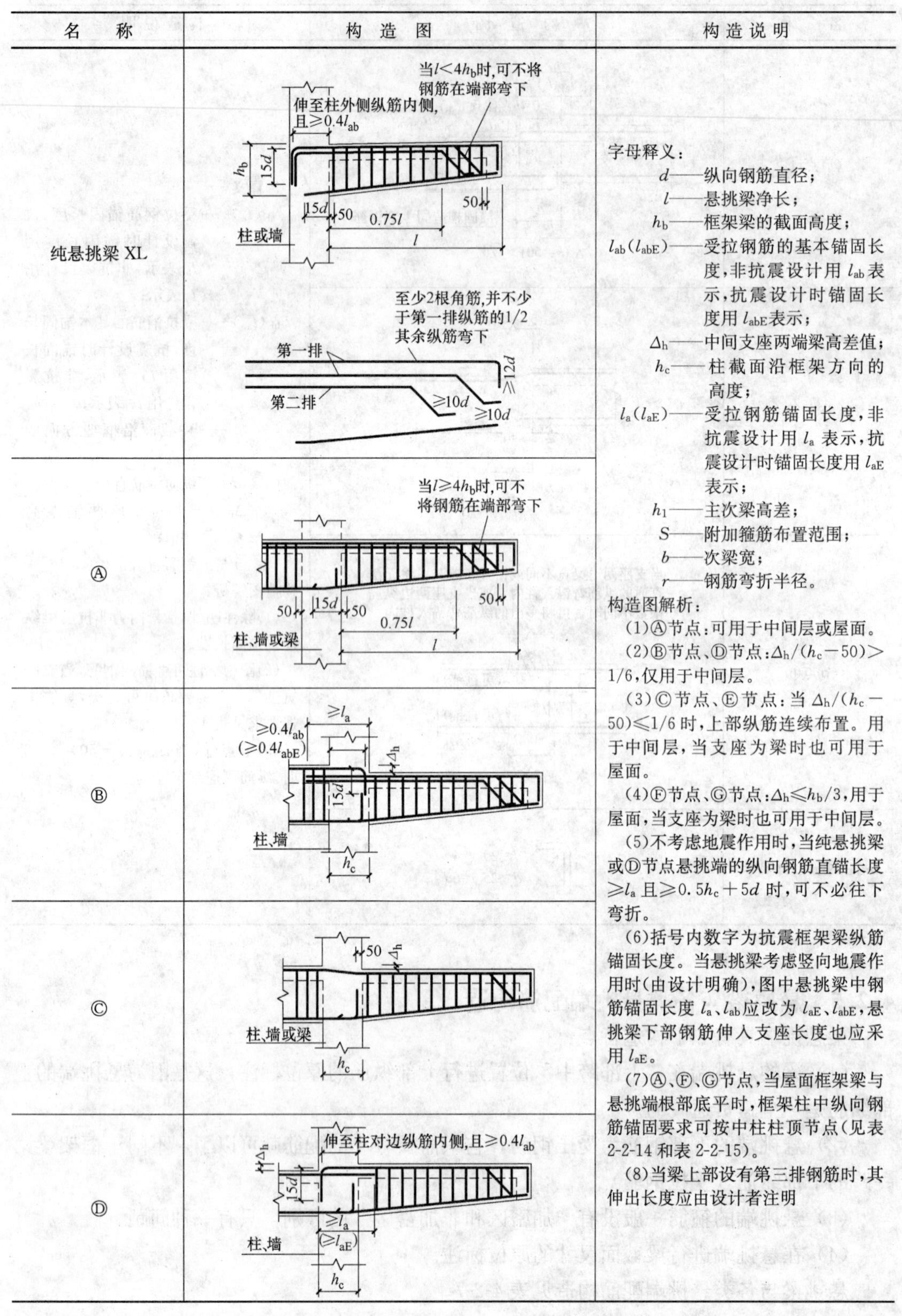

名称	构造图	构造说明
纯悬挑梁 XL		字母释义: d——纵向钢筋直径; l——悬挑梁净长; h_b——框架梁的截面高度; $l_{ab}(l_{abE})$——受拉钢筋的基本锚固长度,非抗震设计用l_{ab}表示,抗震设计时锚固长度用l_{abE}表示; Δ_h——中间支座两端梁高差值; h_c——柱截面沿框架方向的高度; $l_a(l_{aE})$——受拉钢筋锚固长度,非抗震设计用l_a表示,抗震设计时锚固长度用l_{aE}表示; h_1——主次梁高差; S——附加箍筋布置范围; b——次梁宽; r——钢筋弯折半径。 构造图解析: (1)Ⓐ节点:可用于中间层或屋面。 (2)Ⓑ节点、Ⓓ节点:$\Delta_h/(h_c-50)>1/6$,仅用于中间层。 (3)Ⓒ节点、Ⓔ节点:当$\Delta_h/(h_c-50)\leqslant 1/6$时,上部纵筋连续布置。用于中间层,当支座为梁时也可用于屋面。 (4)Ⓕ节点、Ⓖ节点:$\Delta_h\leqslant h_b/3$,用于屋面,当支座为梁时也可用于中间层。 (5)不考虑地震作用时,当纯悬挑梁或Ⓓ节点悬挑端的纵向钢筋直锚长度$\geqslant l_a$且$\geqslant 0.5h_c+5d$时,可不必往下弯折。 (6)括号内数字为抗震框架梁纵筋锚固长度。当悬挑梁考虑竖向地震作用时(由设计明确),图中悬挑梁中钢筋锚固长度l_a、l_{ab}应改为l_{aE}、l_{abE},悬挑梁下部钢筋伸入支座长度也应采用l_{aE}。 (7)Ⓐ、Ⓕ、Ⓖ节点,当屋面框架梁与悬挑端根部底平时,框架柱中纵向钢筋锚固要求可按中柱柱顶节点(见表2-2-14和表2-2-15)。 (8)当梁上部设有第三排钢筋时,其伸出长度应由设计者注明
Ⓐ		
Ⓑ		
Ⓒ		
Ⓓ		

续表

名　称	构　造　图	构造说明
Ⓔ	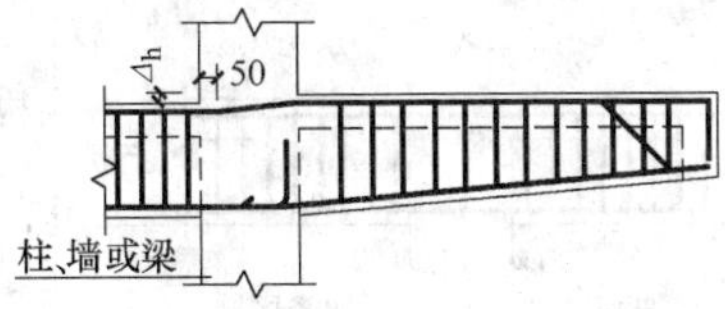 Δ_h　50 柱、墙或梁	字母释义： d——纵向钢筋直径； l——悬挑梁净长； h_b——框架梁的截面高度； $l_{ab}(l_{abE})$——受拉钢筋的基本锚固长度，非抗震设计用 l_{ab} 表示，抗震设计时锚固长度用 l_{abE} 表示； Δ_h——中间支座两端梁高差值； h_c——柱截面沿框架方向的高度； $l_a(l_{aE})$——受拉钢筋锚固长度，非抗震设计用 l_a 表示，抗震设计时锚固长度用 l_{aE} 表示； h_1——主次梁高差； S——附加箍筋布置范围； b——次梁宽； r——钢筋弯折半径。 构造图解析： (1)Ⓐ节点：可用于中间层或屋面。 (2)Ⓑ节点、Ⓓ节点：$\Delta_h/(h_c-50)>1/6$，仅用于中间层。 (3)Ⓒ节点、Ⓔ节点：当 $\Delta_h/(h_c-50)\leqslant 1/6$ 时，上部纵筋连续布置。用于中间层，当支座为梁时也可用于屋面。 (4)Ⓕ节点、Ⓖ节点：$\Delta_h\leqslant h_b/3$，用于屋面，当支座为梁时也可用于中间层。 (5)不考虑地震作用时，当纯悬挑梁或Ⓓ节点悬挑端的纵向钢筋直锚长度 $\geqslant l_a$ 且 $\geqslant 0.5h_c+5d$ 时，可不必往下弯折。 (6)括号内数字为抗震框架梁纵筋锚固长度。当悬挑梁考虑竖向地震作用时（由设计明确），图中悬挑梁中钢筋锚固长度 l_a、l_{ab} 应改为 l_{aE}、l_{abE}，悬挑梁下部钢筋伸入支座长度也应采用 l_{aE}。 (7)Ⓐ、Ⓕ、Ⓖ节点，当屋面框架梁与悬挑端根部底平时，框架柱中纵向钢筋锚固要求可按中柱柱顶节点（见表2-2-14和表2-2-15）。 (8)当梁上部设有第三排钢筋时，其伸出长度应由设计者注明
Ⓕ	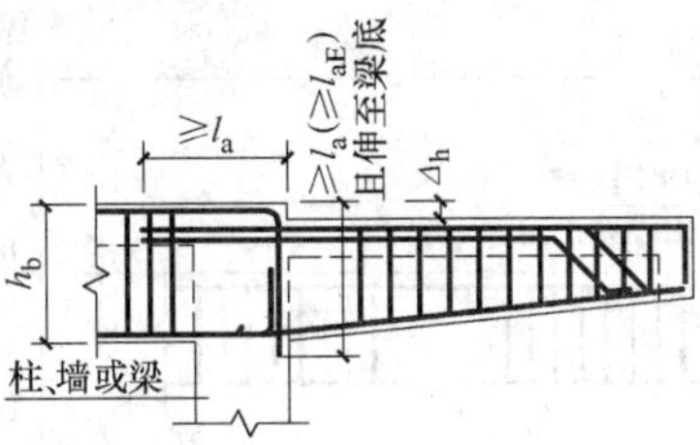 $\geqslant l_a$ $\geqslant l_a(\geqslant l_{aE})$ 且伸至梁底 Δ_h h_b 柱、墙或梁	
Ⓖ	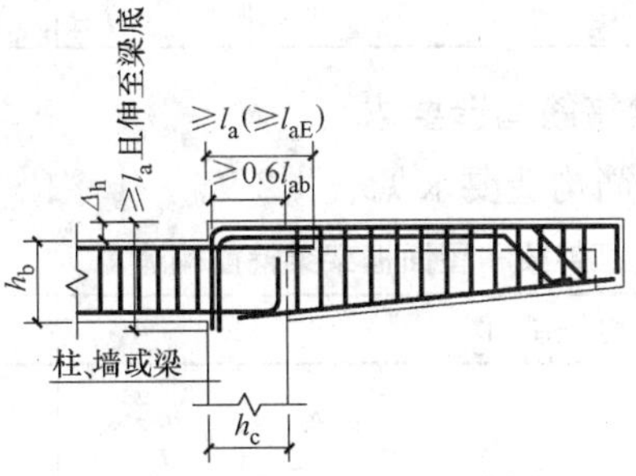 $\geqslant l_a$ 且伸至梁底 $\geqslant l_a(\geqslant l_{aE})$ $\geqslant 0.6l_{ab}$ Δ_h h_b 柱、墙或梁 h_c	
悬挑梁端附加箍筋范围	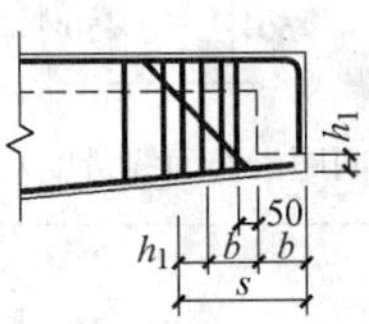 h_1 50 h_1　b　b s	
纵向钢筋弯折要求	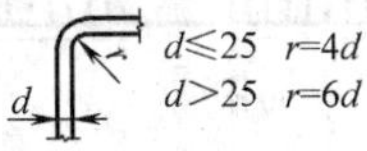 $d\leqslant 25$　$r=4d$ $d>25$　$r=6d$ d	

4.2.6　梁箍筋的构造要求

1. 抗震框架梁和屋面框架梁箍筋构造要求

抗震框架梁和屋面框架梁箍筋构造要求见表4-2-8。

抗震框架梁和屋面框架梁箍筋加密区构造 表 4-2-8

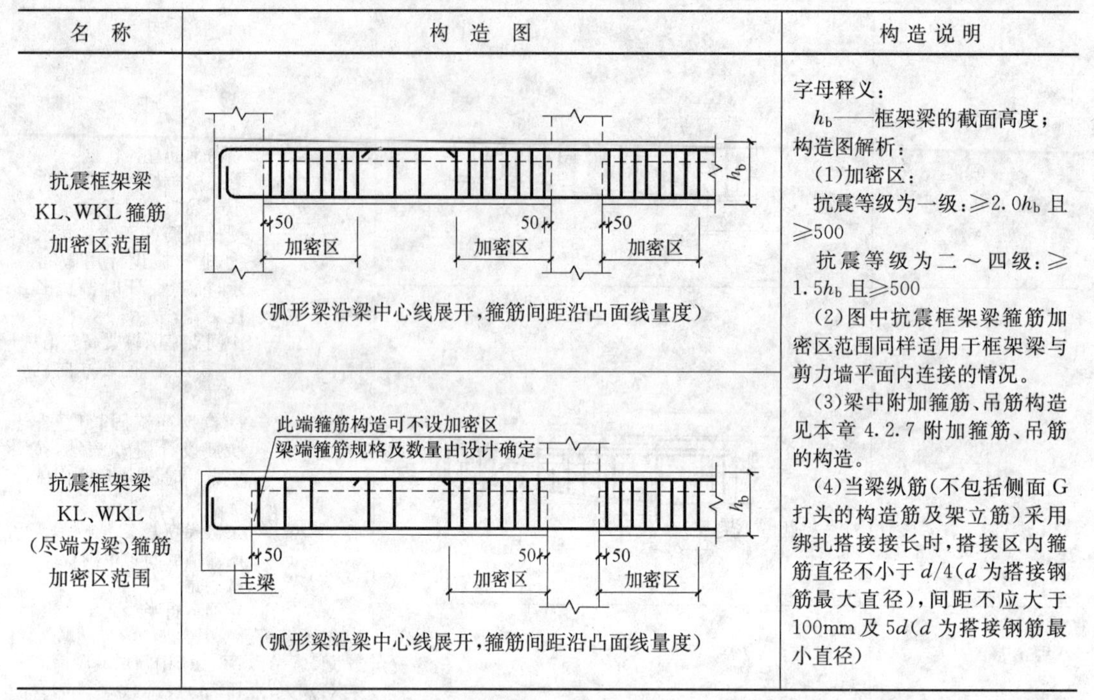

名 称	构 造 图	构 造 说 明
抗震框架梁 KL、WKL 箍筋加密区范围	h_b 50　50　50 加密区　加密区　加密区 (弧形梁沿梁中心线展开，箍筋间距沿凸面线量度)	字母释义： h_b——框架梁的截面高度； 构造图解析： (1)加密区： 抗震等级为一级：≥2.0h_b 且≥500 抗震等级为二～四级：≥1.5h_b 且≥500 (2)图中抗震框架梁箍筋加密区范围同样适用于框架梁与剪力墙平面内连接的情况。 (3)梁中附加箍筋、吊筋构造见本章 4.2.7 附加箍筋、吊筋的构造。 (4)当梁纵筋(不包括侧面 G 打头的构造筋及架立筋)采用绑扎搭接接长时，搭接区内箍筋直径不小于 $d/4$(d 为搭接钢筋最大直径)，间距不应大于 100mm 及 $5d$(d 为搭接钢筋最小直径)
抗震框架梁 KL、WKL (尽端为梁)箍筋加密区范围	此端箍筋构造可不设加密区 梁端箍筋规格及数量由设计确定 h_b 50　50　50 主梁　加密区　加密区 (弧形梁沿梁中心线展开，箍筋间距沿凸面线量度)	

2. 非抗震框架梁和屋面框架梁箍筋构造要求

非抗震框架梁和屋面框架梁箍筋构造要求见表 4-2-9。

非抗震框架梁和屋面框架梁箍筋构造 表 4-2-9

名 称	构 造 图	构 造 说 明
非抗震框架梁 KL、WKL(一种箍筋间距)	50　50　50 (弧形梁沿梁中心线展开，箍筋间距沿凸面线量度)	构造图解析： (1)梁中附加箍筋、吊筋构造见本章 4.2.7 附加箍筋、吊筋的构造。 (2)当梁纵筋(不包括侧面 G 打头的构造筋及架立筋)采用绑扎搭接接长时，搭接区内箍筋直径不小于 $d/4$(d 为搭接钢筋最大直径)，间距不应大于 100mm 及 $5d$(d 为搭接钢筋最小直径)
非抗震框架梁 KL、WKL(两种箍筋间距)	50　梁端箍筋规格及数量由设计标注　50　50 (弧形梁沿梁中心线展开，箍筋间距沿凸面线量度)	

4.2.7 附加箍筋、吊筋的构造

当次梁作用在主梁上，由于次梁集中荷载的作用，使得主梁上易产生裂缝。为防止裂缝的产生，在主次梁节点范围内，主梁的箍筋（包括加密与非加密区）正常设置，除此以外，再设置上相应的构造钢筋：附加箍筋或附加吊筋，其构造要求如图 4-2-6 所示。

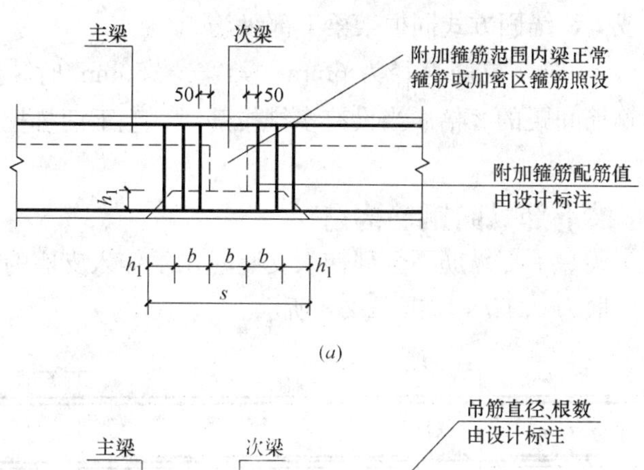

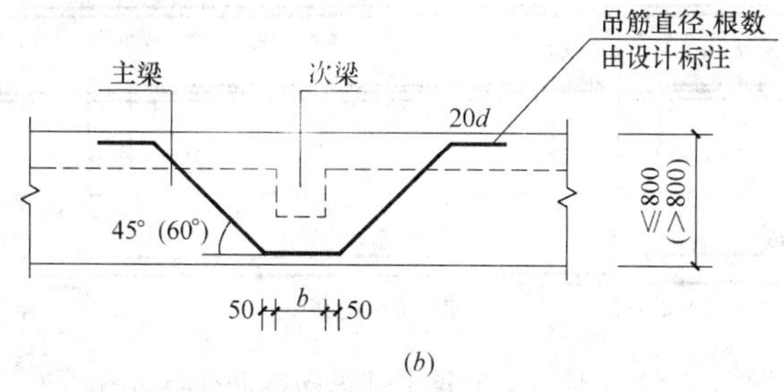

图 4-2-6　附加箍筋、吊筋的构造

（a）附加箍筋；（b）附加吊筋

b—次梁宽；h_1—主次梁高差；s—附加箍筋的布置范围；d—吊筋直径

（1）附加箍筋：第一根附加箍筋距离次梁边缘的距离为 50mm，布置范围为 $s=3b+2h_1$。

（2）附加吊筋：梁高≤800mm 时，吊筋弯折的角度为 45°，梁高＞800mm 时，吊筋弯折的角度为 60°；吊筋在次梁底部的宽度为 $b+2\times50$，在次梁两边的水平段长度为 $20d$。

4.2.8　侧面纵向构造钢筋及拉筋的构造

梁侧面纵向构造筋和拉筋如图 4-2-7 所示。

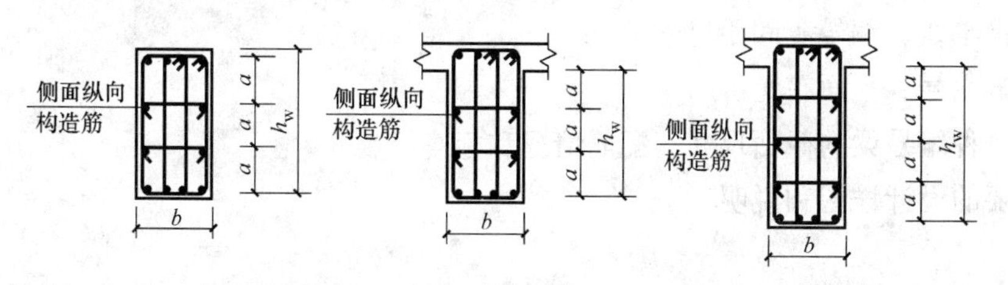

图 4-2-7　梁侧面纵向构造筋和拉筋

a—纵向构造筋间距；b—梁宽；h_w—梁腹板高度

（1）当 h_w≥450mm 时，在梁的两个侧面应沿高度配置纵向构造筋；纵向构造筋间距 a≤200mm。

（2）当梁侧面配有直径不小于构造纵筋的受扭纵筋时，受扭钢筋可以替代构造钢筋。

（3）梁侧面构造纵筋的搭接与锚固长度可取 $15d$。梁侧面受扭纵筋的搭接长度为 l_{lE} 或 l_l，其锚固长度为 l_{aE} 或 l_a，锚固方式同框架梁下部纵筋。

（4）当梁宽≤350mm 时，拉筋直径为 6mm；梁宽＞350mm 时，拉筋直径为 8mm。拉筋间距为非加密区箍筋间距的 2 倍。当设有多排拉筋时，上下两排拉筋竖向错开设置。

4.2.9 不伸入支座梁下部纵向钢筋构造

当梁（不包括框支梁）下部纵筋不全部伸入支座时，不伸入支座的梁下部纵筋截断点距支座边的距离，统一取为 $0.1l_{ni}$，如图 4-2-8 所示。

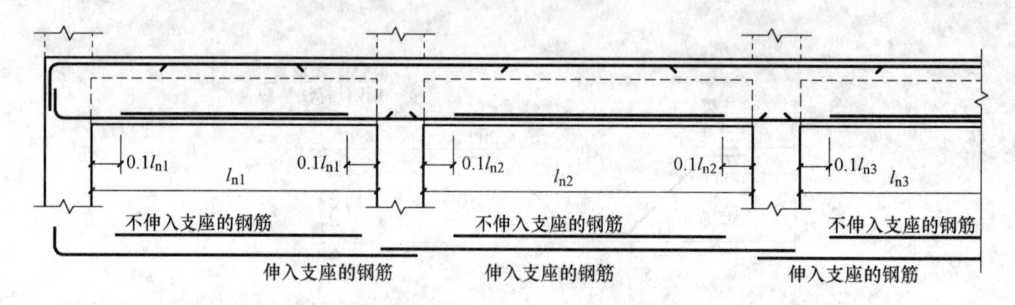

图 4-2-8 不伸入支座梁下部纵向钢筋断点位置

l_{n1}、l_{n2}、l_{n3}—水平跨的净跨值；l_{ni}—本跨梁的净跨值

图 4-2-8 不适用于框支梁；伸入支座的梁下部纵向钢筋锚固结构见表 4-2-1～表 4-2-4。

4.3 梁平法施工图识读实例

4.3.1 梁平法施工图的主要内容

梁平法施工图主要包括以下内容：

（1）图名和比例。梁平法施工图的比例应与建筑平面图的相同。

（2）定位轴线、编号和间距尺寸。

（3）梁的编号、平面布置。

（4）每一种编号梁的截面尺寸、配筋情况和标高。

（5）必要的设计详图和说明。

4.3.2 梁平法施工图的识读步骤

梁平法施工图识读的步骤如下：

（1）查看图名、比例。

（2）校核轴线编号及其间距尺寸，要求必须与建筑图、剪力墙施工图、柱施工图保持一致。

（3）与建筑图配合，明确梁的编号、数量和布置。

（4）阅读结构设计总说明或有关说明，明确梁的混凝土强度等级及其他要求。

（5）根据梁的编号，查阅图中平面标注或截面标注，明确梁的截面尺寸、配筋和标高。再根据抗震等级、设计要求和标准构造详图确定纵向钢筋、箍筋和吊筋的构造要求（例如纵向钢筋的锚固长度、切断位置、弯折要求和连接方式、搭接长度；箍筋加密区的范围；附加箍筋、吊筋的构造等）。

（6）其他有关的要求。

需要强调的是，应注意主、次梁交汇处钢筋的高低位置要求。

4.3.3 梁平法施工图实例

图 3-3-2、表 3-3-4 即为梁平法施工图和图纸说明，其部分连梁采用平面注写方式。从中我们可以了解以下内容：

图名为标准层顶梁配筋平面图，比例为 1：100。

轴线编号及其间距尺寸与建筑图、标准层墙柱平面布置图一致。

梁的编号从 LL1 至 LL26（其中 LL12、LL13 和 LL18 在 2 号楼图中），标高参照各层楼面，数量每种 1～4 根，每根梁的平面位置如图 3-3-2 所示。

由图纸说明知，梁的混凝土强度为 C30。

以 LL1、LL3、LL14 为例说明如下：

LL1（1）位于①轴线和㉕轴线上，1 跨；截面 200mm×450mm；箍筋为直径 8mm 的 HPB300 钢筋，间距为 100mm，双肢箍；上部 2Φ16 通长钢筋，下部 2Φ16 通长钢筋。梁高≥450mm，需配置侧向构造钢筋，侧面构造钢筋应为剪力墙配置的水平分布筋，其在 3、4 层直径为 12mm、间距为 250mm 的 HRB335 钢筋，在 5～16 层为直径为 10mm、间距为 250mm 的 HPB300 钢筋。因转换层以上两层（3、4 层）剪力墙，抗震等级为三级，以上各层抗震等级为四级，知 3、4 层（标高 6.950～12.550m）纵向钢筋伸入墙内的锚固长度 l_{aE} 为 $31d$，5～16 层（标高 12.550m～49.120m）纵向钢筋的锚固长度 l_{aE} 为 $30d$。如为顶层，连梁纵向钢筋伸入墙内的长度范围内，应设置间距为 150mm 的箍筋，箍筋直径与连梁跨内箍筋直径相同。

LL3（1）位于②轴线和㉔轴线上，1 跨；截面 200mm×400mm；箍筋直径为 8mm 的Ⅰ级钢筋，间距为 200mm，双肢箍；上部 2Φ16 通长钢筋，下部 2Φ22（角筋）＋1Φ20 通长钢筋；梁两端原位标注显示，端部上部钢筋为 3Φ16，要求有一根钢筋在跨中截断，由于 LL3 两端以梁为支座，按非框架梁构造要求截断钢筋，构造要求如图 4-3-1 所示，其中纵向钢筋锚固长度 l_{aE} 为 $30d$。

LL14（1）位于Ⓑ轴线上，1 跨；截面 200mm × 450mm；箍筋为直径 8mm 的 HPB300 钢筋，加密区间距为 100mm，非加密区间距为 150mm，双肢箍，连梁沿梁全长箍筋的构造要求按框架梁梁端加密区箍筋构造要求采用，构造如图 4-3-2 所示，图中 h_b 为

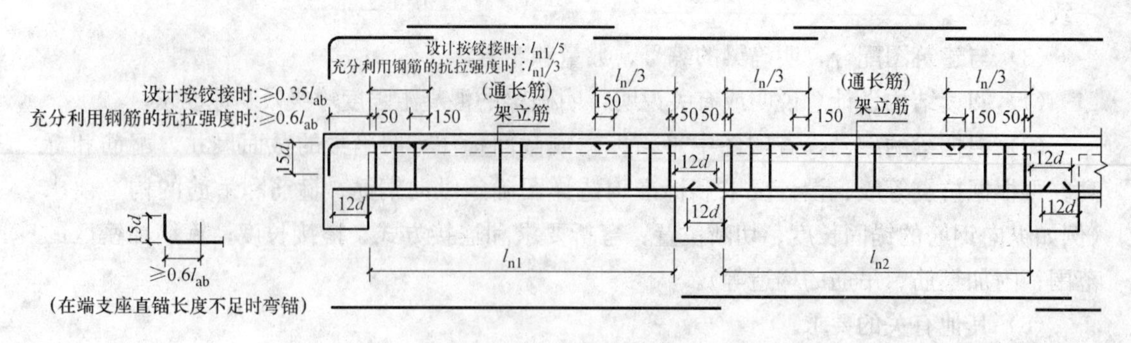

图 4-3-1 梁配筋构造

l_{ab}—受拉钢筋的非抗震基本锚固长度；d—纵向钢筋直径；

l_n—相邻左右两跨中跨度较大一跨的跨度值；

l_{n1}—左跨的净跨值；l_{n2}—右跨的净跨值

注：当梁配有受扭纵向钢筋时，梁下部纵筋锚入支座的长度应为 l_a，在端支座直锚长度不足时可弯锚。

梁截面高度；上部 2Φ20 通长钢筋，下部 3Φ22 通长钢筋；梁两端原位标注显示，端部上部钢筋为3Φ20，要求有一根钢筋在跨中截断，参考框架梁钢筋截断要求，其中一根钢筋在距梁端 1/4 静跨处截断。梁高≥450mm，需配置侧向构造钢筋，侧面构造钢筋应为剪力墙上配置水平分布筋，其在 3、4 层直径为 12mm、间距为 250mm 的 HRB335 钢筋，在 5～16 层直径为 10mm、间距为 250mm 的 HPB300 钢筋。因转换层以上两层（3、4 层）剪力墙，抗震等级为三级，以上各层抗震等级为四级，知 3、4 层（标高 6.950～12.550m）纵向钢筋伸入墙内的锚固长度 l_{aE} 为 $31d$，5～16 层（标高 12.550～49.120m）纵向钢筋的锚固长度 l_{aE} 为 $30d$。如为顶层，连梁纵向钢筋伸入墙内的长度范围内，应设置间距为 150mm 的箍筋，箍筋直径与连梁跨内箍筋直径相同。

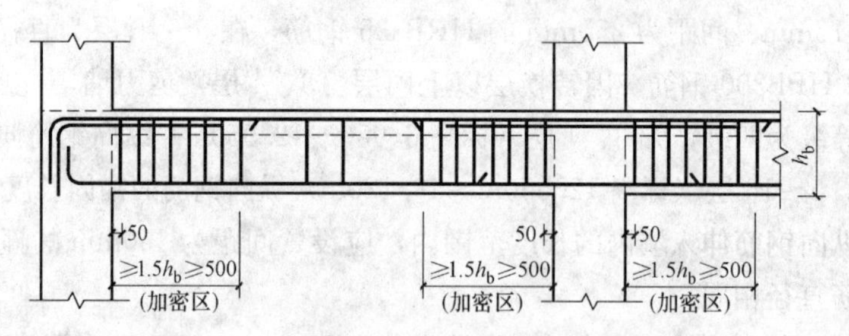

图 4-3-2 梁箍筋构造

h_b—梁截面高度

此外，图中梁纵、横交汇处设置附加箍筋，例如 LL3 与 LL14 交汇处，在 LL14 上设置附加箍筋 6 根直径为 16mm 的 HPB300 钢筋，双肢箍。附加箍筋构造要求如图 4-2-6（*a*）所示。

需要注意的是，主、次梁交汇处上部钢筋主梁在上，次梁在下。

5 板平法识图

5.1 板平法施工图制图规则

5.1.1 有梁楼盖平法施工图制图规则

有梁楼盖的制图规则适用于以梁为支座的楼面与屋面板平法施工图设计。

1. 有梁楼盖板平法施工图的表示方法

(1) 有梁楼盖板平法施工图是在楼面板和屋面板布置图上，采用平面注写的表达方式。板平面注写主要包括板块集中标注和板支座原位标注。

(2) 为方便设计表达和施工识图，规定结构平面的坐标方向如下：

1) 当两向轴网正交布置时，图面从左至右为X向，从下至上为Y向；

2) 当轴网转折时，局部坐标方向顺轴网转折角度做相应转折；

3) 当轴网向心布置时，切向为X向，径向为Y向。

此外，对于平面布置比较复杂的区域，例如轴网转折交界区域、向心布置的核心区域等，其平面坐标方向应由设计者另行规定并且在图上明确表示。

2. 板块集中标注

(1) 板块集中标注的内容包括：板块编号、板厚、贯通纵筋以及当板面标高不同时的标高高差。

对于普通楼面，两向均以一跨为一板块；对于密肋楼盖，两向主梁（框架梁）均以一跨为一板块（非主梁密肋不计）。所有板块应逐一编号，相同编号的板块可择其一做集中标注，其他仅注写置于圆圈内的板编号，以及当板面标高不同时的标高高差。

板块编号应符合表5-1-1的规定。

板块编号 **表5-1-1**

板类型	代号	序号
楼面板	LB	××
屋面板	WB	××
悬挑板	XB	××

板厚注写为h=×××（h为垂直于板面的厚度）；当悬挑板的端部改变截面厚度时，用斜线分隔根部与端部的高度值，注写为h=×××/×××；当设计已在图注中统一注明板厚时，此项可不注。

贯通纵筋按板块的下部和上部分别注写（当板块上部不设贯通纵筋时则不注），并以B代表下部，以T代表上部，B&T代表下部与上部；X向贯通纵筋以X打头，Y向贯通纵筋以Y打头，两向贯通纵筋配置相同时则以X&Y打头。

当为单向板时，分布筋可不必注写，而在图中统一注明。

当在某些板内（例如在悬挑板XB的下部）配置有构造钢筋时，则X向以Xc，Y向以Yc打头注写。

当Y向采用放射配筋时（切向为X向，径向为Y向），设计者应注明配筋间距的定位尺寸。

当贯通筋采用两种规格钢筋"隔一布一"方式时，表达为Φxx/yy@xxx，表示直径为xx的钢筋和直径为yy的钢筋二者之间间距为xxx，直径xx的钢筋的间距为xxx的2倍，直径yy的钢筋的间距为xxx的2倍。

板面标高高差是指相对于结构层楼面标高的高差，应将其注写在括号内，并且有高差则注，无高差不注。

（2）同一编号板块的类型、板厚和贯通纵筋均应相同，但是板面标高、跨度、平面形状以及板支座上部非贯通纵筋可以不同，若同一编号板块的平面形状可为矩形、多边形及其他形状等。施工预算时，应根据其实际平面形状，分别计算各块板的混凝土与钢材用量。

设计与施工应注意：单向或双向连续板的中间支座上部同向贯通纵筋，不应在支座位置连接或分别锚固。当相邻两跨的板上部贯通纵筋配置相同，且跨中部位有足够空间连接时，可在两跨任意一跨的跨中连接部位连接；当相邻两跨的上部贯通纵筋配置不同时，应将配置较大者越过其标注的跨数终点或起点伸至相邻跨的跨中连接区域连接。

设计应注意板中间支座两侧上部贯通纵筋的协调配置，施工及预算应按具体设计和相应标准构造要求实施。等跨与不等跨板上部贯通纵筋的连接有特殊要求时，其连接部位及方式应由设计者注明。

3. 板支座原位标注

（1）板支座原位标注的内容包括：板支座上部非贯通纵筋和悬挑板上部受力钢筋。

板支座原位标注的钢筋，应在配置相同跨的第一跨表达（当在梁悬挑部位单独配置时则在原位表达）。在配置相同跨的第一跨（或梁悬挑部位），垂直于板支座（梁或墙）绘制一段适宜长度的中粗实线（当该筋通长设置在悬挑板或短跨板上部时，实线段应画至对边或贯通短跨），以该线段代表支座上部非贯通纵筋，并在线段上方注写钢筋编号（例如①、②等）、配筋值、横向连续布置的跨数（注写在括号内，并且当为一跨时可不注），以及是否横向布置到梁的悬挑端。

板支座上部非贯通筋自支座中线向跨内的伸出长度，注写在线段的下方位置。

当中间支座上部非贯通纵筋向支座两侧对称伸出时，可仅在支座一侧线段下方标注伸出长度，另一侧不注，如图5-1-1所示。

当向支座两侧非对称伸出时，应分别在支座两侧线段下方注写伸出长度，如图5-1-2

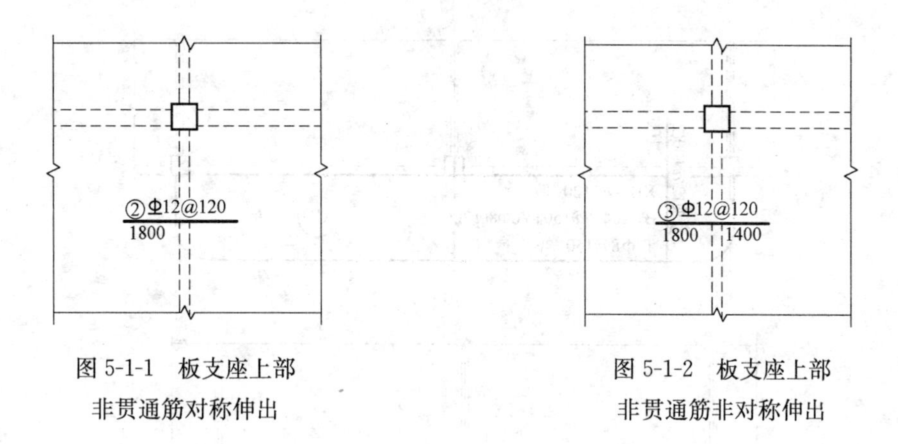

图 5-1-1 板支座上部非贯通筋对称伸出

图 5-1-2 板支座上部非贯通筋非对称伸出

所示。

对线段画至对边贯通全跨或贯通全悬挑长度的上部通长纵筋，贯通全跨或伸出至全悬挑一侧的长度值不注，只注明非贯通筋另一侧的伸出长度值，如图 5-1-3 所示。

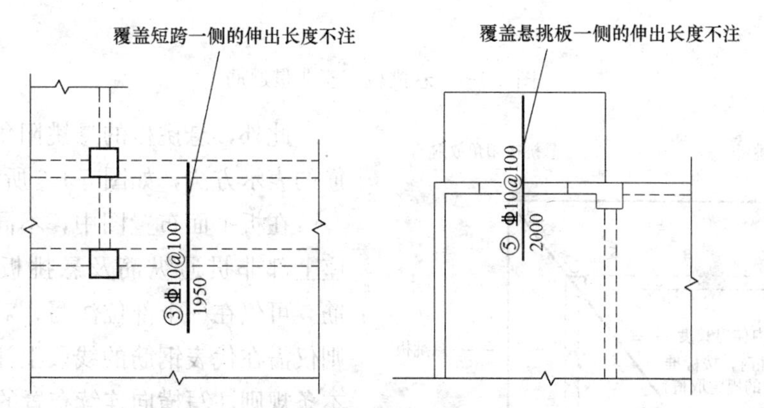

图 5-1-3 板支座非贯通筋贯通全跨或伸出至悬挑端

当板支座为弧形，支座上部非贯通纵筋呈放射状分布时，设计者应注明配筋间距的度量位置并加注“放射分布”四字，必要时应补绘平面配筋图，如图 5-1-4 所示。

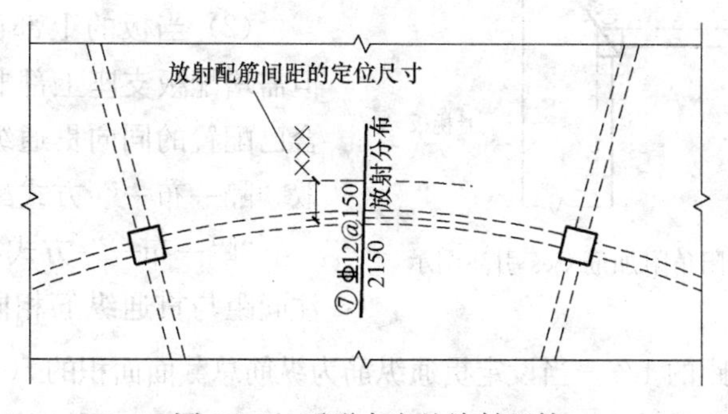

图 5-1-4 弧形支座处放射配筋

关于悬挑板的注写方式如图 5-1-5 所示。当悬挑板端部厚度不小于 150 时，设计者应指定板端部封边构造方式，当采用 U 形钢筋封边时，尚应指定 U 形钢筋的规格、直径。

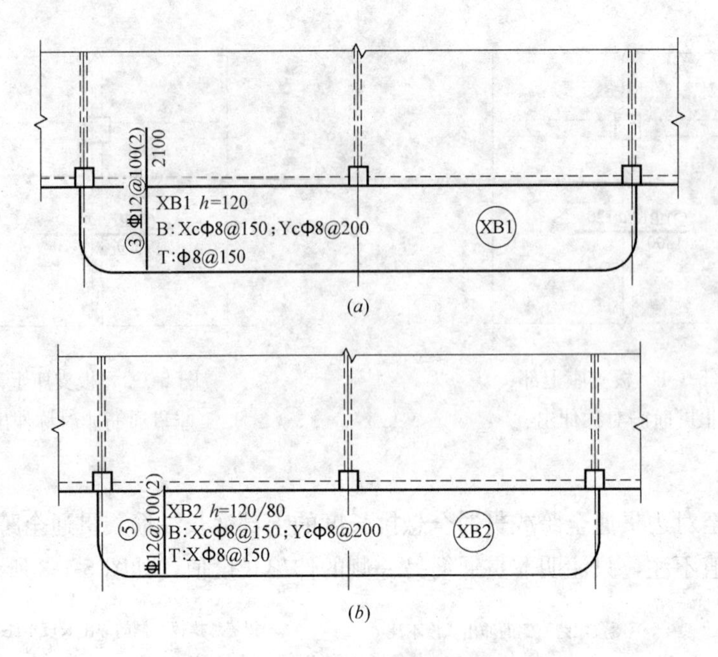

图 5-1-5 悬挑板支座非贯通筋

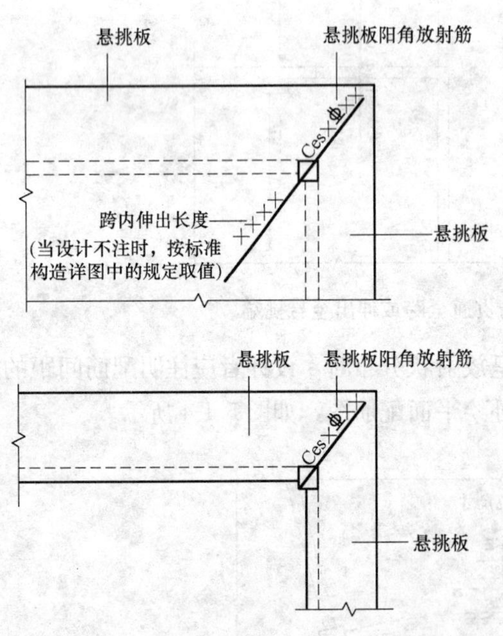

图 5-1-6 悬挑板阳角附加筋 Ces 引注图示

此外，悬挑板的悬挑阳角上部放射钢筋的表示方法，如图 5-1-6 所示。

在板平面布置图中，不同部位的板支座上部非贯通纵筋及悬挑板上部受力钢筋，可仅在一个部位注写，对其他相同者则仅需在代表钢筋的线段上注写编号及按本条规则注写横向连续布置的跨数即可。

此外，与板支座上部非贯通纵筋垂直且绑扎在一起的构造钢筋或分布钢筋，应由设计者在图中注明。

(2) 当板的上部已配置有贯通纵筋，但需增配板支座上部非贯通纵筋时，应结合已配置的同向贯通纵筋的直径与间距采取“隔一布一”方式配置。

“隔一布一”方式，为非贯通纵筋的标注间距与贯通纵筋相同，两者组合后的实际间距为各自标注间距的 1/2。当设定贯通纵筋为纵筋总截面面积的 50%时，两种钢筋应取相同直径；当设定贯通纵筋大于或小于总截面面积的 50%时，两种钢筋则取不同直径。

施工应注意：当支座一侧设置了上部贯通纵筋（在板集中标注中以 T 打头），而在支座另一侧仅设置了上部非贯通纵筋时，如果支座两侧设置的纵筋直径、间距相同，应将二者连通，避免各自在支座上部分别锚固。

4. 其他

（1）板上部纵向钢筋在端支座（梁或圈梁）的锚固要求：当设计按铰接时，平直段伸至端支座对边后弯折，且平直段长度≥0.35l_{ab}，弯折段长度 15d（d 为纵向钢筋直径）；当充分利用钢筋的抗拉强度时，直段伸至端支座对边后弯折，且平直段长度≥0.6l_{ab}，弯折段长度 15d。设计者应在平法施工图中注明采用何种构造，当多数采用同种构造时可在图注中写明，并将少数不同之处在图中注明。

（2）板纵向钢筋的连接可采用绑扎搭接、机械连接或焊接。当板纵向钢筋采用非接触方式的绑扎搭接连接时，其搭接部位的钢筋净距不宜小于 30mm，且钢筋中心距不应大于 0.2l_l及 150mm 的较小者。

注：非接触搭接使混凝土能够与搭接范围内所有钢筋的全表面充分粘接，可以提高搭接钢筋之间通过混凝土传力的可靠度。

（3）采用平面注写方式表达的楼面板平法施工图示例，如图 5-1-7 所示。

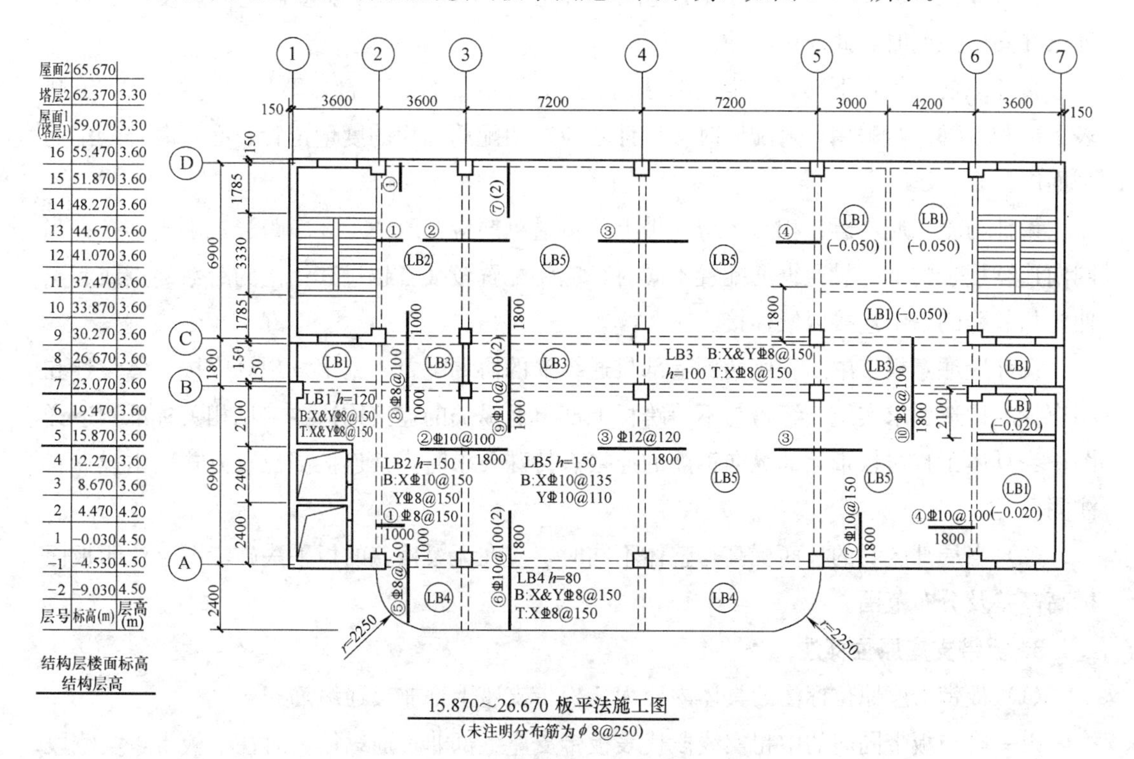

图 5-1-7　有梁楼盖平法施工图示例

注：可在结构层楼面标高、结构层高表中加设混凝土强度等级等栏目。

5.1.2 无梁楼盖平法施工图制图规则

1. 无梁楼盖平法施工图的表示方法

（1）无梁楼盖平法施工图是在楼面板和屋面板布置图上，采用平面注写的表达方式。

（2）板平面注写主要有板带集中标注、板带支座原位标注两部分内容。

2. 板带集中标注

（1）集中标注应在板带贯通纵筋配置相同跨的第一跨（X向为左端跨，Y向为下端跨）注写。相同编号的板带可择其一做集中标注，其他仅注写板带编号（注在圆圈内）。

板带集中标注的具体内容为：板带编号，板带厚及板带宽和贯通纵筋。

板带编号应符合表5-1-2的规定。

板带编号 表5-1-2

板带类型	代 号	序 号	跨数及有无悬挑
柱上板带	ZSB	××	(××)、(××A)或(××B)
跨中板带	KZB	××	(××)、(××A)或(××B)

注：1. 跨数按柱网轴线计算（两相邻柱轴线之间为一跨）。
2.（××A）为一端有悬挑，（××B）为两端有悬挑，悬挑不计入跨数。

板带厚注写为h=×××，板带宽注写为b=×××。当无梁楼盖整体厚度和板带宽度已在图中注明时，此项可不注。

贯通纵筋按板带下部和板带上部分别注写，并以B代表下部，T代表上部，B&T代表下部和上部。当采用放射配筋时，设计者应注明配筋间距的度量位置，必要时补绘配筋平面图。

设计与施工应注意：相邻等跨板带上部贯通纵筋应在跨中1/3净跨长范围内连接；当同向连续板带的上部贯通纵筋配置不同时，应将配置较大者越过其标注的跨数终点或起点伸至相邻跨的跨中连接区域连接。

设计应注意板带中间支座两侧上部贯通纵筋的协调配置，施工及预算应按具体设计和相应标准构造要求实施。等跨与不等跨板上部贯通纵筋的连接构造要求见相关标准构造详图；当具体工程对板带上部纵向钢筋的连接有特殊要求时，其连接部位及方式应由设计者注明。

（2）当局部区域的板面标高与整体不同时，应在无梁楼盖的板平法施工图上注明板面标高高差及分布范围。

3. 板带支座原位标注

（1）板带支座原位标注的具体内容为：板带支座上部非贯通纵筋。

以一段与板带同向的中粗实线段代表板带支座上部非贯通纵筋；对柱上板带，实线段贯穿柱上区域绘制；对跨中板带，实线段横贯柱网轴线绘制。在线段上注写钢筋编号（例如①、②等）、配筋值及在线段的下方注写自支座中线向两侧跨内的伸出长度。

当板带支座非贯通纵筋自支座中线向两侧对称伸出时，其伸出长度可仅在一侧标注；当配置在有悬挑端的边柱上时，该筋伸出到悬挑尽端，设计不注。当支座上部非贯通纵筋呈放射分布时，设计者应注明配筋间距的定位位置。

不同部位的板带支座上部非贯通纵筋相同者，可仅在一个部位注写，其余则在代表非贯通纵筋的线段上注写编号。

(2) 当板带上部已经配有贯通纵筋，但需增加配置板带支座上部非贯通纵筋时，应结合已配同向贯通纵筋的直径与间距，采取“隔一布一”的方式配置。

4. 暗梁的表示方法

(1) 暗梁平面注写包括暗梁集中标注、暗梁支座原位标注两部分内容。施工图中在柱轴线处画中粗虚线表示暗梁。

(2) 暗梁集中标注包括暗梁编号、暗梁截面尺寸（箍筋外皮宽度×板厚）、暗梁箍筋、暗梁上部通长筋或架立筋四部分内容。暗梁编号应符合表5-1-3的规定，其他注写方式详见4.1.2平面注写方式第（3）条。

暗梁编号 **表5-1-3**

构件类型	代　号	序　号	跨数及有无悬挑
暗梁	AL	××	(××)、(××A)或(××B)

注：1. 跨数按柱网轴线计算（两相邻柱轴线之间为一跨）。
2. (××A) 为一端有悬挑，(××B) 为两端有悬挑，悬挑不计入跨数。

(3) 暗梁支座原位标注包括梁支座上部纵筋、梁下部纵筋。当在暗梁上集中标注的内容不适用于某跨或某悬挑端时，则将其不同数值标注在该跨或该悬挑端，施工时按原位注写取值。注写方式详见4.1.2平面注写方式第（4）条。

(4) 当设置暗梁时，柱上板带及跨中板带标注方式与5.1.1有梁楼盖平法施工图制图规则第2、3条一致。柱上板带标注的配筋仅设置在暗梁之外的柱上板带范围内。

(5) 暗梁中纵向钢筋连接、锚固及支座上部纵筋的伸出长度等要求同轴线处柱上板带中纵向钢筋。

5. 其他

(1) 无梁楼盖跨中板带上部纵向钢筋在端支座的锚固要求详见5.1.1有梁楼盖平法施工图制图规则第4条第（1）款。

(2) 板纵向钢筋的连接可采用绑扎搭接、机械连接或焊接，其要求详见5.1.1有梁楼盖平法施工图制图规则第3条第（2）款。

(3) 上述关于无梁楼盖的板平法制图规则，同样适用于地下室内无梁楼盖的平法施工图设计。

(4) 采用平面注写方式表达的无梁楼盖柱上板带、跨中板带及暗梁标注图示，如图5-1-8所示。

5.1.3 楼板相关构造制图规则

1. 楼板相关构造类型与表示方法

(1) 楼板相关构造的平法施工图设计是在板平法施工图上采用直接引注方式表达。

(2) 楼板相关构造编号应符合表5-1-4的规定。

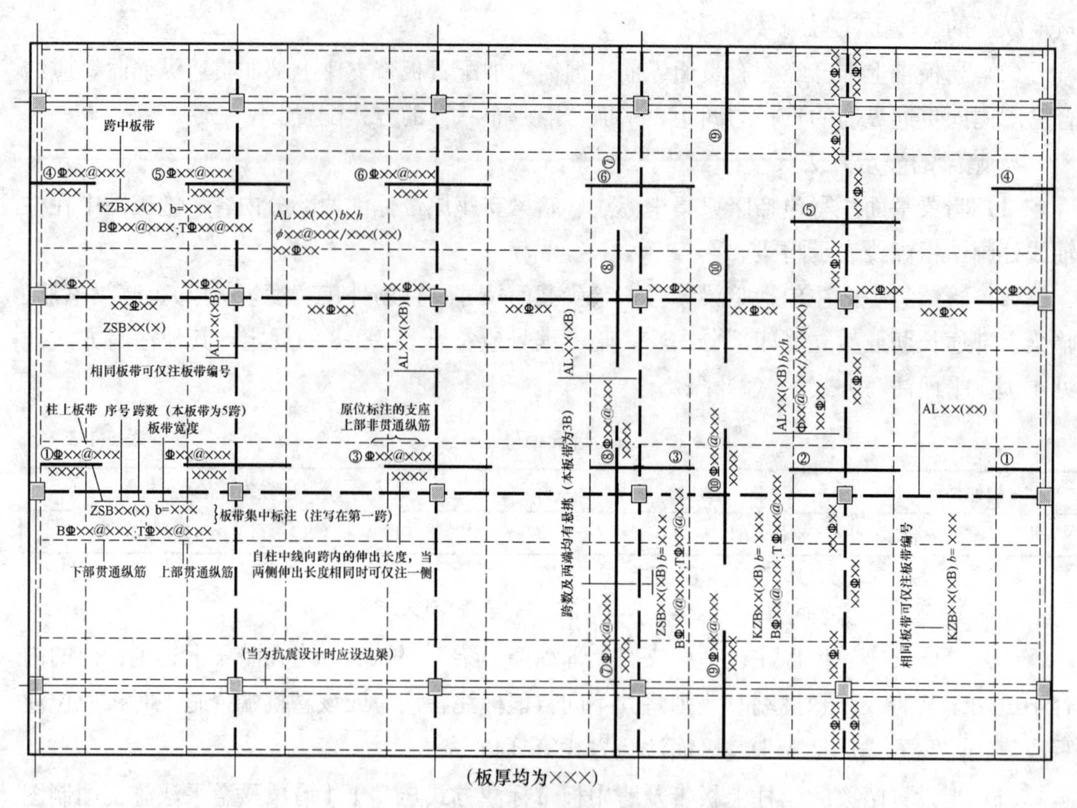

图 5-1-8 无梁楼盖平法施工图示例

注：图示按 1：200 比例绘制。

楼板相关构造类型与编号 **表 5-1-4**

构造类型	代号	序号	说明
纵筋加强带	JQD	××	以单向加强纵筋取代原位置配筋
后浇带	HJD	××	有不同的留筋方式
柱帽	ZMx	××	适用于无梁楼盖
局部升降板	SJB	××	板厚及配筋与所在板相同；构造升降高度≤300
板加腋	JY	××	腋高与腋宽可选注
板开洞	BD	××	最大边长或直径<1m；加强筋长度有全跨贯通和自洞边锚固两种
板翻边	FB	××	翻边高度≤300
角部加强筋	Crs	××	以上部双向非贯通加强钢筋取代原位置的非贯通配筋
悬挑板阳角放射筋	Ces	××	板悬挑阳角上部放射筋
抗冲切箍筋	Rh	××	通常用于无柱帽无梁楼盖的柱顶
抗冲切弯起筋	Rb	××	

2. 楼板相关构造直接引注

（1）纵筋加强带 JQD 的引注

纵筋加强带的平面形状及定位由平面布置图表达，加强带内配置的加强贯通纵筋等由引注内容表达。

纵筋加强带设单向加强贯通纵筋，取代其所在位置板中原配置的同向贯通纵筋。根据受力需要，加强贯通纵筋可在板下部配置，也可在板下部和上部均设置。纵筋加强带的引注如图 5-1-9 所示。

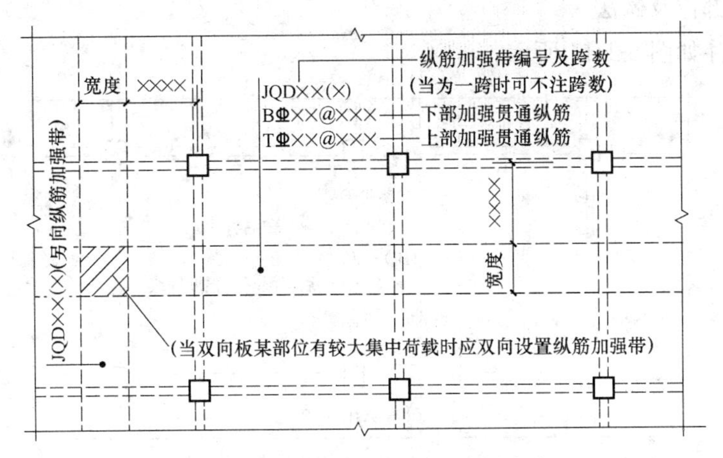

图 5-1-9　纵筋加强带 JQD 引注图示

当板下部和上部均设置加强贯通纵筋，而板带上部横向无配筋时，加强带上部横向配筋应由设计者注明。

当将纵筋加强带设置为暗梁型式时应注写箍筋，其引注如图 5-1-10 所示。

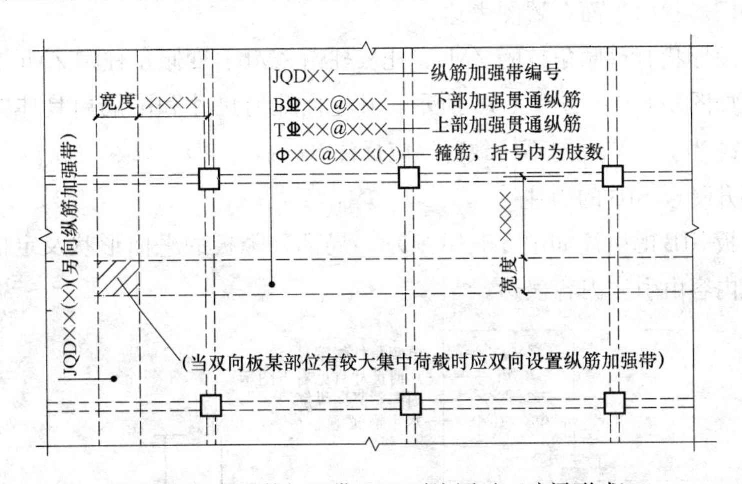

图 5-1-10　纵筋加强带 JQD 引注图示（暗梁形式）

(2) 后浇带 HJD 的引注

后浇带的平面形状以及定位由平面布置图表达，后浇带留筋方式等由引注内容表达，主要包括：

1）后浇带编号以及留筋方式代号。11G101-1 图集提供了贯通留筋（代号 GT）和 100%搭接留筋（代号 100%）两种留筋方式。

贯通留筋的后浇带宽度通常取大于或等于 800mm；100%搭接留筋的后浇带宽度通常

取 800mm 与（l_l＋60mm）的较大值（l_l为受拉钢筋的搭接长度）。

2）后浇混凝土的强度等级 C××。宜采用补偿收缩混凝土，设计应注明相关施工要求。

3）当后浇带区域留筋方式或后浇混凝土强度等级不一致时，设计者应在图中注明与图示不一致的部位及做法。

后浇带引注如图 5-1-11 所示。

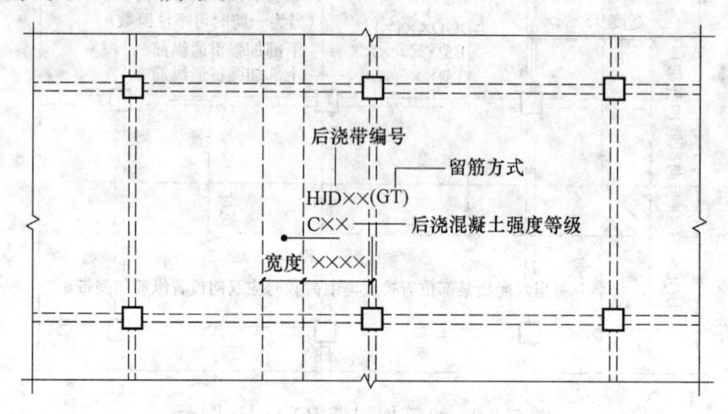

图 5-1-11 后浇带 HJD 引注图示

（3）柱帽 ZMx 的引注

柱帽 ZMx 的引注如图 5-1-12～图 5-1-15 所示。柱帽的平面形状包括矩形、圆形或多边形等，其平面形状由平面布置图表达。

柱帽的立面形状有单倾角柱帽 ZMa、托板柱帽 ZMb、变倾角柱帽 ZMc 和倾角托板柱帽 ZMab 等，如图 5-1-12～图 5-1-15 所示，其立面几何尺寸和配筋由具体的引注内容表达。图中 c_1、c_2 当 X、Y 方向不一致时，应标注（$c_{1,X}$，$c_{1,Y}$）、（$c_{2,X}$，$c_{2,Y}$）。

（4）局部升降板 SJB 的引注

局部升降板 SJB 的引注如图 5-1-16 所示。局部升降板的平面形状及定位由平面布置图表达，其他内容由引注内容表达。

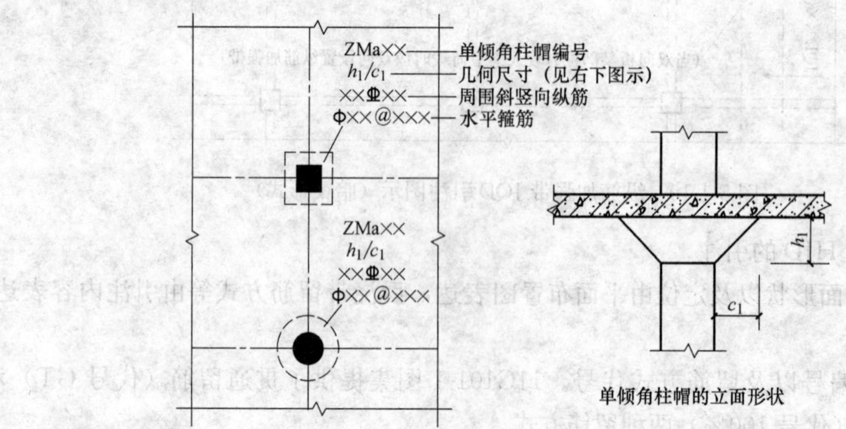

图 5-1-12 单倾角柱帽 ZMa 引注图示

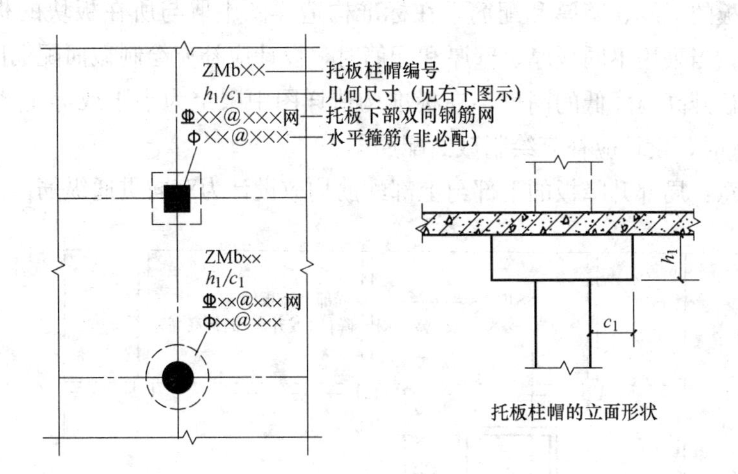

图 5-1-13　托板柱帽 ZMb 引注图示

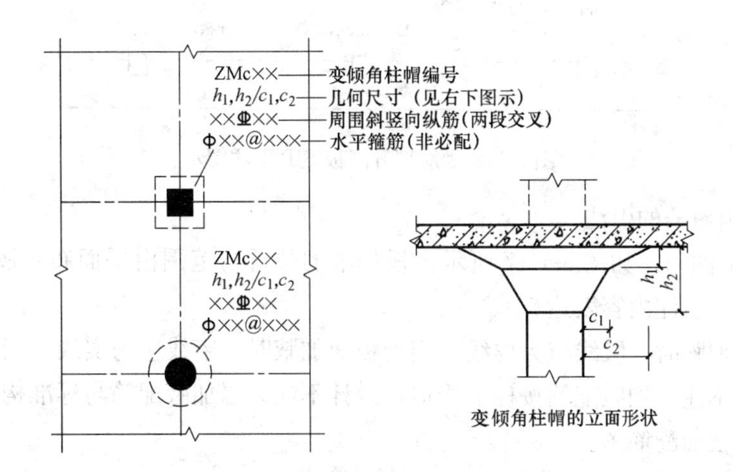

图 5-1-14　变倾角柱帽 ZMc 引注图示

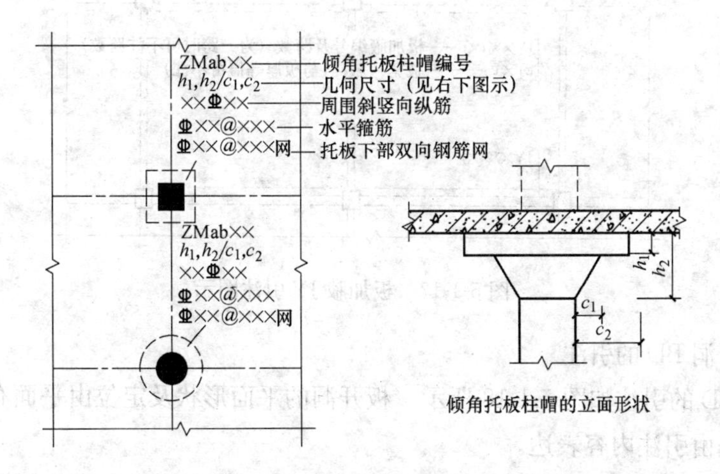

图 5-1-15　倾角托板柱帽 ZMab 引注图示

局部升降板的板厚、壁厚和配筋，在标准构造详图中取与所在板块的板厚和配筋相同，设计不注；当采用不同板厚、壁厚和配筋时，设计应补充绘制截面配筋图。

局部升降板升高与降低的高度，在标准构造详图中限定为小于或等于 300mm，当高度大于 300mm 时，设计应补充绘制截面配筋图。

设计应注意：局部升降板的下部与上部配筋均应设计为双向贯通纵筋。

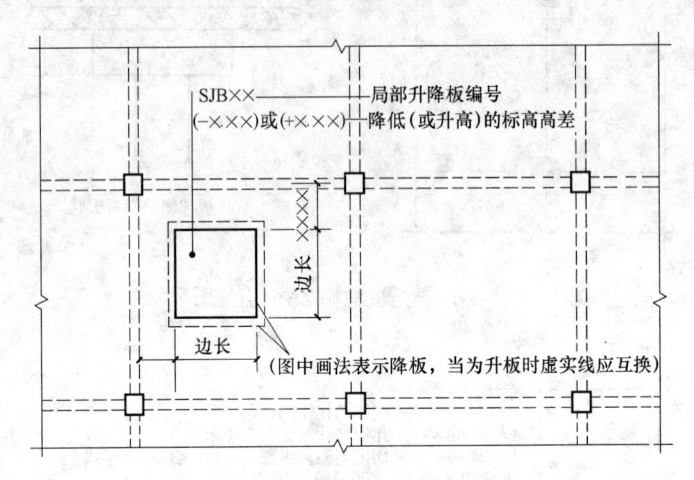

图 5-1-16 局部升降板 SJB 引注图示

(5) 板加腋 JY 的引注

板加腋 JY 的引注如图 5-1-17 所示。板加腋的位置与范围由平面布置图表达，腋宽、腋高及配筋等由引注内容表达。

当为板底加腋时，腋线应为虚线，当为板面加腋时，腋线应为实线；当腋宽与腋高同板厚时，设计不注。加腋配筋按标准构造，设计不注；当加腋配筋与标准构造不同时，设计应补充绘制截面配筋图。

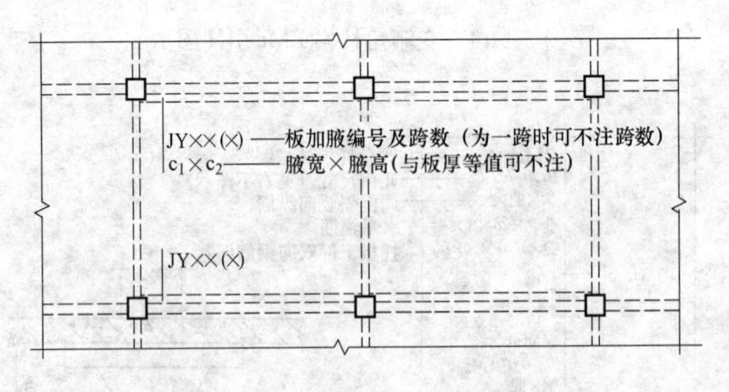

图 5-1-17 板加腋 JY 引注图示

(6) 板开洞 BD 的引注

板开洞 BD 的引注如图 5-1-18 所示。板开洞的平面形状及定位由平面布置图表达，洞的几何尺寸等由引注内容表达。

当矩形洞口边长或圆形洞口直径小于或等于 1000mm，并且当洞边无集中荷载作用时，洞边补强钢筋可按标准构造的规定设置，设计不注；当洞口周边加强钢筋不伸至支座时，应在图中画出所有加强钢筋，并且标注不伸至支座的钢筋长度。当具体工程所需要的补强钢筋与标准构造不同时，设计应加以注明。

当矩形洞口边长或圆形洞口直径大于1000mm，或虽小于或等于1000mm但是洞边有集中荷载作用时，设计应根据具体情况采取相应的处理措施。

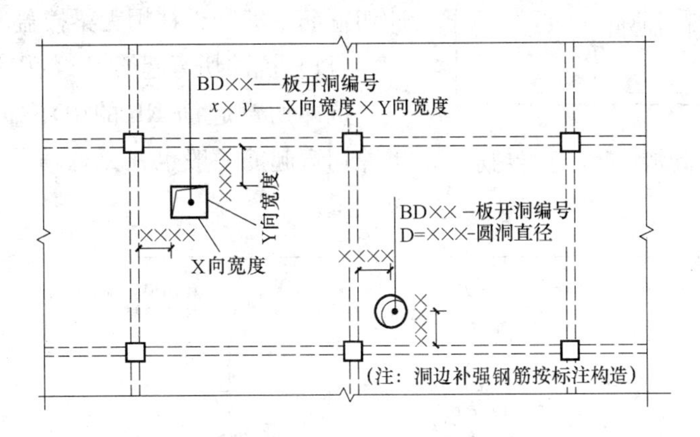

图 5-1-18 板开洞 BD 引注图示

(7) 板翻边 FB 的引注

板翻边 FB 的引注如图 5-1-19 所示。板翻边可为上翻也可为下翻，翻边尺寸等在引注内容中表达，翻边高度在标准构造详图中为小于或等于300mm。当翻边高度大于300mm时，由设计者自行处理。

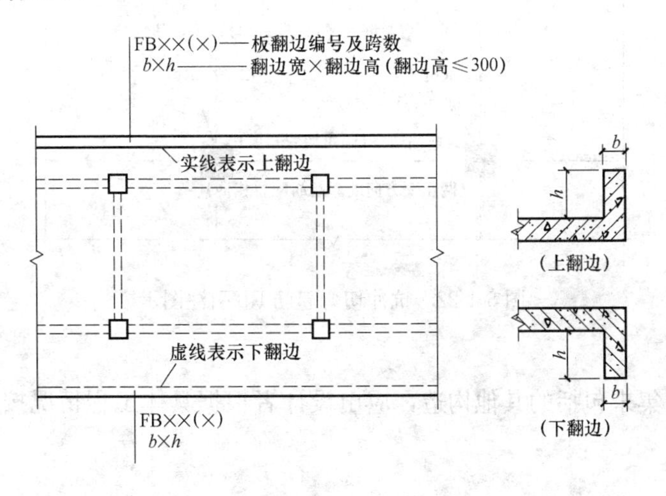

图 5-1-19 板翻边 FB 引注图示

(8) 角部加强筋 Crs 的引注

角部加强筋 Crs 的引注如图 5-1-20 所示。角部加强筋一般用于板块角区的上部，根据规范规定的受力要求选择配置。角部加强筋将在其分布范围内取代原配置的板支座上部非贯通纵筋，且当其分布范围内配有板上部贯通纵筋时则间隔布置。

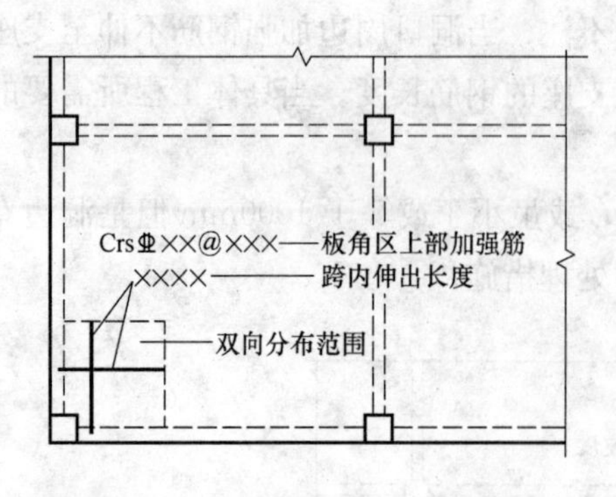

图 5-1-20 角部加强筋 Crs 引注图示

(9) 悬挑板阳角附加筋 Ces 的引注

悬挑板阳角附加筋 Ces 的引注如图 5-1-6 所示。

(10) 抗冲切箍筋 Rh 的引注

抗冲切箍筋 Rh 的引注如图 5-1-21 所示。抗冲切箍筋一般在无柱帽无梁楼盖的柱顶部位设置。

(11) 抗冲切弯起筋 Rb 的引注

抗冲切弯起筋 Rb 的引注如图 5-1-22 所示。抗冲切弯起筋一般也在无柱帽无梁楼盖的柱顶部位设置。

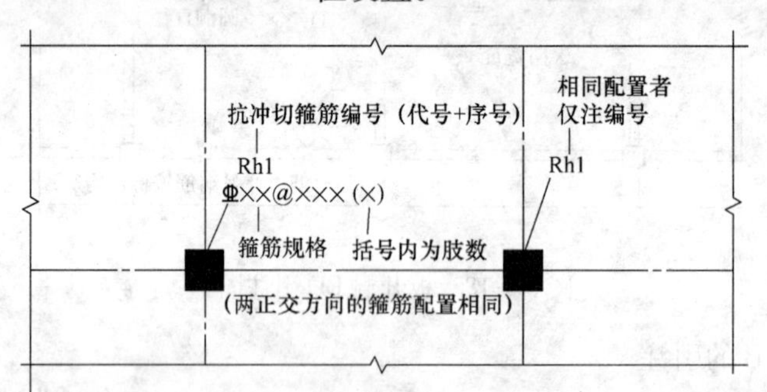

图 5-1-21 抗冲切箍筋 Rh 引注图示

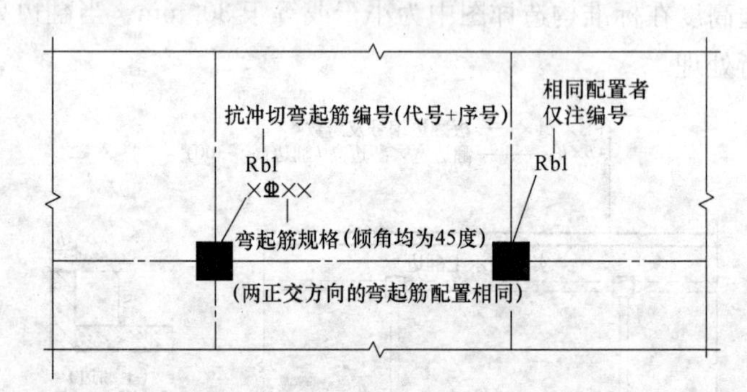

图 5-1-22 抗冲切弯起筋 Rb 引注图示

3. 其他

11G101-1 图集未包括的其他构造，应由设计者根据具体工程情况按照规范要求进行设计。

5.2 板标准构造详图

5.2.1 楼面板与屋面板钢筋构造

有梁楼盖楼面板 LB 和屋面板 WB 钢筋构造如图 5-2-1 所示。

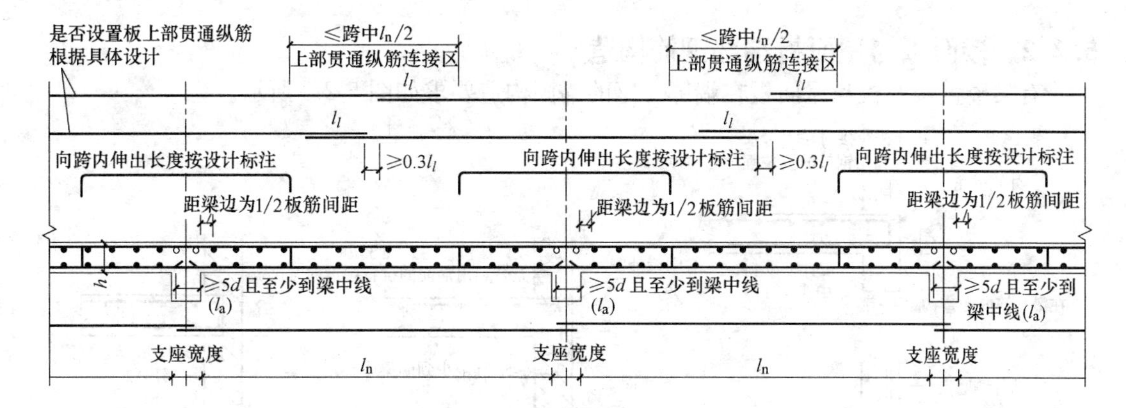

图 5-2-1 有梁楼盖楼面板 LB 和屋面板 WB 钢筋构造

（括号内的锚固长度 l_a 用于梁板式转换层的板）

l_n—水平跨净跨值；l_l—纵向受拉钢筋非抗震绑扎搭接长度；

l_a—受拉钢筋非抗震锚固长度；d—受拉钢筋直径

(1) 当相邻等跨或不等跨的上部贯通纵筋配置不同时，应将配置较大者越过其标注的跨数终点或起点伸出至相邻跨的跨中连接区域连接。

(2) 除图 5-2-1 所示搭接连接外，板纵筋可采用机械连接或焊接连接。接头位置：上部钢筋如图 5-2-1 所示连接区，下部钢筋宜在距支座 1/4 净跨内。

(3) 板贯通纵筋的连接要求见 11G101-1 图集第 55 页，并且同一连接区段内钢筋接头百分率不宜大于 50%。不等跨板上部贯通纵筋连接构造详见图 5-2-4。

(4) 当采用非接触方式的绑扎搭接连接时，要求见图 5-2-2。

1) 在搭接范围内，相互搭接的纵筋与横向钢筋的每个交叉点均应进行绑扎。

2) 抗裂构造钢筋自身及其与受力主筋搭接长度为 150，抗温度筋自身及其与受力主筋搭接长度为 l_l。

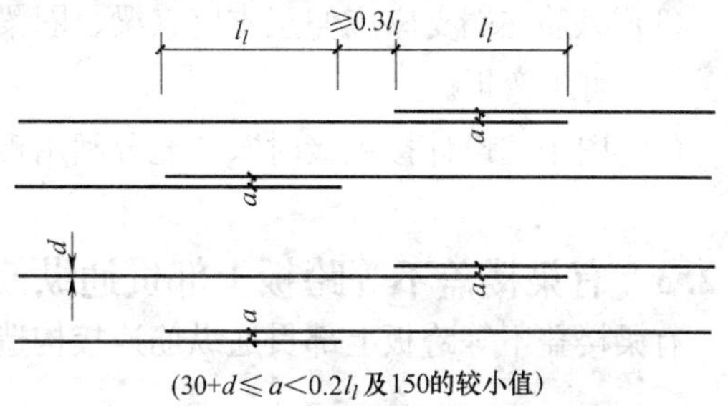

图 5-2-2 纵向钢筋非接触搭接构造

3) 板上下贯通筋可兼作抗裂构造筋和抗温度筋。当下部贯通筋兼作抗温度钢筋时，其在支座的锚固由设计者确定。

4) 分布筋自身及与受力主筋、构造钢筋的搭接长度为 150；当分布筋兼作抗温度筋时，其自身及与受力主筋，构造钢筋的搭接长度为 l_l；其在支座的锚固按受拉要求考虑。

(5) 板位于同一层面的两向交叉纵筋何向在下何向在上，应按具体设计说明。

(6) 图 5-2-1 中板的中间支座均按梁绘制，当支座为混凝土剪力墙、砌体墙或圈梁时，其构造相同。

5.2.2 楼面板与屋面板端部钢筋构造

有梁楼盖楼面板与屋面板在端部支座的锚固构造要求如图 5-2-3 所示。

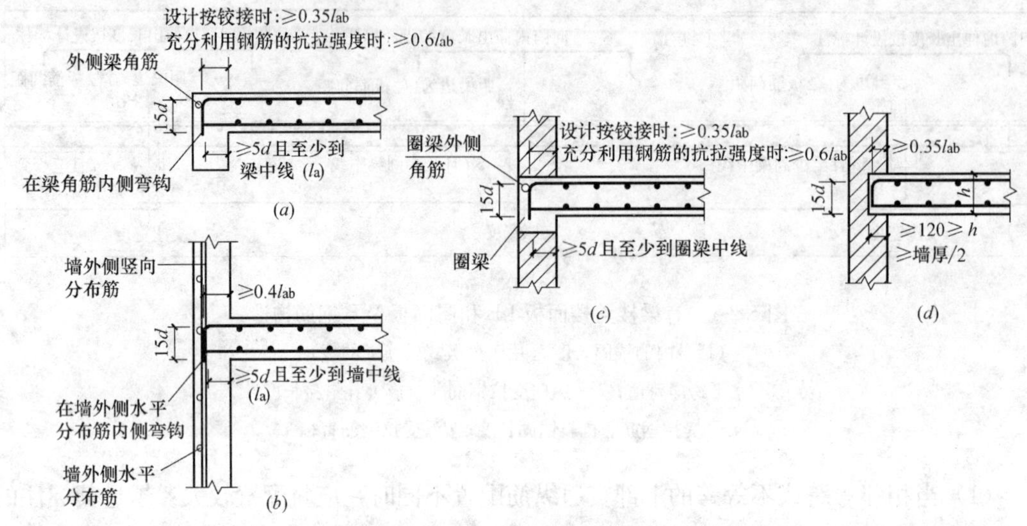

图 5-2-3 板在端部支座的锚固构造

(a) 端部支座为梁；(b) 端部支座为剪力墙（当用于屋面处，板上部钢筋锚固要求与图示不同时由设计明确）；(c) 端部支座为砌体墙的圈梁；(d) 端部支座为砌体墙

（括号内的锚固长度 l_a 用于梁板式转换层的板）

l_{ab}—受拉钢筋的非抗震基本锚固长度；

l_a—受拉钢筋的非抗震锚固长度；d—受拉钢筋直径

(1) 纵筋在端支座应伸至支座（梁、圈梁或剪力墙）外侧纵筋内侧后弯折，当直段长度≥l_a 时可不弯折。

(2) 图中“设计按铰接时”、“充分利用钢筋的抗拉强度时”由设计指定。

5.2.3 有梁楼盖不等跨板上部贯通纵筋连接构造

有梁楼盖不等跨板上部贯通纵筋连接构造如图 5-2-4 所示。

5.2.4 有梁楼盖悬挑板钢筋构造

1. 悬挑板钢筋构造

悬挑板钢筋构造如图 5-2-5 所示。

2. 板翻边构造

板翻边构造如图 5-2-6 所示。

3. 悬挑板阳角放射筋构造

悬挑板阳角放射筋构造如图 5-2-7 所示。

5.2.5 无梁楼盖柱上板带与跨中板带纵向钢筋构造

无梁楼盖柱上板带与跨中板带纵向钢筋构造如图 5-2-8 所示。

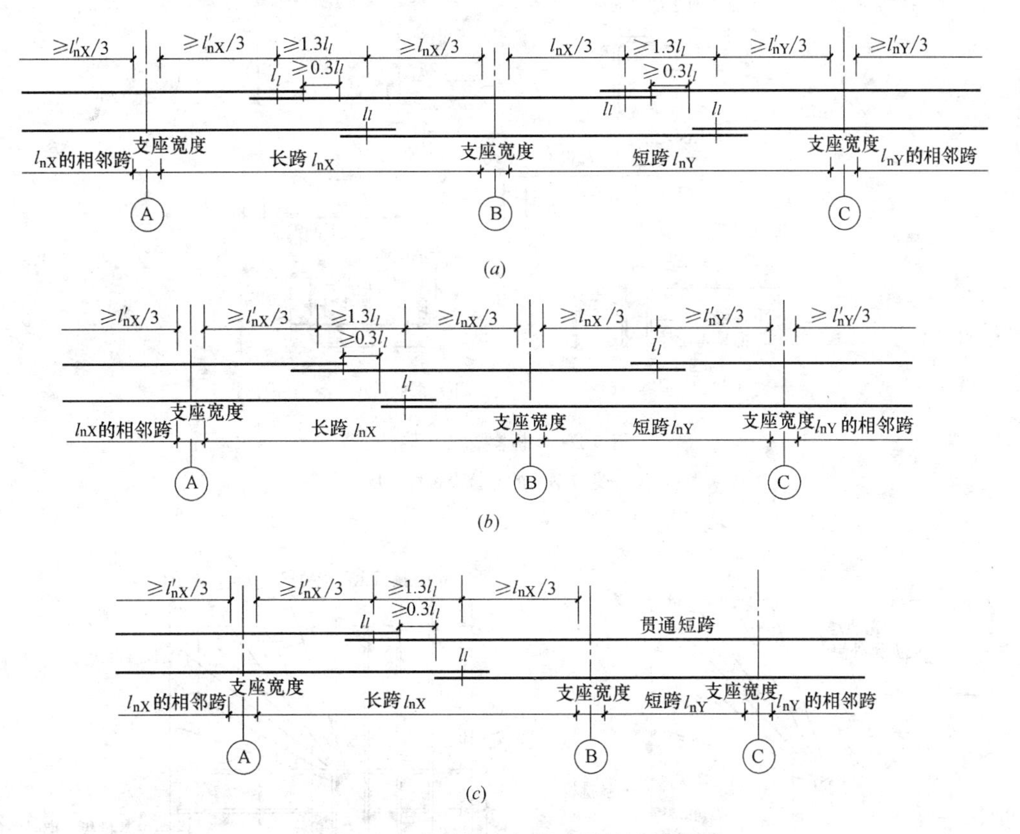

图 5-2-4 不等跨板上部贯通纵筋连接构造

（当钢筋足够长时能通则通）

(a) 不等跨板上部贯通纵筋连接构造（一）；

(b) 不等跨板上部贯通纵筋连接构造（二）；

(c) 不等跨板上部贯通纵筋连接构造（三）

l'_{nX}—轴线 A 左右两跨的较大净跨度值；l'_{nY}—轴线 C 左右两跨的较大净跨度值

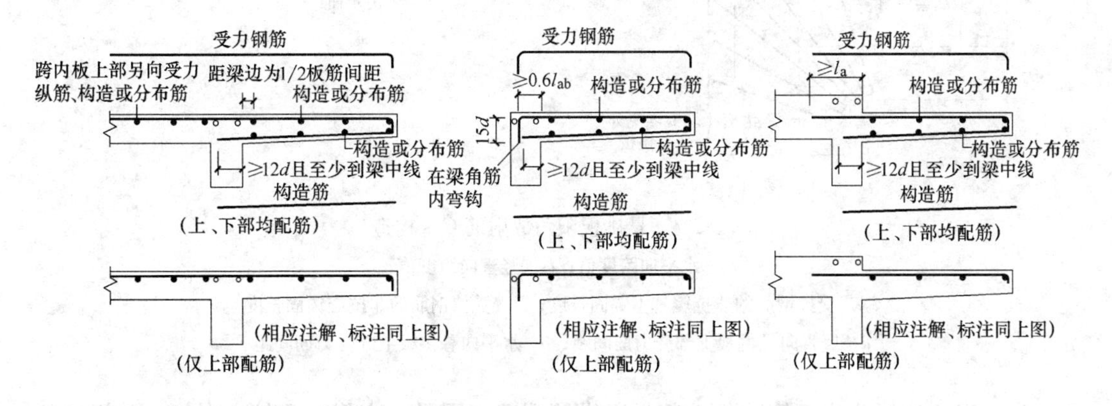

图 5-2-5 悬挑板 XB 钢筋构造

l_{ab}—受拉钢筋的非抗震基本锚固长度；d—受拉钢筋直径

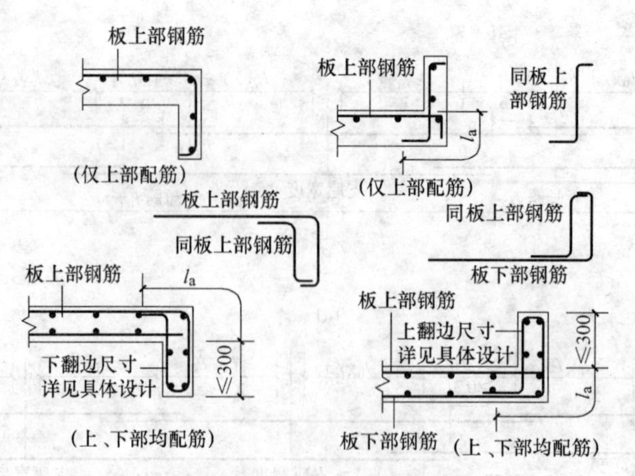

图 5-2-6 板翻边 FB 构造

l_a—受拉钢筋的非抗震锚固长度

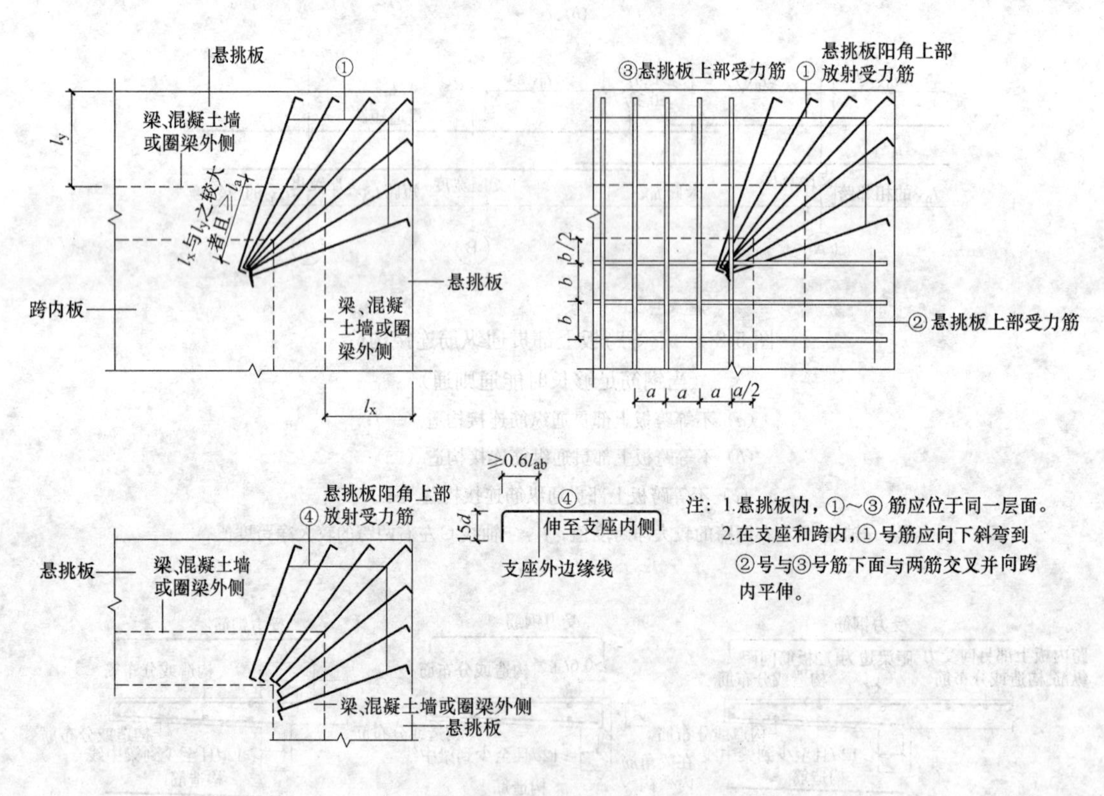

图 5-2-7 悬挑板阳角放射筋 Ces 构造

l_x—水平向跨度值；l_y—竖直向跨度值；

l_{ab}—受拉钢筋的非抗震基本锚固长度；l_a—受拉钢筋的非抗震锚固长度

a—竖直向悬挑板上部受力筋间距；b—水平向悬挑板上部受力筋间距

（1）当相邻等跨或不等跨的上部贯通纵筋配置不同时，应将配置较大者越过其标注的跨数终点或起点伸出至相邻跨的跨中连接区域连接。

（2）板贯通纵筋的连接要求详见 11G101-1 图集第 55 页纵向钢筋连接构造，且同一连接区段内钢筋接头百分率不宜大于 50%。不等跨板上部贯通纵筋连接构造如图 5-2-4 所示。当采用非接触方式的绑扎搭接连接时，具体构造要求如图 5-2-2 所示。

（3）板贯通纵筋在连接区域内也可采用机械连接或焊接连接。

（4）板位于同一层面的两向交叉纵筋何向在下何向在上，应按具体设计说明。

（5）图 5-2-8 构造同样适用于无柱帽的无梁楼盖。

（6）板带端支座与悬挑端的纵向钢筋构造见表 5-2-1。

（7）抗震设计时，无梁楼盖柱上板带内贯通纵筋搭接长度应为 l_{lE}。无柱帽柱上板带的下部贯通纵筋，宜在距柱面 2 倍板厚以外连接，采用搭接时钢筋端部宜设置垂直于板面的弯钩。

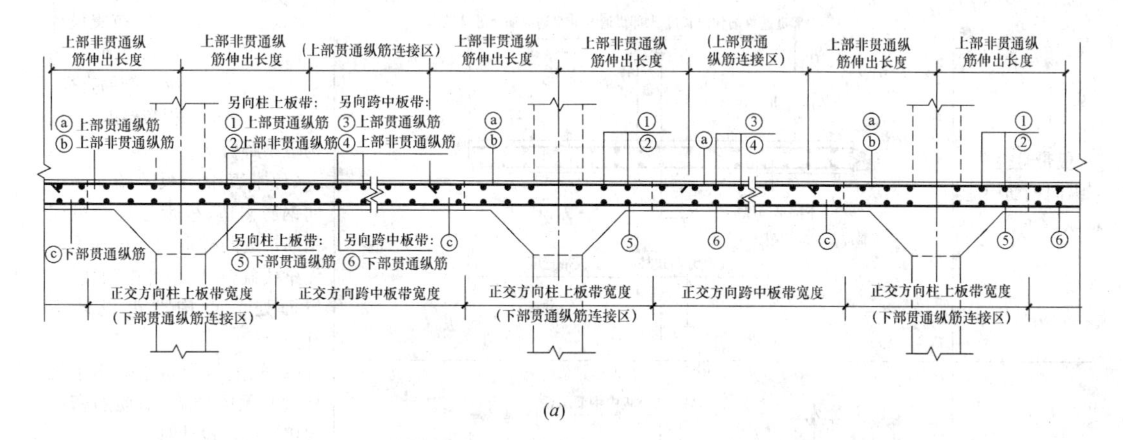

(*a*)

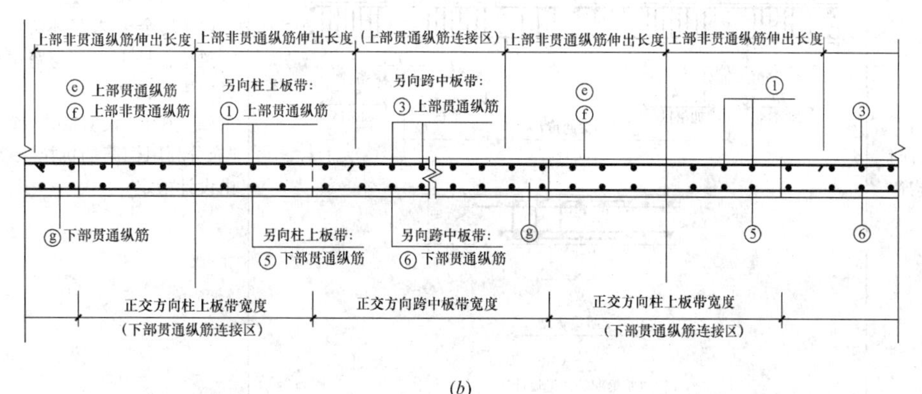

(*b*)

图 5-2-8 无梁楼盖柱上板带与跨中板带纵向钢筋构造
（板带上部非贯通纵筋向跨内伸出长度按设计标注）
（*a*）柱上板带 ZSB 纵向钢筋构造；（*b*）跨中板带 KZB 纵向钢筋构造

5.2.6 板带端支座、板带悬挑端纵向钢筋构造及柱上板带暗梁钢筋构造

板带端支座、板带悬挑端纵向钢筋构造及柱上板带暗梁钢筋构造见表 5-2-1。

板带端支座、板带悬挑端纵向钢筋构造及柱上板带暗梁钢筋构造　　表 5-2-1

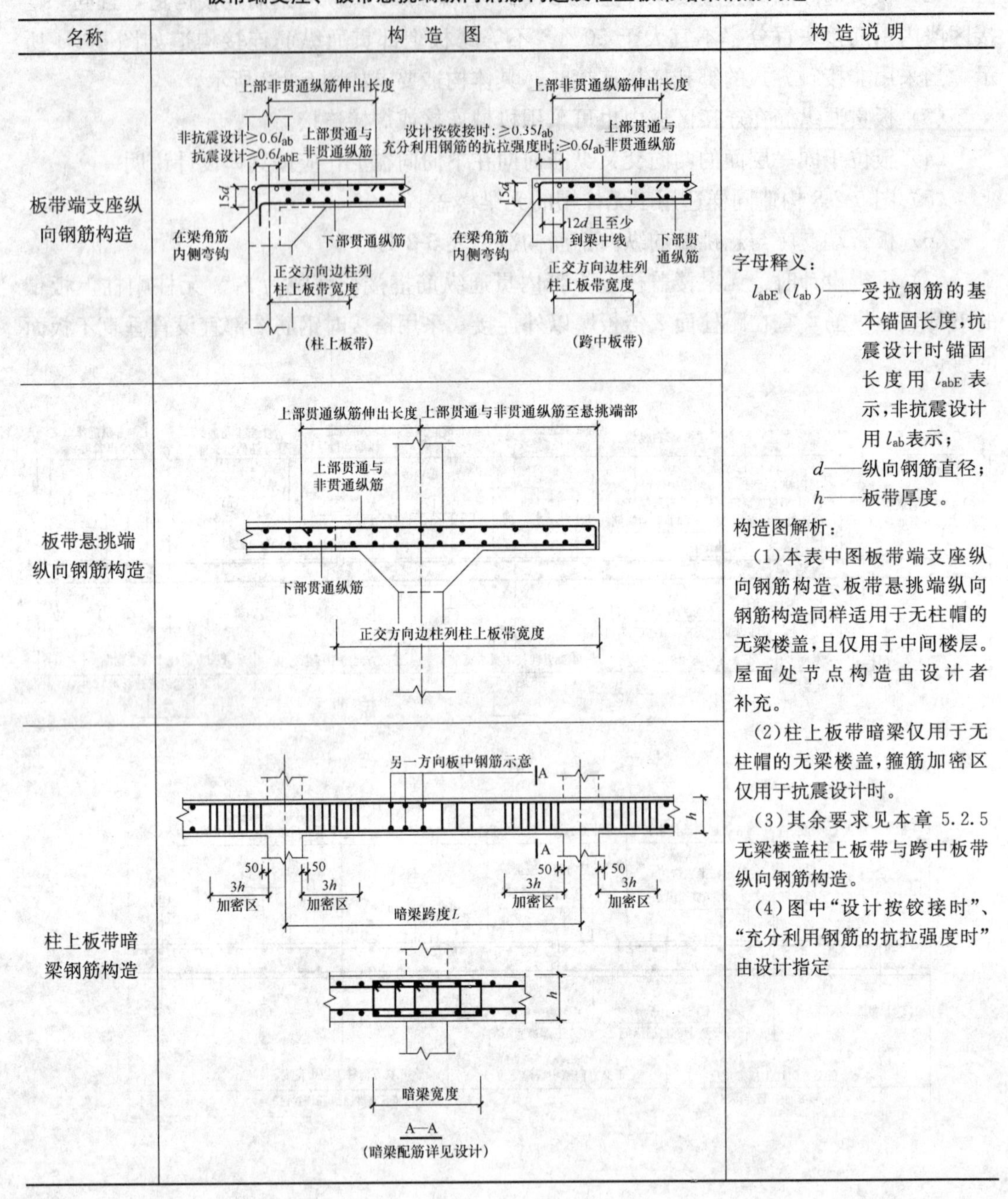

名称	构造图	构造说明
板带端支座纵向钢筋构造	(柱上板带) (跨中板带)	字母释义： l_{abE}（l_{ab}）——受拉钢筋的基本锚固长度，抗震设计时锚固长度用 l_{abE} 表示，非抗震设计用 l_{ab}表示； d——纵向钢筋直径； h——板带厚度。 构造图解析： (1)本表中图板带端支座纵向钢筋构造、板带悬挑端纵向钢筋构造同样适用于无柱帽的无梁楼盖，且仅用于中间楼层。屋面处节点构造由设计者补充。 (2)柱上板带暗梁仅用于无柱帽的无梁楼盖，箍筋加密区仅用于抗震设计时。 (3)其余要求见本章 5.2.5 无梁楼盖柱上板带与跨中板带纵向钢筋构造。 (4)图中“设计按铰接时”、“充分利用钢筋的抗拉强度时”由设计指定
板带悬挑端纵向钢筋构造		
柱上板带暗梁钢筋构造	A—A (暗梁配筋详见设计)	

5.3 板平法施工图识读实例

5.3.1 现浇板施工图的主要内容

现浇板施工图主要包括以下内容：

（1）图名和比例。

（2）定位轴线及其编号应与建筑平面图一致。

（3）现浇板的厚度和标高。

（4）现浇板的配筋情况。

（5）必要的设计详图和说明。

5.3.2　现浇板施工图的识读步骤

现浇板施工图的识读步骤如下：

（1）查看图名、比例。

（2）校核轴线编号及其间距尺寸，要求必须与建筑图、梁平法施工图保持一致。

（3）阅读结构设计总说明或图纸说明，明确现浇板的混凝土强度等级及其他要求。

（4）明确现浇板的厚度和标高。

（5）明确现浇板的配筋情况，并参阅说明，了解未标注的分布钢筋情况等。

识读现浇板施工图时，应注意现浇板钢筋的弯钩方向，以便确定钢筋是在板的底部还是顶部。

需要特别强调的是，应分清板中纵横方向钢筋的位置关系。对于四边整浇的混凝土矩形板，由于力沿短边方向传递的多，下部钢筋一般是短边方向钢筋在下，长边方向钢筋在上，而上部钢筋正好相反。

5.3.3　现浇板施工图实例

图 5-3-1 为××工程现浇板施工图，设计说明见表 5-3-1。

标准层顶板配筋平面图设计说明　　　　**表 5-3-1**

说明：
1. 混凝土等级 C30，钢筋采用 HPB300(Φ)，HRB335(Φ)
2. ▨所示范围为厨房或卫生间顶板，板顶标高为建筑标高－0.080m，其他部位板顶标高为建筑标高－0.050m，降板钢筋构造见 11G101-1 图集
3. 未注明板厚均为 110mm
4. 未注明钢筋的规格均为 8@140

从中我们可以了解以下内容：

图 5-3-1 图号为××工程标准层顶板配筋平面图，绘制比例为 1∶100。

轴线编号及其间距尺寸，与建筑图、梁平法施工图一致。

根据图纸说明知，板的混凝土强度等级为 C30。

板厚度有 110mm 和 120mm 两种，具体位置和标高如图。

以左下角房间为例，说明配筋：

下部：下部钢筋弯钩向上或向左，受力钢筋为Φ8@140（直径为 8mm 的 HPB300 钢筋，间距为 140mm）沿房屋纵向布置，横向布置钢筋同样为Φ8@140，纵向（房间短向）钢筋在下，横向（房间长向）钢筋在上。

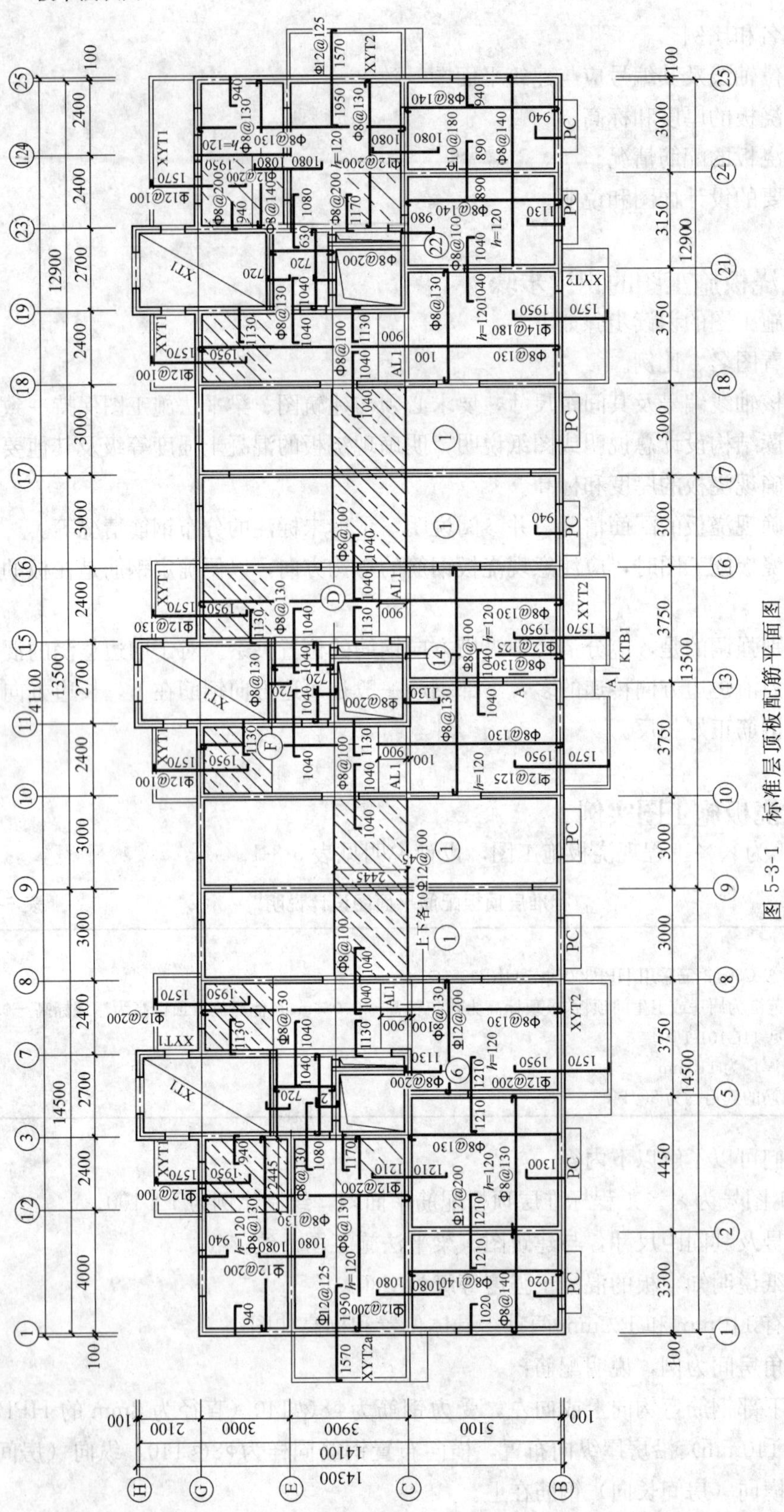

图 5-3-1 标准层顶板配筋平面图

上部：上部钢筋弯钩向下或向右，与墙相交处有上部构造钢筋，①轴处沿房屋纵向设Φ8@140（未注明，根据图纸说明配置），伸出墙外 1020mm；②轴处沿房屋纵向设Φ12@200，伸出墙外 1210mm；Ⓑ轴处沿房屋横向设Φ8@140，伸出墙外 1020mm；Ⓒ轴处沿房屋横向设Φ12@200，伸出墙外 1080mm。上部钢筋作直钩顶在板底。

根据 11G101-1 图集，有梁楼盖现浇板的钢筋锚固和降板钢筋构造如图 5-2-1、图 5-2-3（b）和图 5-3-2 所示，其中 HPB300 钢筋末端作 180°弯钩，在 C30 混凝土中 HPB300 钢筋和 HRB335 钢筋的锚固长度 l_a 分别为 $24d$ 和 $30d$。

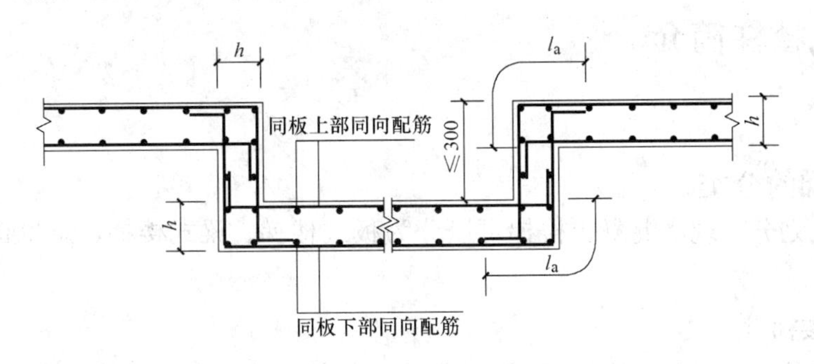

图 5-3-2 局部升降板构造

l_a—钢筋的非抗震锚固长度；h—板厚

6 板式楼梯平法识图

6.1 板式楼梯简介

6.1.1 楼梯的分类

从结构上划分，现浇混凝土楼梯可以分为板式楼梯、梁式楼梯、悬挑楼梯和旋转楼梯等。

1. 板式楼梯

板式楼梯的踏步段是一块斜板，这块踏步段斜板支承在高端梯梁和低端梯梁上，或者直接与高端平板和低端平板连成一体。

2. 梁式楼梯

梁式楼梯踏步段的左右两侧是两根楼梯斜梁，把踏步板支承在楼梯斜梁上；这两根楼梯斜梁支承在高端梯梁和低端梯梁上。这些高端梯梁和低端梯梁通常都是两端支承在墙或者柱上。

3. 悬挑楼梯

悬挑楼梯的梯梁一端支承在墙或者柱上，形成悬挑梁的结构，踏步板支承在梯梁上。也有的悬挑楼梯直接把楼梯踏步直接做成悬挑板（一端支承在墙或者柱上）。

4. 旋转楼梯

旋转楼梯采用围绕一个轴心螺旋上升的做法。它往往与悬挑楼梯相结合，作为旋转中心的柱就是悬挑踏步板的支座，楼梯踏步围绕中心柱形成一个螺旋向上的踏步形式。

6.1.2 板式楼梯所包含的构件内容

板式楼梯所包含的构件内容一般有踏步段、层间梯梁、层间平板、楼层梯梁和楼层平板等，如图 6-1-1 所示。

1. 踏步段

任何楼梯都包含踏步段。每个踏步的高度和宽度应该相等。根据“以人为本”的设计原则，每个踏步的宽度和高度一般以上下楼梯舒适为准，例如，踏步高度为 150mm，踏步宽度为 280mm。而每个踏步的高度和宽度之比，决定了整个踏步段斜板的斜率。

2. 层间平板

楼梯的层间平板就是人们常说的“休息平台”。在 11G101-2 图集中，“两跑楼梯”包

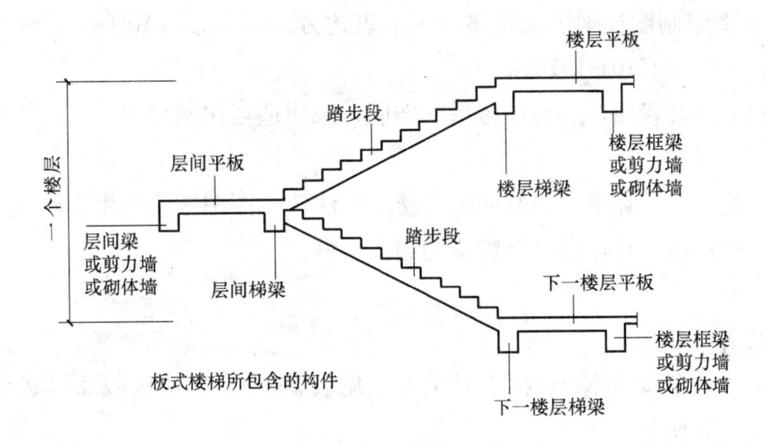

图 6-1-1 板式楼梯

含层间平板；而“一跑楼梯”不包含层间平板，在这种情况下，楼梯间内部的层间平板就应该另行按“平板”进行计算。

3. 层间梯梁

楼梯的层间梯梁起到支承层间平板和踏步段的作用。11G101-2 图集的“一跑楼梯”需要有层间梯梁的支承，但是一跑楼梯本身不包含层间梯梁，所以在计算钢筋时，需要另行计算层间梯梁的钢筋。11G101-2 图集的“两跑楼梯”没有层间梯梁，其高端踏步段斜板和低端踏步段斜板直接支承在层间平板上。

4. 楼层梯梁

楼梯的楼层梯梁起到支承楼层平板和踏步段的作用。11G101-2 图集的“一跑楼梯”需要有楼层梯梁的支承，但是一跑楼梯本身不包含楼层梯梁，所以在计算钢筋时，需要另行计算楼层梯梁的钢筋。11G101-2 图集的“两跑楼梯”分为两类：FT 和 GT 没有楼层梯梁，其高端踏步段斜板和低端踏步段斜板直接支承在楼层平板上；HT 需要有楼层梯梁的支承，但是这两种楼梯本身不包含楼层梯梁，所以在计算钢筋时，需要另行计算楼层梯梁的钢筋。

5. 楼层平板

楼层平板就是每个楼层中连接楼层梯梁或踏步段的平板，但是，并不是所有楼梯间都包含楼层平板的。11G101-2 图集的“两跑楼梯”中的 FT 和 GT 包含楼层平板；而“两跑楼梯”中的 HT，以及“一跑楼梯”不包含楼层平板，在计算钢筋时，需要另行计算楼层平板的钢筋。

6.2 板式楼梯平法施工图制图规则

6.2.1 现浇混凝土板式楼梯平法施工图的表示方法

（1）现浇混凝土板式楼梯平法施工图包括平面注写、剖面注写和列表注写三种表达方式，设计者可根据工程具体情况任选一种。

11G101-2 图集制图规则主要表述梯板的表达方式，与楼梯相关的平台板、梯梁、梯柱的注写方式参见 11G101-1 图集。

（2）楼梯平面布置图，应按照楼梯标准层，采用适当比例集中绘制，需要时绘制其剖面图。

（3）为方便施工，在集中绘制的板式楼梯平法施工图中，应当用表格或其他方式注明各结构层的楼面标高、结构层高及相应的结构层号。

6.2.2 楼梯类型

（1）11G101-2 图集楼梯包含 11 种类型，见表 6-2-1。各梯板截面形状与支座位置如图 6-2-1～图 6-2-5 所示。

楼梯类型 **表 6-2-1**

<table>
<tr><th rowspan="2">梯板代号</th><th colspan="2">适用范围</th><th rowspan="2">是否参与结构
整体抗震计算</th><th rowspan="2">示意图</th></tr>
<tr><th>抗震构造措施</th><th>适用结构</th></tr>
<tr><td>AT</td><td rowspan="2">无</td><td rowspan="2">框架、剪力墙、砌体结构</td><td rowspan="2">不参与</td><td rowspan="2">图 6-2-1</td></tr>
<tr><td>BT</td></tr>
<tr><td>CT</td><td rowspan="2">无</td><td rowspan="2">框架、剪力墙、砌体结构</td><td rowspan="2">不参与</td><td rowspan="2">图 6-2-2</td></tr>
<tr><td>DT</td></tr>
<tr><td>ET</td><td rowspan="2">无</td><td rowspan="2">框架、剪力墙、砌体结构</td><td rowspan="2">不参与</td><td rowspan="2">图 6-2-3</td></tr>
<tr><td>FT</td></tr>
<tr><td>GT</td><td rowspan="2">无</td><td>框架结构</td><td rowspan="2">不参与</td><td rowspan="2">图 6-2-4</td></tr>
<tr><td>HT</td><td>框架、剪力墙、砌体结构</td></tr>
<tr><td>ATa</td><td rowspan="3">有</td><td rowspan="3">框架结构</td><td>不参与</td><td rowspan="3">图 6-2-5</td></tr>
<tr><td>ATb</td><td>不参与</td></tr>
<tr><td>ATc</td><td>参与</td></tr>
</table>

注：1. ATa 低端设滑动支座支承在梯梁上；ATb 低端设滑动支座支承在梯梁的挑板上；
2. ATa、ATb、ATc 均用于抗震设计，设计者应指定楼梯的抗震等级。

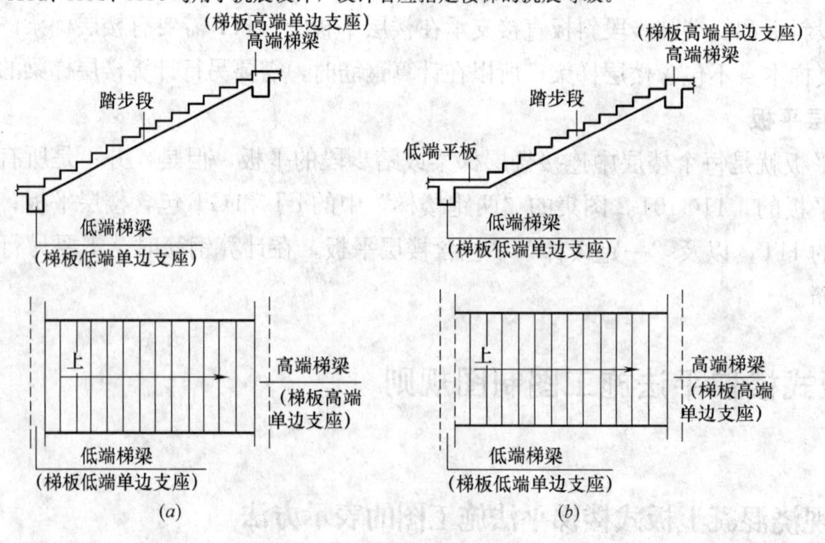

图 6-2-1 AT、BT 型楼梯截面形状与支座位置示意图

(a) AT 型；(b) BT 型

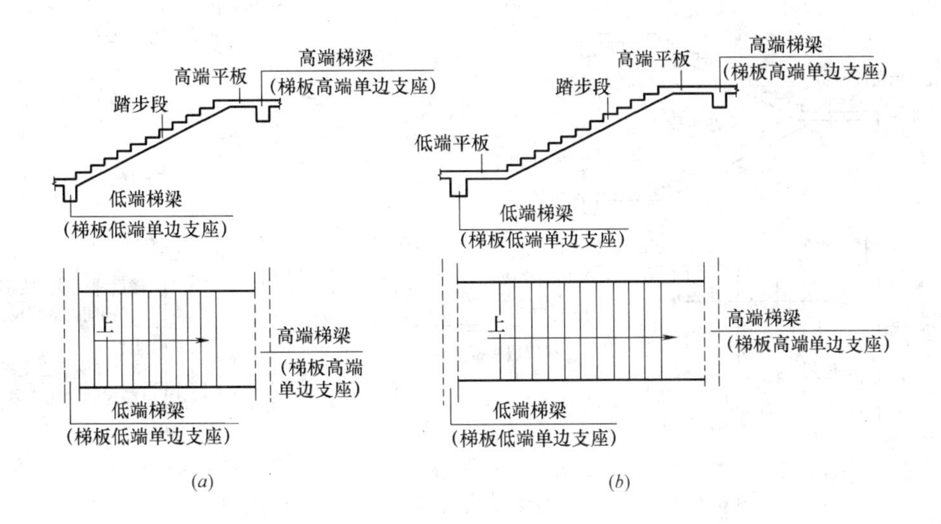

图 6-2-2　CT、DT 型楼梯截面形状与支座位置示意图

(*a*) CT 型；(*b*) DT 型

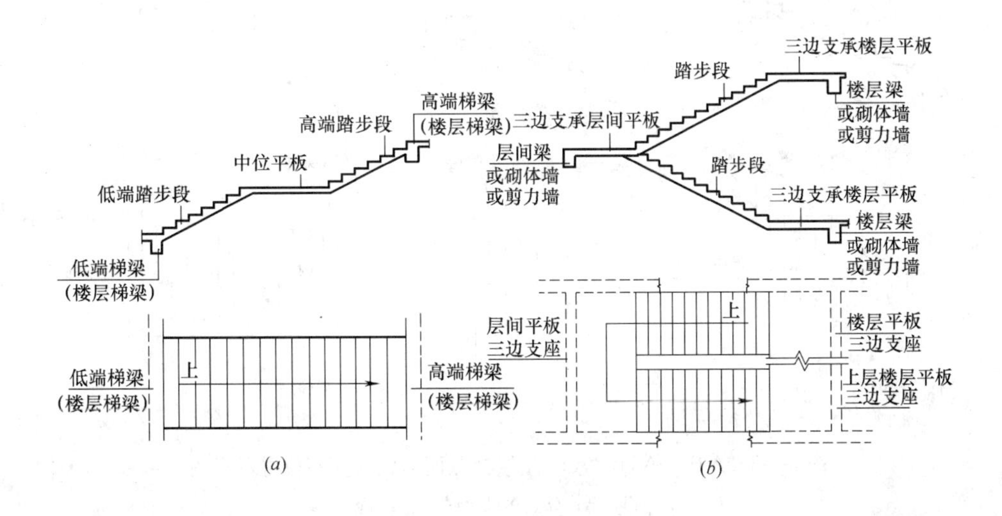

图 6-2-3　ET、FT 型楼梯截面形状与支座位置示意图

(*a*) ET 型；(*b*) FT 型（有层间和楼梯平台板的双跑楼梯）

(2) 楼梯注写：楼梯编号由梯板代号和序号组成；例如 AT××、BT××、ATa××等。

(3) AT～ET 型板式楼梯具备以下特征：

1) AT～ET 型板式楼梯代号代表一段带上下支座的梯板。梯板的主体为踏步段，除踏步段之外，梯板可包括低端平板、高端平板以及中位平板。

2) AT～ET 各型梯板的截面形状为：

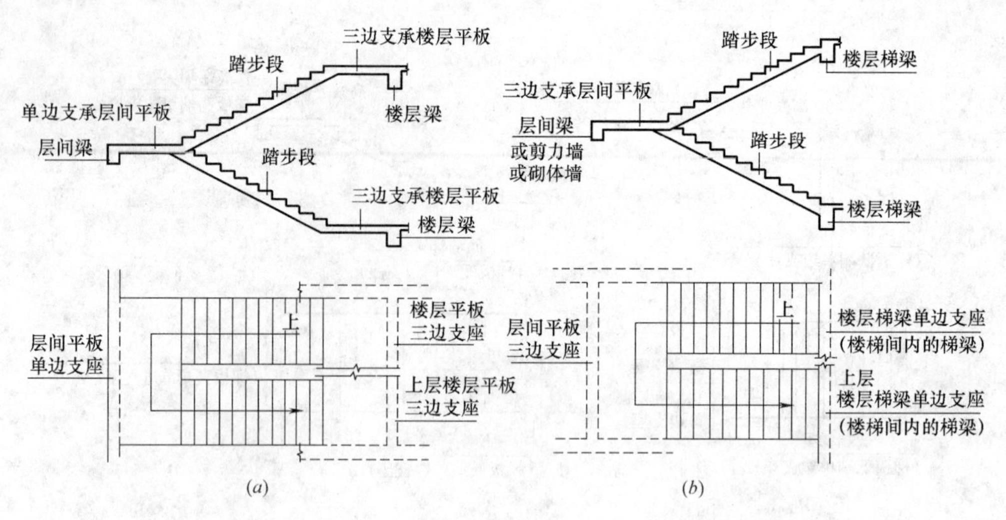

图 6-2-4 GT、HT 型楼梯截面形状与支座位置示意图

（*a*）GT 型（有层间和楼层平台板的双跑楼梯）；（*b*）HT 型（有层间平台板的双跑楼梯）

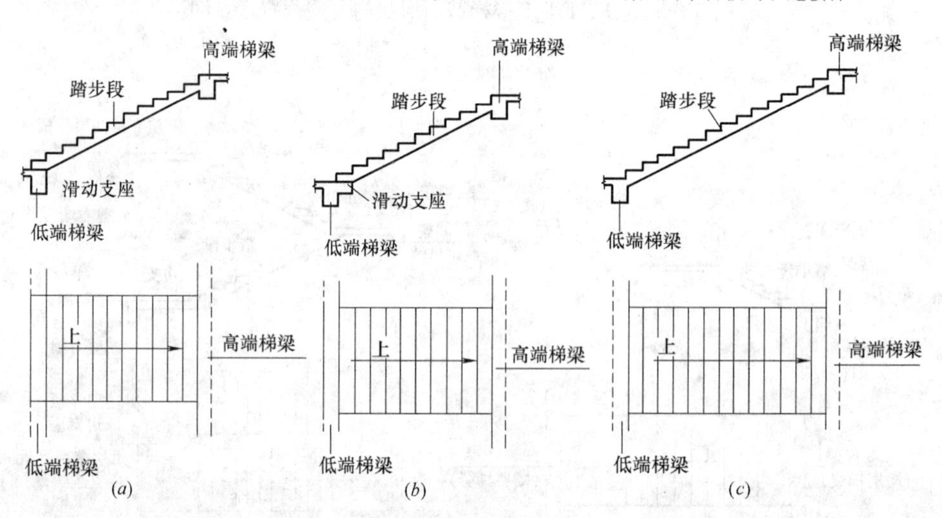

图 6-2-5 ATa、ATb、ATc 型楼梯截面形状与支座位置示意图

（*a*）ATa 型；（*b*）ATb 型；（*c*）ATc 型

AT 型梯板全部由踏步段构成；

BT 型梯板由低端平板和踏步段构成；

CT 型梯板由踏步段和高端平板构成；

DT 型梯板由低端平板、踏步板和高端平板构成；

ET 型梯板由低端踏步段、中位平板和高端踏步段构成。

3）AT～ET 型梯板的两端分别以（低端和高端）梯梁为支座，采用该组板式楼梯的楼梯间内部既要设置楼层梯梁，也要设置层间梯梁（其中 ET 型梯板两端均为楼层梯梁），以及与其相连的楼层平台板和层间平台板。

4）AT～ET 型梯板的型号、板厚、上下部纵向钢筋及分布钢筋等内容由设计者在平法施工图中注明。梯板上部纵向钢筋向跨内伸出的水平投影长度见相应的标准构造详图，设计不注，但是设计者应予以校核；当标准构造详图规定的水平投影长度不满足具体工程要求时，应由设计者另行注明。

(4) FT～HT 型板式楼梯具备以下特征：

1) FT～HT 每个代号代表两跑踏步段和连接它们的楼层平板及层间平板。

2) FT～HT 型梯板的构成分两类：

第一类：FT 型和 GT 型，由层间平板、踏步段和楼层平板构成。

第二类：HT 型，由层间平板和踏步段构成。

3) FT～HT 型梯板的支承方式如下：

① FT 型：梯板一端的层间平板采用三边支承，另一端的楼层平板也采用三边支承。

② GT 型：梯板一端的层间平板采用单边支承，另一端的楼层平板采用三边支承。

③ HT 型：梯板一端的层间平板采用三边支承，另一端的梯板段采用单边支承（在梯梁上）。

以上各型梯板的支承方式见表 6-2-2。

FT～HT 型梯板支承方式 **表 6-2-2**

梯板类型	层间平板端	踏步段端(楼层处)	楼层平板端
FT	三边支承	—	三边支承
GT	单边支承	—	三边支承
HT	三边支承	单边支承(梯梁上)	—

注：由于 FT～HT 梯板本身带有层间平板或楼层平板，对平板段采用三边支承方式可以有效减少梯板的计算跨度，能够减少板厚从而减轻梯板自重和减少配筋。

4) FT～HT 型梯板的型号、板厚、上下部纵向钢筋及分布钢筋等内容由设计者在平法施工图中注明。FT～HT 型平台上部横向钢筋及其外伸长度，在平面图中原位标注。梯板上部纵向钢筋向跨内伸出的水平投影长度见相应的标准构造详图设计不注，但设计者应予以校核；当标准构造详图规定的水平投影长度不满足具体工程要求时，应由设计者另行注明。

(5) ATa、ATb 型板式楼梯具备以下特征：

1) ATa、ATb 型为带滑动支座的板式楼梯，梯板全部由踏步段构成，其支承方式为梯板高端均支承在梯梁上，ATa 型梯板低端带滑动支座支承在梯梁上，ATb 型梯板低端带滑动支座支承在梯梁的挑板上。

2) 滑动支座做法如图 6-2-6 所示，采用何种做法应由设计指定。滑动支座垫板可选用聚四氟乙烯板（四氟板），也可选用其他能起到有效滑动的材料，其连接方式由设计者另行处理。

3) ATa、ATb 型梯板采用双层双向配筋。梯梁支承在梯柱上时，其构造做法按 11G101-1 图集中框架梁 KL；支承在梁上时，其构造做法按 11G101-1 图集中非框架梁 L。

(6) ATc 型板式楼梯具备以下特征：

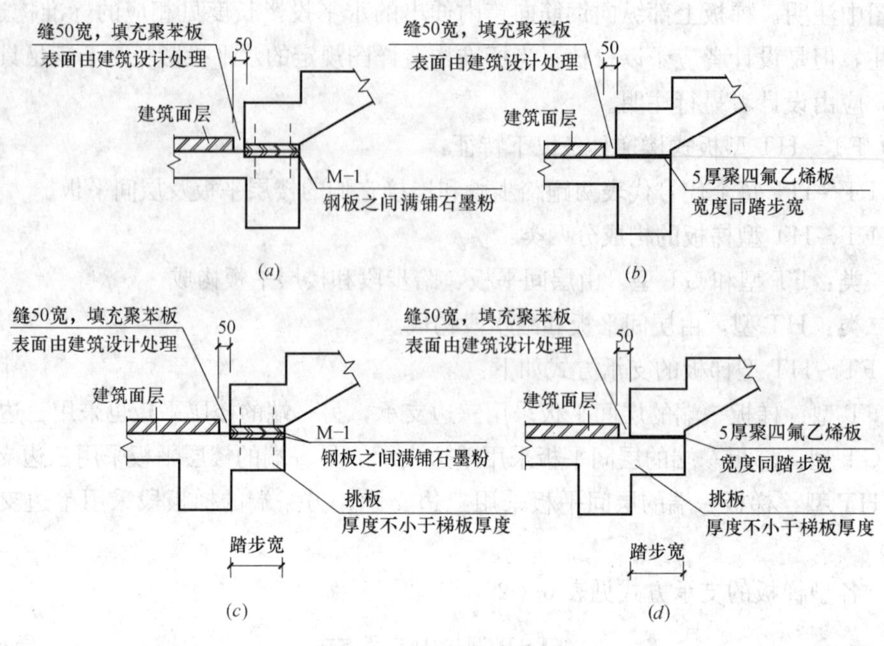

图 6-2-6 滑动支座构造

(*a*)、(*c*) 预埋钢板；(*b*)、(*d*) 设聚四氟乙烯垫板（梯段浇筑时应在垫板上铺塑料薄膜）

1）ATc 型梯板全部由踏步段构成，其支承方式为梯板两端均支承在梯梁上。

2）ATc 楼梯休息平台与主体结构可整体连接，也可脱开连接。

3）ATc 型楼梯梯板厚度应按计算确定，并且不宜小于 140mm；梯板采用双层配筋。

4）ATc 型梯板两侧设置边缘构件（暗梁），边缘构件的宽度取 1.5 倍板厚；边缘构件纵筋数量，当抗震等级为一、二级时不少于 6 根，当抗震等级为三、四级时不少于 4 根；纵筋直径为 ϕ12 且不小于梯板纵向受力钢筋的直径；箍筋为 ϕ6@200。

梯梁按双向受弯构件计算，当支承在梯柱上时，其构造做法按 11G101-1 图集中框架梁 KL；当支承在梁上时，其构造做法按 11G101-1 图集中非框架梁 L。

平台板按双层双向配筋。

(7) 建筑专业地面、楼层平台板和层间平台板的建筑面层厚度经常与楼梯踏步面层厚度不同，为使建筑面层做好后的楼梯踏步等高，各型号楼梯踏步板的第一级踏步高度和最后一级踏步高度需要相应增加或减少，见楼梯剖面图，若没有楼梯剖面图，其取值方法详见 11G101-2 图集第 45 页。

6.2.3 平面注写方式

(1) 平面注写方式是在楼梯平面布置图上注写截面尺寸和配筋具体数值的方式来表达楼梯施工图。包括集中标注和外围标注。

(2) 楼梯集中标注的内容包括五项，具体规定如下：

1）梯板类型代号与序号，例如 AT××。

2）梯板厚度，注写为 h=×××。当为带平板的梯板且梯段板厚度和平板厚度不同时，可在梯段板厚度后面括号内以字母 P 打头注写平板厚度。

3）踏步段总高度和踏步级数之间以“/”分隔。

4）梯板支座上部纵筋，下部纵筋之间以“;”分隔。

5）梯板分布筋，以 F 打头注写分布钢筋具体值，该项也可在图中统一说明。

（3）楼梯外围标注的内容，包括楼梯间的平面尺寸、楼层结构标高、层间结构标高、楼梯的上下方向、梯板的平面几何尺寸、平台板配筋、梯梁及梯柱配筋等。

（4）AT～HT 型楼梯平面注写方式与适用条件见表 6-3-1，ATa、ATb、ATc 型楼梯平面注写方式与适用条件分别见 11G101-2 图集第 39、41、43 页。

6.2.4 剖面注写方式

（1）剖面注写方式需在楼梯平法施工图中绘制楼梯平面布置图和楼梯剖面图，注写方式分平面注写和剖面注写两部分。

（2）楼梯平面布置图注写内容，包括楼梯间的平面尺寸、楼层结构标高、层间结构标高、楼梯的上下方向、梯板的平面几何尺寸、梯板类型及编号、平台板配筋、梯梁及梯柱配筋等。

（3）楼梯剖面图注写内容，包括梯板集中标注、梯梁梯柱编号、梯板水平及竖向尺寸、楼层结构标高、层间结构标高等。

（4）梯板集中标注的内容包括四项，具体规定如下：

1）梯板类型及编号，例如 AT××。

2）梯板厚度，注写为 h=×××。当梯板由踏步段和平板构成，并且踏步段梯板厚度和平板厚度不同时，可在梯板厚度后面括号内以字母 P 打头注写平板厚度。

3）梯板配筋。注明梯板上部纵筋和梯板下部纵筋，用分号“;”将上部与下部纵筋的配筋值分隔开来。

4）梯板分布筋，以 F 打头注写分布钢筋具体值，该项也可在图中统一说明。

6.2.5 列表注写方式

（1）列表注写方式是用列表方式注写梯板截面尺寸和配筋具体数值的方式来表达楼梯施工图。

（2）列表注写方式的具体要求同剖面注写方式，仅将剖面注写方式中的梯板配筋注写项改为列表注写项即可。

梯板列表格式见表 6-2-3。

梯板几何尺寸和配筋　　表 6-2-3

梯板编号	踏步段总高度/踏步级数	板厚 h	上部纵向钢筋	下部纵向钢筋	分布筋

6.2.6 其他

（1）楼层平台梁板配筋可绘制在楼梯平面图中，也可在各层梁板配筋图中绘制；层间平台梁板配筋在楼梯平面图中绘制。

（2）楼层平台板可与该层的现浇楼板整体设计。

6.3 板式楼梯标准构造详图

1. 钢筋混凝土板式楼梯平面图

钢筋混凝土板式楼梯平面图见表 6-3-1。

钢筋混凝土板式楼梯平面图 **表 6-3-1**

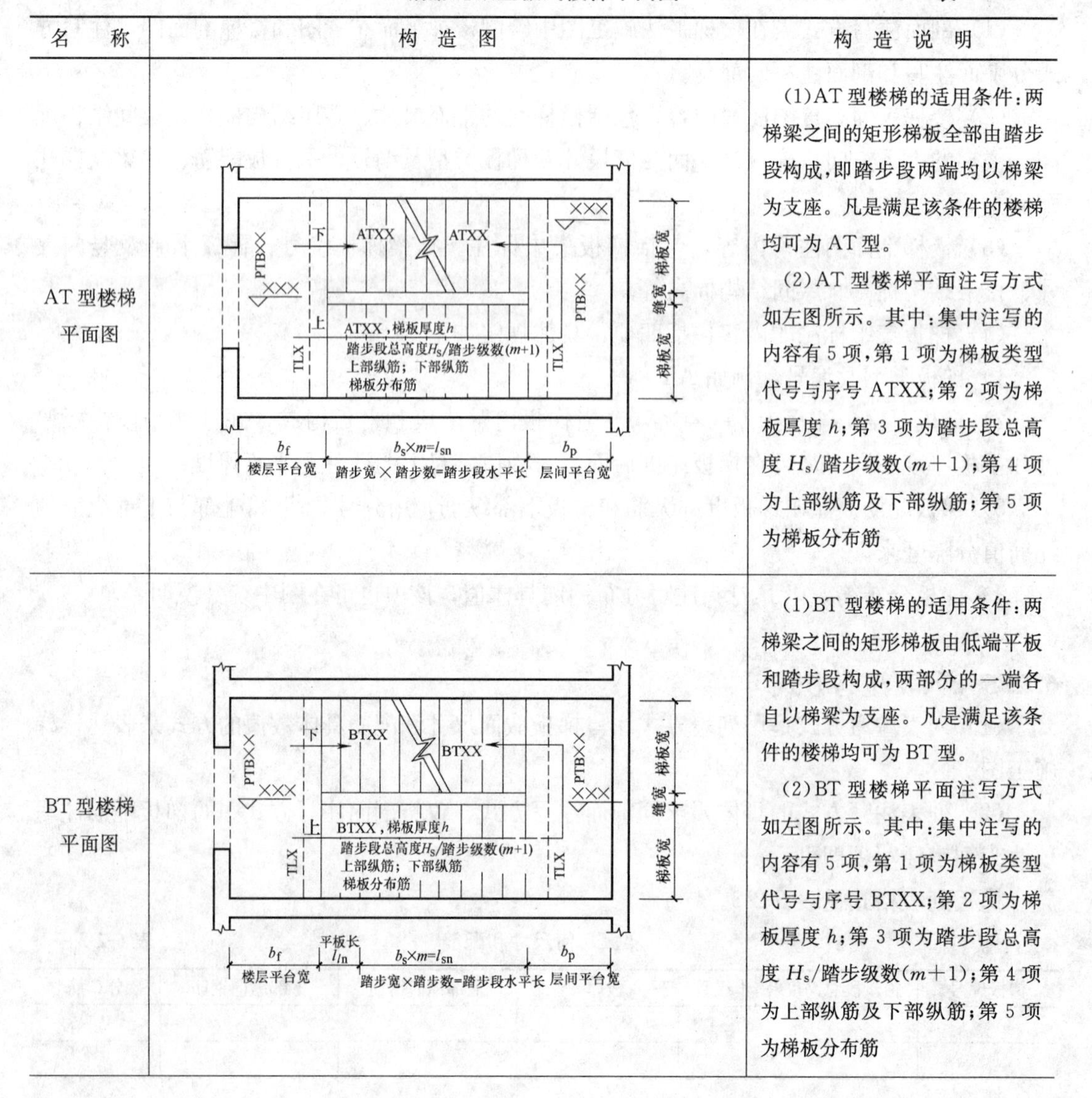

名称	构造图	构造说明
AT 型楼梯平面图		(1)AT 型楼梯的适用条件：两梯梁之间的矩形梯板全部由踏步段构成，即踏步段两端均以梯梁为支座。凡是满足该条件的楼梯均可为 AT 型。 (2)AT 型楼梯平面注写方式如左图所示。其中：集中注写的内容有 5 项，第 1 项为梯板类型代号与序号 ATXX；第 2 项为梯板厚度 h；第 3 项为踏步段总高度 H_s/踏步级数($m+1$)；第 4 项为上部纵筋及下部纵筋；第 5 项为梯板分布筋
BT 型楼梯平面图		(1)BT 型楼梯的适用条件：两梯梁之间的矩形梯板由低端平板和踏步段构成，两部分的一端各自以梯梁为支座。凡是满足该条件的楼梯均可为 BT 型。 (2)BT 型楼梯平面注写方式如左图所示。其中：集中注写的内容有 5 项，第 1 项为梯板类型代号与序号 BTXX；第 2 项为梯板厚度 h；第 3 项为踏步段总高度 H_s/踏步级数($m+1$)；第 4 项为上部纵筋及下部纵筋；第 5 项为梯板分布筋

续表

名　称	构　造　图	构　造　说　明
CT 型楼梯平面图	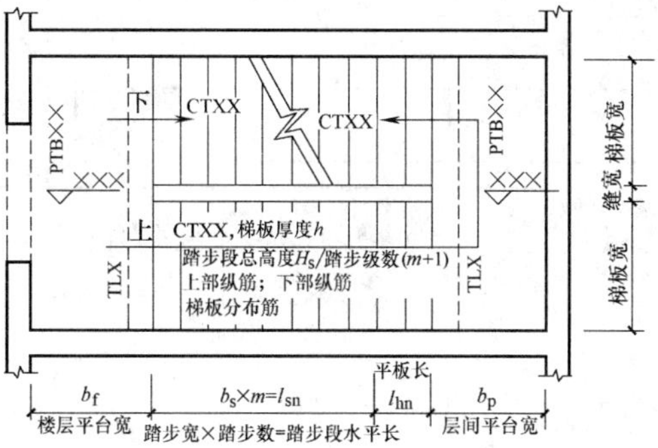	(1)CT 型楼梯的适用条件：两梯梁之间的矩形梯板由踏步段和高端平板构成，两部分的一端各自以梯梁为支座。凡是满足该条件的楼梯均可为 CT 型。 (2)CT 型楼梯平面注写方式如左图所示。其中：集中注写的内容有 5 项，第 1 项为梯板类型代号与序号 CTXX；第 2 项为梯板厚度 h；第 3 项为踏步段总高度 H_s/踏步级数($m+1$)；第 4 项为上部纵筋及下部纵筋；第 5 项为梯板分布筋
DT 型楼梯平面图	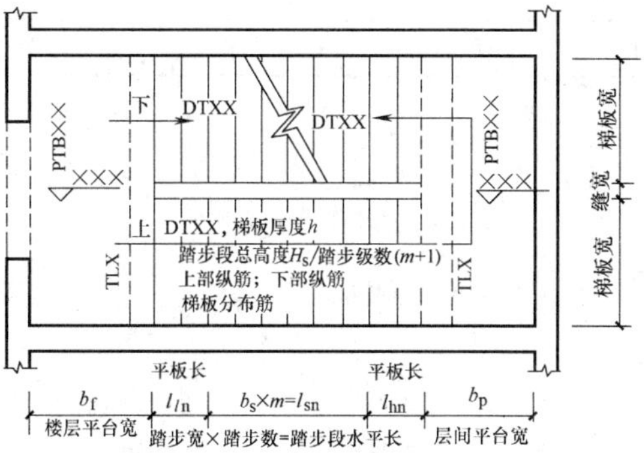	(1)DT 型楼梯的适用条件：两梯梁之间的矩形梯板由低端平板、踏步段和高端平板构成，高、低端平板的一端各自以梯梁为支座。凡是满足该条件的楼梯均可为 DT 型。 (2)DT 型楼梯平面注写方式如左图所示。其中：集中注写的内容有 5 项，第 1 项为梯板类型代号与序号 DTXX；第 2 项为梯板厚度 h；第 3 项为踏步段总高度 H_s/踏步级数($m+1$)；第 4 项为上部纵筋及下部纵筋；第 5 项为梯板分布筋
ET 型楼梯平面图	图 6-3-1	(1)ET 型楼梯的适用条件：两梯梁之间的矩形梯板由低端踏步段、中位平板和高端踏步段构成，高、低端踏步段的一端各自以梯梁为支座。凡是满足该条件的楼梯均可为 ET 型。 (2)ET 型楼梯平面注写方式如左图所示。其中：集中注写的内容有 5 项，第 1 项为梯板类型代号与序号 ETXX；第 2 项为梯板厚度 h；第 3 项为踏步段总高度 H_s/踏步级数(m_l+m_h+2)；第 4 项为上部纵筋；下部纵筋；第 5 项为梯板分布筋

注：1. 梯板的分布钢筋可直接标注，也可统一说明。
2. 平台板 PTB、梯梁 TL、梯柱 TZ 配筋可参照 11G101-1 图集标注。

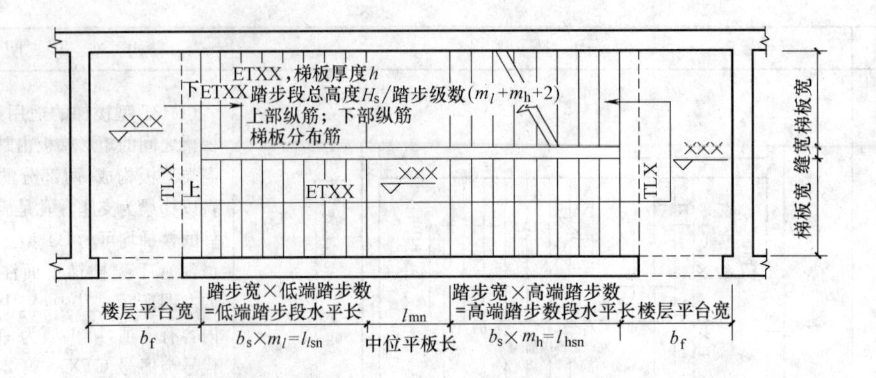

图 6-3-1 ET 型楼梯平面图

2. 钢筋混凝土板式楼梯钢筋构造

钢筋混凝土板式楼梯钢筋构造见表 6-3-2。

钢筋混凝土板式楼梯钢筋构造 表 6-3-2

名 称	构 造 图	构 造 说 明
AT 型楼梯板配筋构造	图 6-3-2	字母释义： h_s——踏步高； b_s——踏步宽； m——踏步数； h——梯板厚度； b——楼层梯梁宽度； d——受拉钢筋直径； l_a——纵向受拉钢筋非抗震锚固长度； H_s——踏步段高度； H_{ls}——低端踏步段高度； H_{hs}——高端踏步段高度； l_{ab}——受拉钢筋的非抗震基本锚固长度； l_n——梯板跨度； l_{sn}——踏步段水平长； l_{ln}——低端平板长； l_{hn}——高端平板长； l_{hsn}——高端踏步段水平长； l_{lsn}——低端踏步段水平长； l_{mn}——中位平板长。 构造图解析： (1)当采用 HPB300 光面钢筋时，除梯板上部纵筋的跨内端头做 90°直角弯钩外，所有末端应做 180°的弯钩。 (2)图中上部纵筋锚固长度 $0.35l_{ab}$用于设计按铰接的情况，括号内数据 $0.6l_{ab}$用于设计考虑充分发挥钢筋抗拉强度的情况，具体工程中设计应指明采用何种情况。 (3)上部纵筋有条件时可直接伸入平台板内锚固，从支座内边算起总锚固长度不小于 l_a，如图中虚线所示。 (4)上部纵筋需伸至支座对边再向下弯折。 (5)踏步两头高度调整见 11G101-2 图集第 45 页
BT 型楼梯板配筋构造	图 6-3-3	
CT 型楼梯板配筋构造	图 6-3-4	
DT 型楼梯板配筋构造	图 6-3-5	
ET 型楼梯板配筋构造	图 6-3-6	

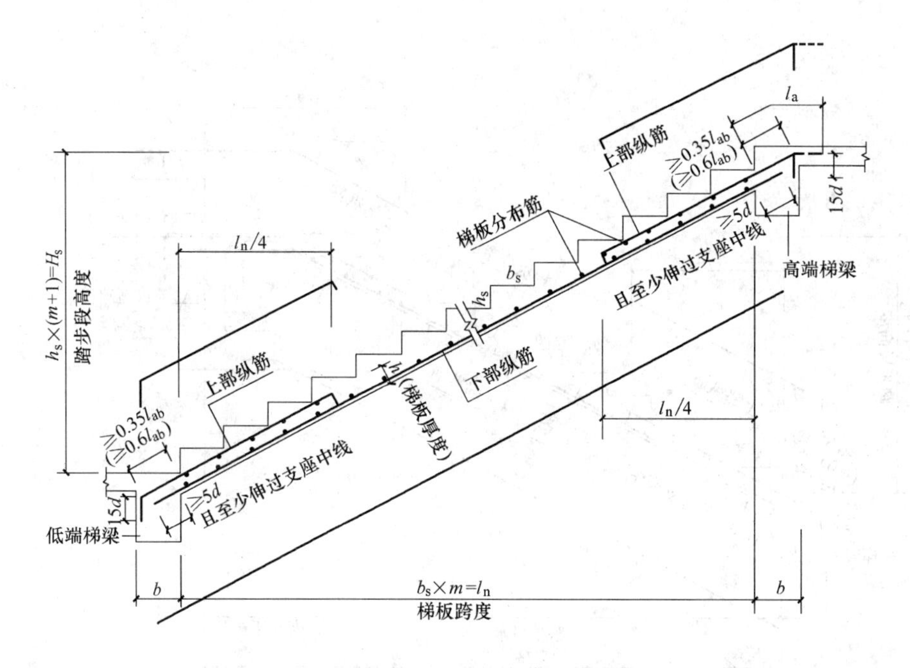

图 6-3-2 AT 型楼梯板配筋构造

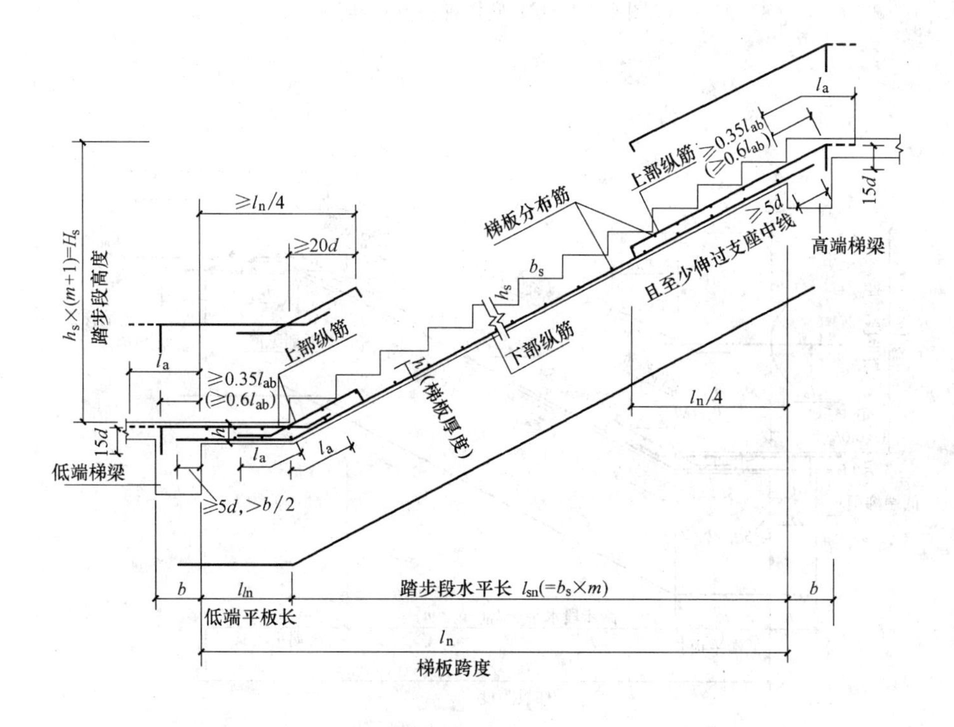

图 6-3-3 BT 型楼梯板配筋构造

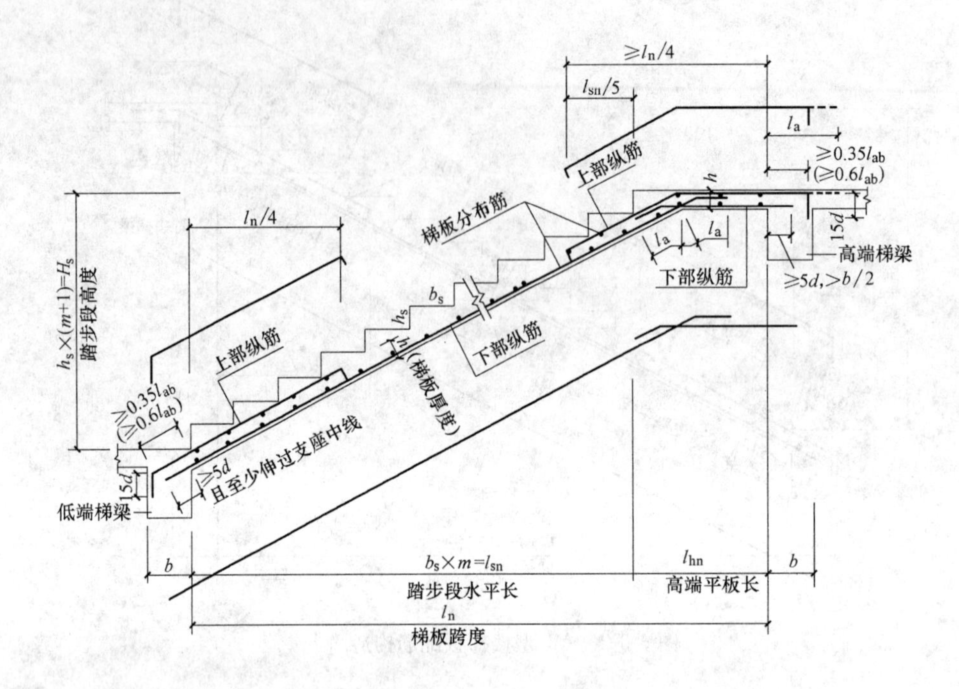

图 6-3-4　CT 型楼梯板配筋构造

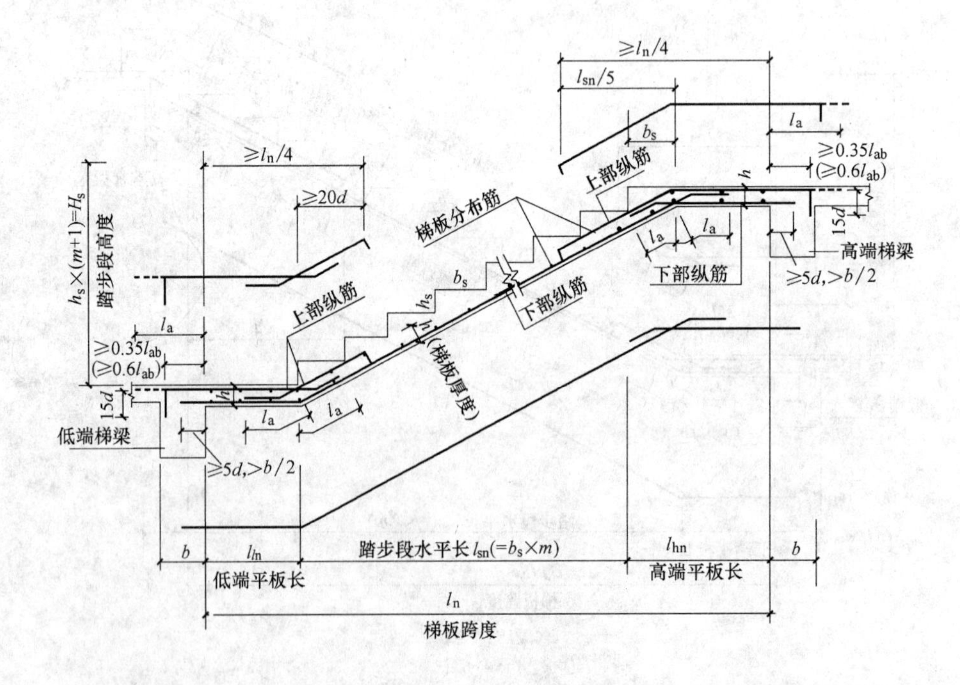

图 6-3-5　DT 型楼梯板配筋构造

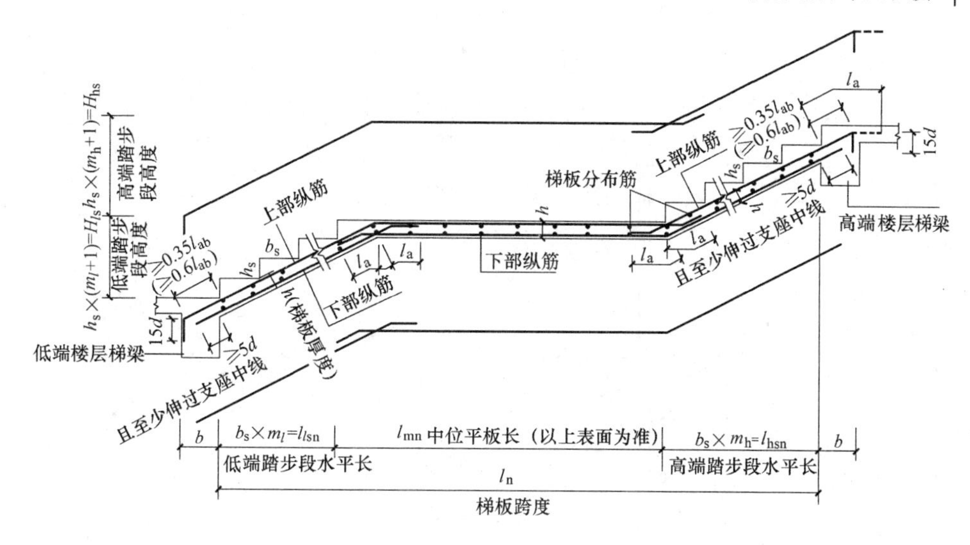

图 6-3-6　ET 型楼梯板配筋构造

6.4　楼梯结构详图识读

××工程现浇楼梯施工图中，楼梯平面图（即楼梯配筋图）如图 6-4-1 所示，楼梯竖向布置简图（即楼梯剖面图）如图 6-4-2 所示，梯梁截面图如图 6-4-3 所示，图纸说明见表 6-4-1。

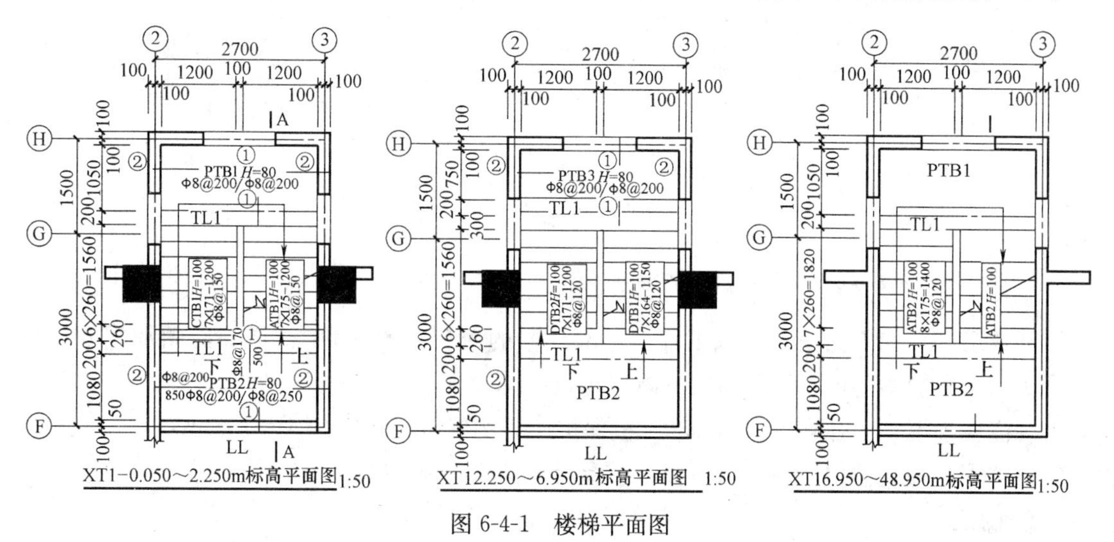

图 6-4-1　楼梯平面图

楼梯详图图纸说明　　**表 6-4-1**

说明：

1. 现浇楼梯采用 C30 混凝土，HPB300(Φ)，HRB335(Φ)钢筋
2. 钢筋的混凝土保护层厚：板为 20mm，梁为 25mm
3. 板顶标高为建筑标高减 0.050m
4. 未标注的分布筋：架立筋为 ϕ8@250
5. 楼梯配筋构造详见 11G101-2 图集

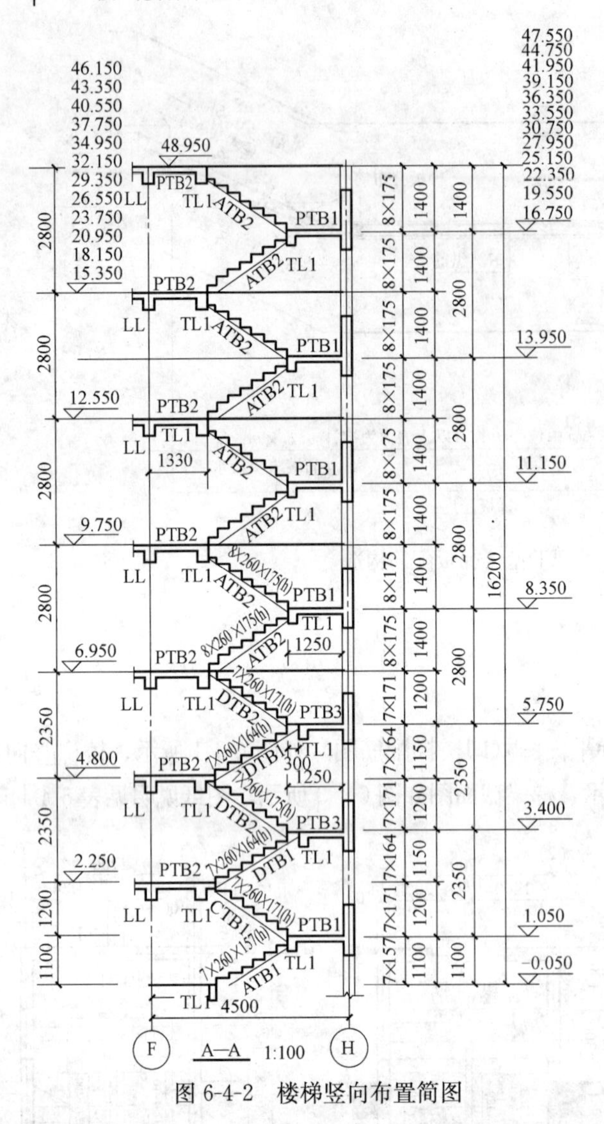

图 6-4-2 楼梯竖向布置简图

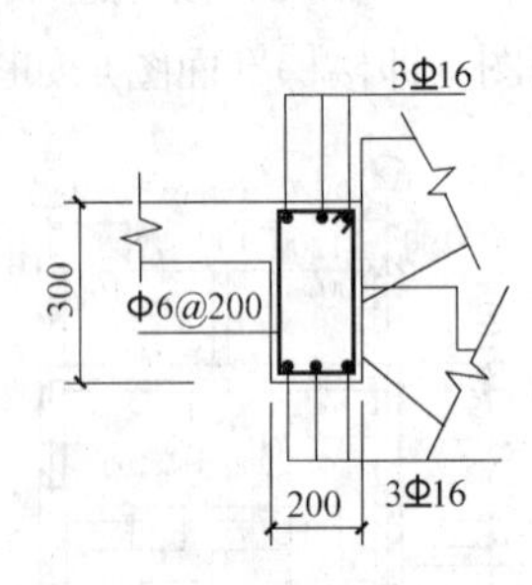

图 6-4-3 梯梁截面图

从建筑和结构平面图知，该工程设三部相同的楼梯。图 6-4-1 楼梯平面图和图 6-4-2 楼梯竖向布置简图的位置、尺寸、标高与建筑相符。

现浇楼梯混凝土强度等级为 C30。板保护层为 20mm，梁保护层为 25mm。

该工程为板式楼梯，主要由梯板、平台板和梯梁组成。

1. 梯板

以标高－0.050～3.400m 之间的三种类型，说明梯板的识读。从楼梯平面图和楼梯竖向布置简图可知：

(1) 标高－0.050～1.050m 之间的梯板

从楼梯竖向布置简图（即 A—A 剖面图）知，该梯板以顶标高为－0.050m 的楼层平台梁和顶标高为 1.050m 的层间平台梁为支座。从楼梯平面图知，该梯板为 AT 型梯板，类型代号和序号为 ATB1；厚度为 100mm；7 个踏步，每个踏步高度为 157mm，踏步总高度为1100mm；梯板下部纵向钢筋为ϕ8@150，即HPB300钢筋，直径为8mm，间距为150mm。踏步宽度为260mm，梯板跨度为6×260mm＝1560mm。从图纸说明知，梯板中的分布筋为ϕ8@250，即HPB300钢筋，直径为8mm，间距为250mm。

从表6-3-2中的标准构造详图知：梯板下部纵向钢筋通长配置，两端进入支座不小于$5d$，且不小于板厚h（取100mm），末端做180°弯钩。梯板上部纵向钢筋要求按下部纵向钢筋的1/2配置，且不小于ϕ8@200，取HPB300钢筋，直径为8mm，间距为200mm，伸出支座梯梁的水平投影长度为梯板静跨度的1/4，为390mm，即可算得钢筋伸出支座的斜长为$390\times(157^2+260^2)^{1/2}/260\text{mm}=456\text{mm}$；进入平台梁内的锚固长度不小于受拉钢筋最小锚固长度l_a（查得$24d$即192mm），要求弯折前支座内的钢筋斜长不小于$0.4l_a$（即77mm），弯折半径为$4d$（即32mm），弯折后的长度为$15d$（即120mm）；钢筋锚固端需做180°弯钩，另一端作90°支顶在模板上。

（2）标高1.050～2.250mm之间的梯板

从楼梯竖向布置简图知，该梯板以顶标高为1.050m的楼层平台梁和顶标高为2.250m的层间平台梁为支座。从楼梯平面图知，该梯板为CT型梯板（由踏步段和高端平板构成），类型代号和序号为CTB1；厚度为100mm；7个踏步，每个踏步高度为171mm，踏步总高度为1200mm；梯板下部纵向钢筋为ϕ8@150。踏步宽度为260mm，梯板跨度为1820mm（6×260mm＋260mm）。从图纸说明知，梯板中的分布筋为ϕ8@250。

从表6-3-2中的标准构造详图知：梯板下部纵向钢筋在踏步段和高端平板分别配置，相交处分别伸至对方上部锚固，锚固长度为l_a。在踏步段和高端平板端部进入支座不小于$5d$，并且不小于板厚h（取100mm）。钢筋端部做180°弯钩。

梯板上部纵向钢筋要求按下部纵向钢筋的1/2配置，且不小于ϕ8@200。伸出低端支座梯梁的水平投影长度为梯板静跨度的1/4，即455mm，可算得低端支座处上部纵向钢筋伸出支座的斜长为$455\times(171^2+260^2)^{1/2}/260\text{mm}=545\text{mm}$；进入平台梁内的锚固长度不小于受拉钢筋最小锚固长度l_a，要求弯折前支座内的钢筋斜长不小于$0.4l_a$（即77mm），弯折半径为$4d$，弯折后的长度为$15d$；钢筋锚固端需做180°弯钩，另一端作90°支顶在模板上。伸出高端支座梯梁的水平投影长度不小于梯板静跨度的1/4，并且斜钢筋的水平投影长度为踏步段水平净长的1/5（312mm），所以取伸出支座的水平投影长度为梯板静跨度的1/4，斜长为545mm，钢筋水平进入高端支座，锚固长度不小于受拉钢筋最小锚固长度l_a，要求弯折前支座内的钢筋斜长不小于$0.4l_a$，弯折半径为$4d$，弯折后的长度为$15d$。

（3）标高2.250～3.400之间的梯板

从楼梯竖向布置简图知，该梯板以顶标高为2.250m的层间平台梁和顶标高为3.400m的楼层平台梁为支座。从楼梯平面图知，该梯板为DT型梯板（由低端平板、踏步段和高端平板构成），类型代号和序号为DTB1，厚度为100mm；7个踏步，每个踏步高度为164mm，踏步总高度为1150mm；梯板下部纵向钢筋为ϕ8@120。踏步宽度为260mm，梯板跨度为260mm＋6×260mm＋300mm＝2120mm。从图纸说明知，梯板中的分布筋为ϕ8@25。

从表 6-3-2 中的标准构造详图知：梯板下部纵向钢筋在底端平板和踏步段、高端平板分别配置，踏步段和高端平板相交处分别伸至对方上部锚固，锚固长度为 l_a。在低端平板和高端平板端部进入支座不小于 $5d$，并且不小于板厚 h（取 100mm）。钢筋端部做 180°弯钩。

梯板上部纵向钢筋要求按下部纵向钢筋的 1/2 配置，且不小于 ϕ8@200。在低端平板和踏步段相交处分别伸至对方下部锚固，锚固长度为 l_a。伸出两端支座梯梁的水平投影长度不小于梯板静跨度的 1/4（530mm），并且斜钢筋的水平投影长度为踏步段水平净长的 1/5（312mm），所以钢筋伸出低端平台的水平投影长度取为 260mm＋312mm＝572mm，其相应斜段长度为 $312\times(164^2+260^2)^{1/2}/260$mm＝369mm；伸出高端平台的水平投影长度取为 530mm，其相应斜段长度为 $(530-300+260)\times(164^2+260^2)^{1/2}/260$mm＝579mm。钢筋水平进入两端支座，锚固长度不小于受拉钢筋最小锚固长度 l_a，要求弯折前支座内的钢筋斜长不小于 $0.4l_a$，弯折半径为 $4d$，弯折后的长度为 $15d$。

2. 平台板

板除按通常配筋平面表示外，还可以采用平面注写方式。板的平面注写主要包括板块集中标注和板支座原位标注。

以 2.250m 标高处的平台板为例，说明平台板的识读。

从图 6-4-1 可知：编号 PTB2，板厚为 80mm，短跨方向下部钢筋为 ϕ8@200，即 HPB300 钢筋，直径为 8mm，间距为 200mm；长跨方向下部钢筋为 ϕ8@250，即 HPB300 钢筋，直径为 8mm，间距为 250mm。短向支座上部钢筋为①号筋，为 ϕ8@170，伸出梁侧面 500mm，进入梁内为锚固长度；长向支座上部钢筋为②号筋，为 ϕ8@200，伸出梁侧面 850mm，进入梁内为锚固长度。

3. 梯梁

从图 6-4-3 梯梁截面注写知：梯梁截面为 200mm×300mm，上、下部纵向钢筋均为 3ϕ16，箍筋为 ϕ6@200，纵向钢筋的构造要求如图 4-3-1 所示，其中纵向钢筋锚固长度 l_a 为 $30d$。

7 独立基础平法识图

7.1 独立基础平法施工图制图规则

7.1.1 独立基础平法施工图的表示方法

（1）独立基础平法施工图，包括平面注写与截面注写两种表达方式，设计者可根据具体工程情况选择一种，或两种方式相结合进行独立基础的施工图设计。

（2）当绘制独立基础平面布置图时，应将独立基础平面与基础所支承的柱一起绘制。当设置基础联系梁时，可根据图面的疏密情况，将基础联系梁与基础平面布置图一起绘制，或将基础联系梁布置图单独绘制。

（3）在独立基础平面布置图上应标注基础定位尺寸；当独立基础的柱中心线或杯口中心线与建筑轴线不重合时，应标注其定位尺寸。编号相同且定位尺寸相同的基础，可仅选择一个进行标注。

7.1.2 独立基础编号

各种独立基础编号应符合表 7-1-1 规定。

独立基础编号　　表 7-1-1

类　　型	基础底板截面形状	代　　号	序　　号
普通独立基础	阶形	DJ_J	××
	坡形	DJ_P	××
杯口独立基础	阶形	BJ_J	××
	坡形	BJ_P	××

设计时应注意：当独立基础截面形状为坡形时，其坡面应采用能保证混凝土浇筑、振捣密实的较缓坡度；当采用较陡坡度时，应要求施工采用在基础顶部坡面加模板等措施，以确保独立基础的坡面浇筑成型、振捣密实。

7.1.3 独立基础的平面注写方式

（1）独立基础的平面注写方式分为集中标注和原位标注两部分内容。

（2）普通独立基础和杯口独立基础的集中标注是在基础平面图上集中引注：基础编

号、截面竖向尺寸、配筋三项必注内容，以及基础底面标高（与基础底面基准标高不同时）和必要的文字注解两项选注内容。

素混凝土普通独立基础的集中标注，除无基础配筋内容外均与钢筋混凝土普通独立基础相同。

独立基础集中标注的具体内容，规定如下：

1）注写独立基础编号（必注内容），见表 7-1-1。

独立基础底板的截面形状通常包括以下两种：

①阶形截面编号加下标“J”，例如 DJ_J××、BJ_J××；

②坡形截面编号加下标“P”，例如 DJ_P××、BJ_P××。

2）注写独立基础截面竖向尺寸（必注内容）。

① 普通独立基础。注写为 $h_1/h_2/\cdots\cdots$，具体标注如下：

a. 当基础为阶形截面时如图 7-1-1 所示。

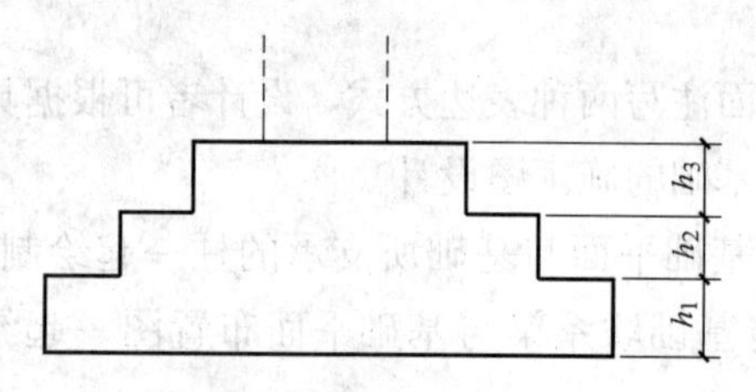

图 7-1-1 阶形截面普通独立基础竖向尺寸

图 7-1-1 为三阶；当为更多阶时，各阶尺寸自下而上用“/”分隔顺写。

当基础为单阶时，其竖向尺寸仅为一个，并且为基础总厚度，如图 7-1-2 所示。

b. 当基础为坡形截面时，注写为 h_1/h_2，如图 7-1-3 所示。

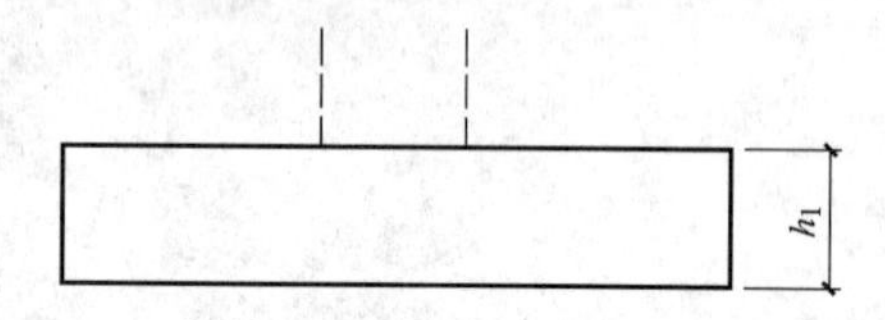

图 7-1-2 单阶普通独立基础竖向尺寸

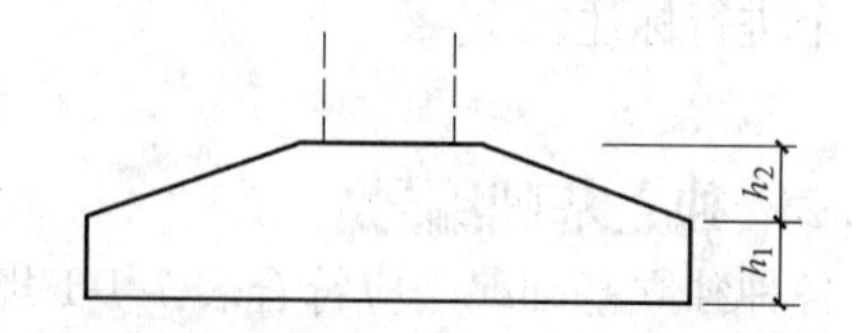

图 7-1-3 坡形截面普通独立基础竖向尺寸

② 杯口独立基础：

a. 当基础为阶形截面时，其竖向尺寸分两组，一组表达杯口内，另一组表达杯口外，两组尺寸以“,”分隔，注写为：a_0/a_1，$h_1/h_2/\cdots\cdots$，如图 7-1-4、图 7-1-5 所示，其中杯口深度 a_0 为柱插入杯口的尺寸加 50mm。

b. 当基础为坡形截面时，注写为：a_0/a_1，$h_1/h_2/h_3\cdots\cdots$，如图 7-1-6 和图 7-1-7 所示。

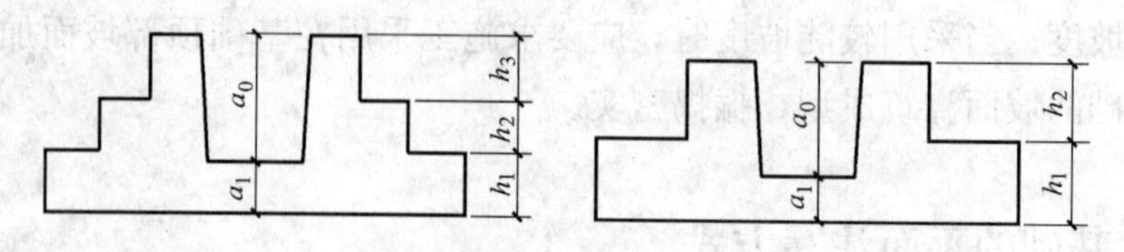

图 7-1-4 阶形截面杯口独立基础竖向尺寸

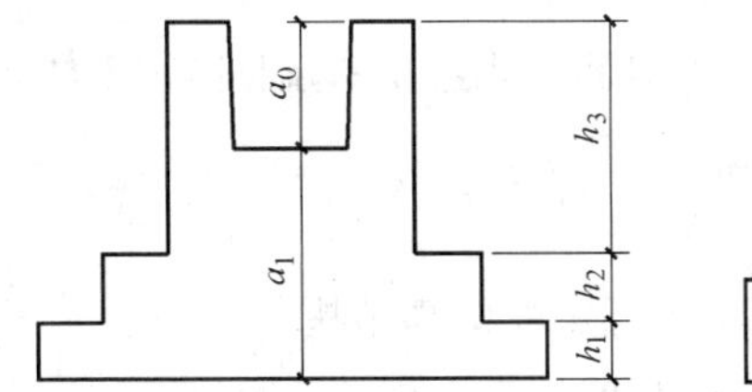

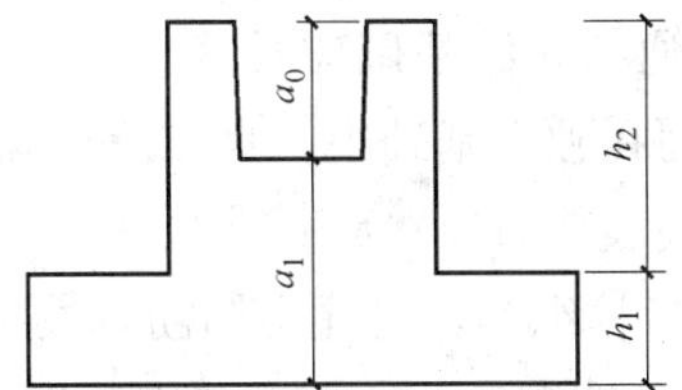

图 7-1-5 阶形截面高杯口独立基础竖向尺寸

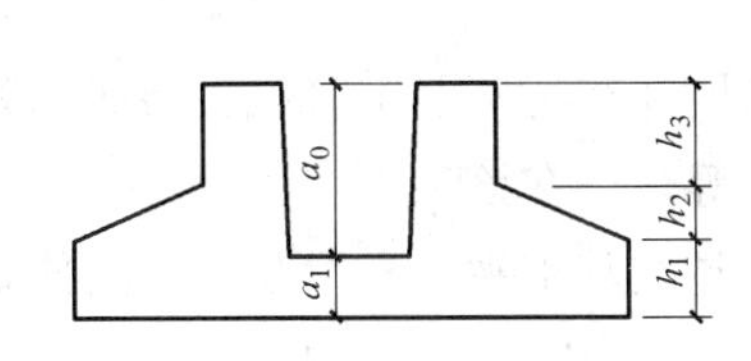

图 7-1-6 坡形截面杯口独立基础竖向尺寸

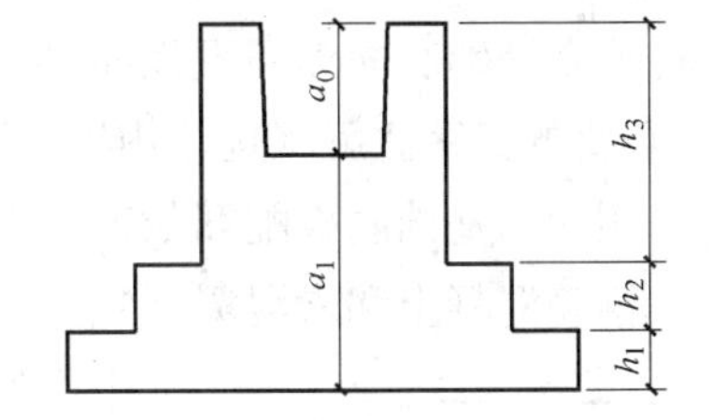

图 7-1-7 坡形截面高杯口独立基础竖向尺寸

3）注写独立基础配筋（必注内容）。

① 注写独立基础底板配筋口普通独立基础和杯口独立基础的底部双向配筋注写规定如下：

a. 以 B 代表各种独立基础底板的底部配筋。

b. X 向配筋以 X 打头、Y 向配筋以 Y 打头注写：当两向配筋相同时，则以 X&Y 打头注写。

② 注写杯口独立基础顶部焊接钢筋网。以 Sn 打头引注杯口顶部焊接钢筋网的各边钢筋。

当双杯口独立基础中间杯壁厚度小于 400mm 时，在中间杯壁中配置构造钢筋见相应标准构造详图，设计不注。

③ 注写高杯口独立基础的杯壁外侧和短柱配筋。具体注写规定如下：

a. 以 O 代表杯壁外侧和短柱配筋。

b. 先注写杯壁外侧和短柱纵筋，再注写箍筋。注写为：角筋/长边中部筋/短边中部筋，箍筋（两种间距）；当杯壁水平截面为正方形时，注写为：角筋/x 边中部筋/y 边中部筋，箍筋（两种间距，杯口范围内箍筋间距/短柱范围内箍筋间距）。

c. 对于双高杯口独立基础的杯壁外侧配筋，注写形式与单高杯口相同，施工区别在于杯壁外侧配筋为同时环住两个杯口的外壁配筋。如图 7-1-8 所示。

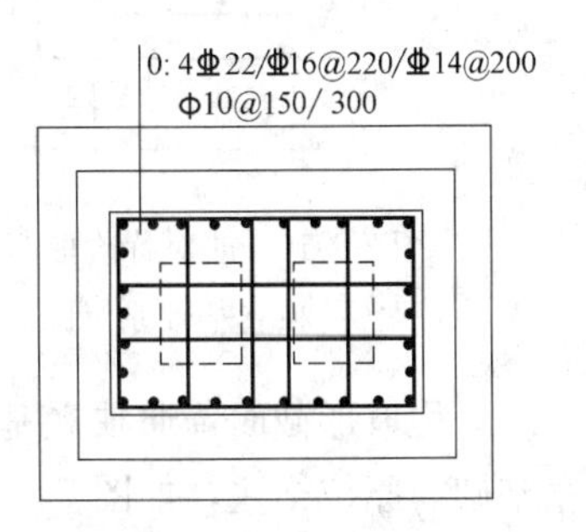

图 7-1-8 双高杯口独立基础杯壁配筋示意

当双高杯口独立基础中间杯壁厚度小于 400mm 时，

在中间杯壁中配置构造钢筋见相应标准构造详图，设计不注。

④ 注写普通独立深基础短柱竖向尺寸及钢筋。当独立基础埋深较大，设置短柱时，短柱配筋应注写在独立基础中。具体注写规定如下：

a. 以 DZ 代表普通独立深基础短柱。

b. 先注写短柱纵筋，再注写箍筋，最后注写短柱标高范围。注写为：角筋/长边中部筋/短边中部筋，箍筋，短柱标高范围；当短柱水平截面为正方形时，注写为：角筋/x 边中部筋/y 边中部筋，箍筋，短柱标高范围。

4）注写基础底面标高（选注内容）。当独立基础的底面标高与基础底面基准标高不同时，应将独立基础底面标高直接注写在“（ ）”内。

5）必要的文字注解（选注内容）。当独立基础的设计有特殊要求时，宜增加必要的文字注解。例如，基础底板配筋长度是否采用减短方式等，可在该项内注明。

（3）钢筋混凝土和素混凝土独立基础的原位标注是在基础平面布置图上标注独立基础的平面尺寸。对相同编号的基础，可选择一个进行原位标注；当平面图形较小时，可将所选定进行原位标注的基础按比例适当放大；其他相同编号者仅注编号。

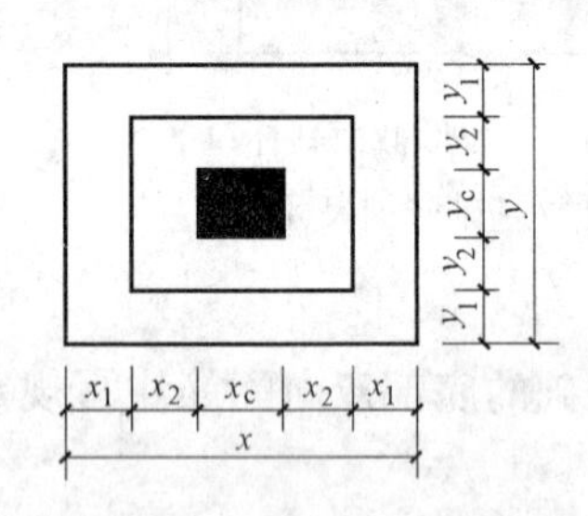

图 7-1-9 对称阶形截面普通独立基础原位标注

原位标注的具体内容规定如下：

1）普通独立基础。原位标注 x、y，x_c、y_c（或圆柱直径 d_c），x_i、y_i，$i=1$，2，3……。其中，x、y 为普通独立基础两向边长，x_c、y_c 为柱截面尺寸，x_i，y_i 为阶宽或坡形平面尺寸（当设置短柱时，尚应标注短柱的截面尺寸）。

对称阶形截面普通独立基础的原位标注，如图 7-1-9 所示；非对称阶形截面普通独立基础的原位标注，如图 7-1-10 所示；设置短柱独立基础的原位标注，如图 7-1-11 所示。

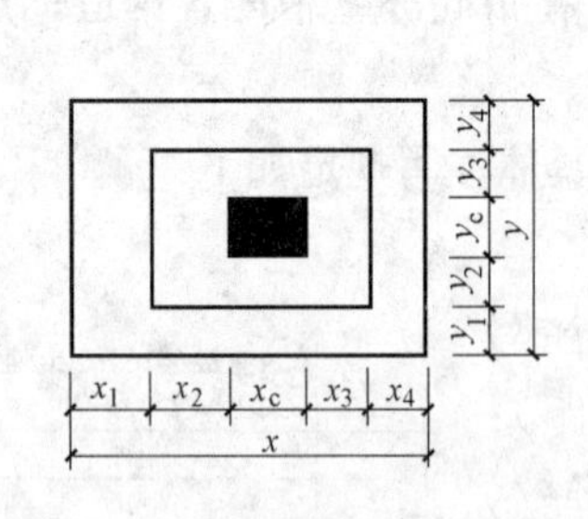

图 7-1-10 非对称阶形截面普通独立基础原位标注

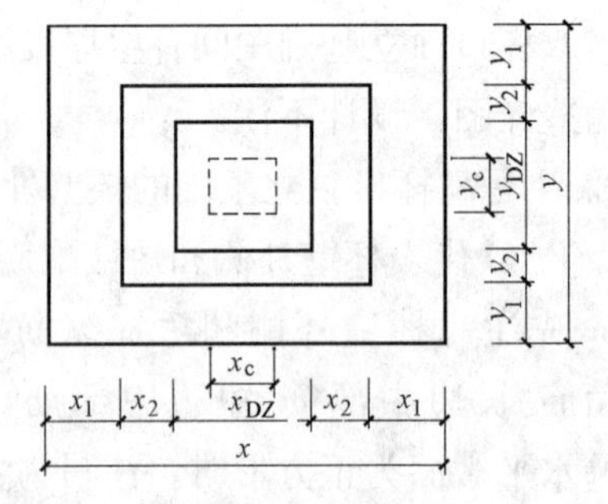

图 7-1-11 设置短柱独立基础的原位标注

对称坡形截面普通独立基础的原位标注，如图 7-1-12 所示；非对称坡形截面普通独立基础的原位标注，如图 7-1-13 所示。

2）杯口独立基础。原位标注 x、y，x_u、y_u，t_i，x_i、y_i，$i=1$，2，3……。其中，x、y 为杯口独立基础两向边长，x_u、y_u 为杯口上口尺寸，t_i 为杯壁厚度，x_i、y_i 为阶宽或

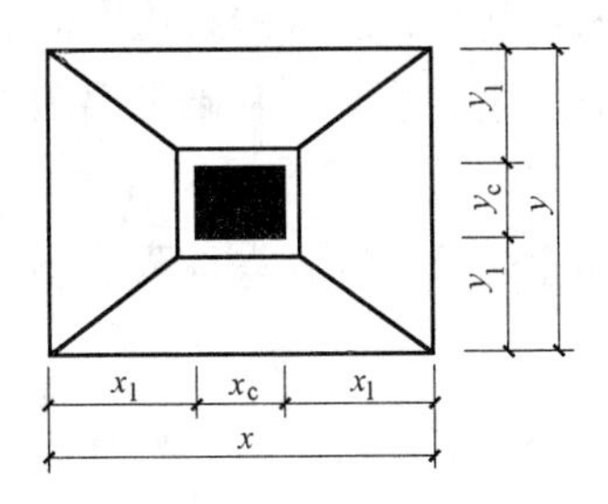

图 7-1-12 对称坡形截面普通独立基础原位标注

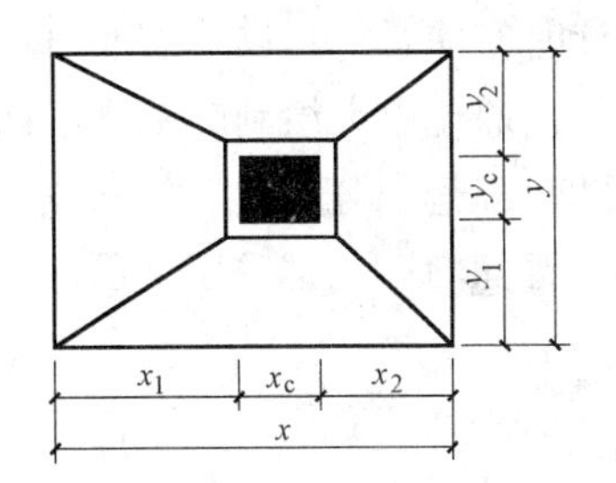

图 7-1-13 非对称坡形截面普通独立基础原位标注

坡形截面尺寸。

杯口上口尺寸 x_u、y_u，按柱截面边长两侧双向各加 75mm；杯口下口尺寸按标准构造详图（为插入杯口的相应柱截面边长尺寸，每边各加 50mm），设计不注。

阶形截面杯口独立基础的原位标注，如图 7-1-14 和图 7-1-15 所示。高杯口独立基础原位标注与杯口独立基础完全相同。

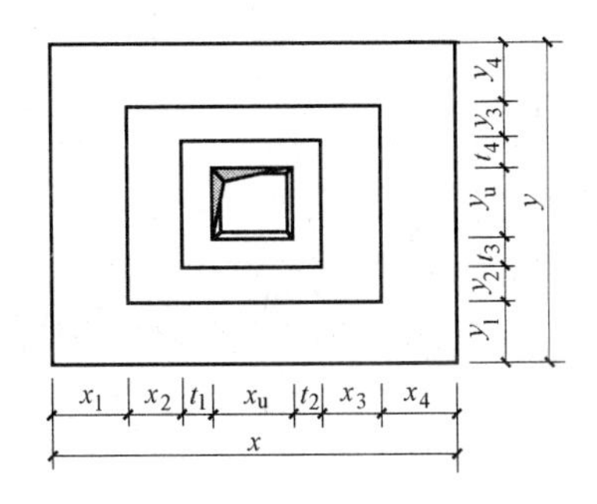

图 7-1-14 阶形截面杯口独立基础原位标注（一）

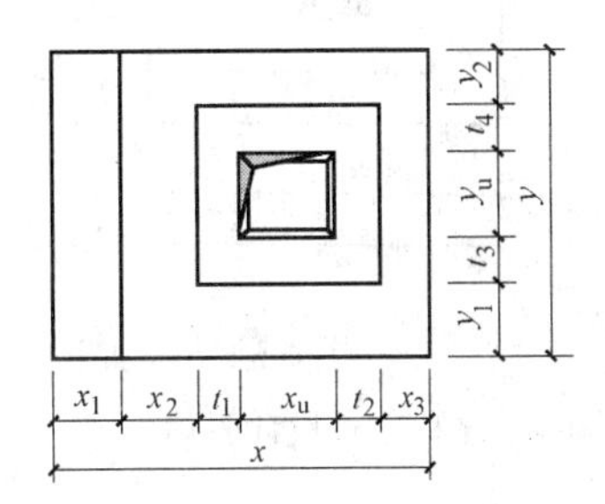

图 7-1-15 阶形截面杯口独立基础原位标注（二）

（基础底板的一边比其他三边多一阶）

坡形截面杯口独立基础的原位标注，如图 7-1-16 和图 7-1-17 所示。高杯口独立基础的原位标注与杯口独立基础完全相同。

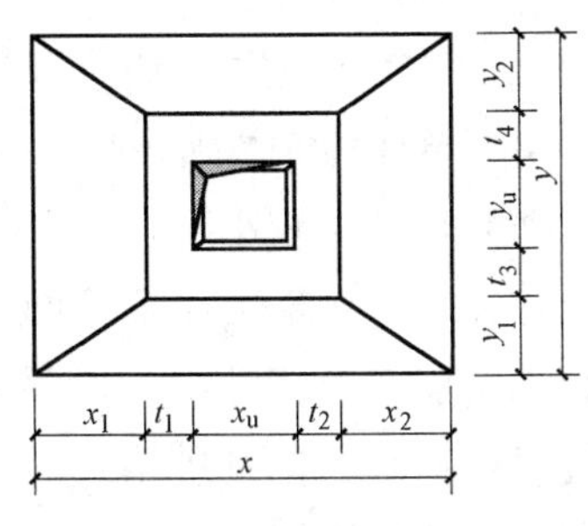

图 7-1-16 坡形截面杯口独立基础原位标注（一）

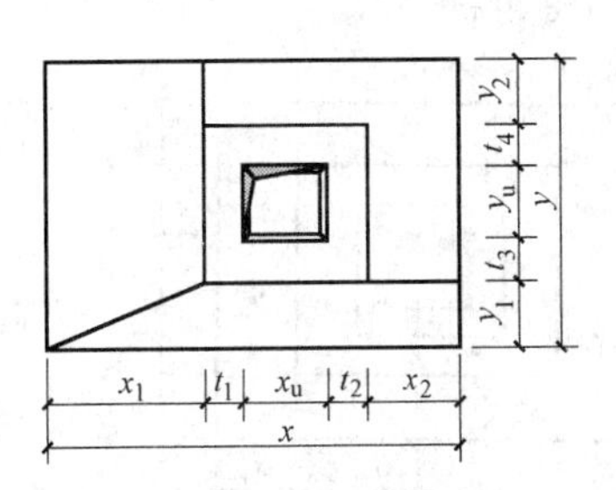

图 7-1-17 坡形截面杯口独立基础原位标注（二）

（基础底板有两边不放坡）

设计时应注意：当设计为非对称坡形截面独立基础并且基础底板的某边不放坡时，在采用双比例原位放大绘制的基础平面图上，或在圈引出来放大绘制的基础平面图上，应按实际放坡情况绘制分坡线，如图 7-1-17 所示。

（4）普通独立基础采用平面注写方式的集中标注和原位标注综合设计表达示意，如图 7-1-18 所示。

设置短柱独立基础采用平面注写方式的集中标注和原位标注综合设计表达示意，如图 7-1-19 所示。

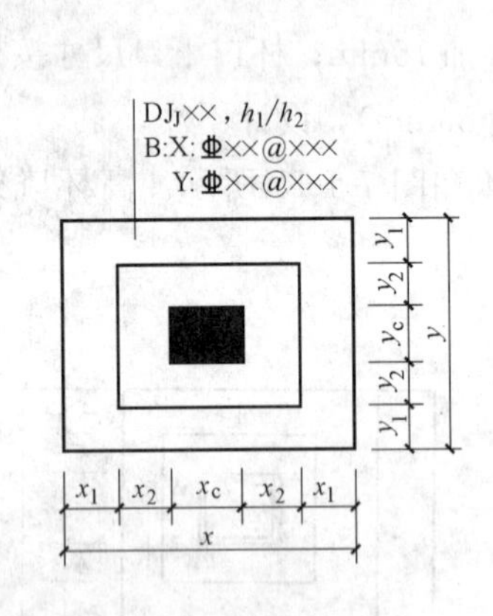

图 7-1-18　普通独立基础平面注写方式设计表达示意

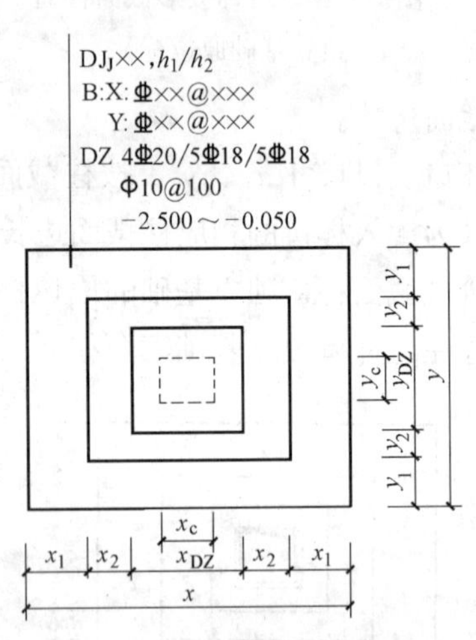

图 7-1-19　短柱独立基础平面注写方式设计表达示意

（5）杯口独立基础采用平面注写方式的集中标注和原位标注综合设计表达示意，如图 7-1-20 所示。

在图 7-1-20 中，集中标注的第三、四行内容是表达高杯口独立基础杯壁外侧的竖向纵筋和横向箍筋；当为非高杯口独立基础时，集中标注通常为第一、二、五行的内容。

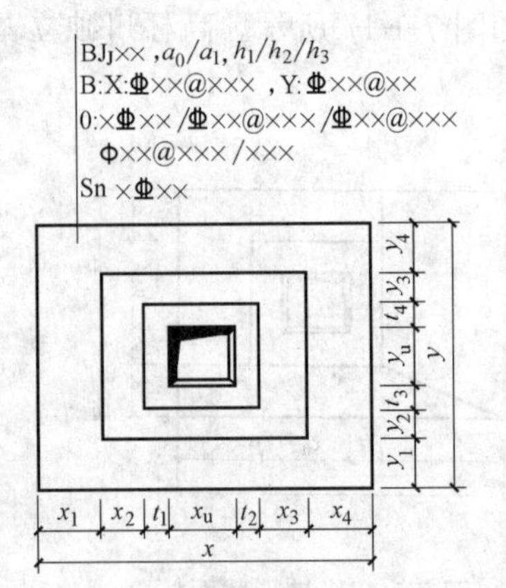

图 7-1-20　杯口独立基础平面注写方式设计表达示意

（6）独立基础通常为单柱独立基础，也可为多柱独立基础（双柱或四柱等）。多柱独立基础的编号、几何尺寸和配筋的标注方法与单柱独立基础相同。

当为双柱独立基础并且柱距较小时，通常仅配置基础底部钢筋；当柱距较大时，除基础底部配筋外，尚需在两柱间配置基础顶部钢筋或设置基础梁；当为四柱独立基础时，通常可设置两道平行的基础梁，需要时可在两道基础梁之间配置基础顶部钢筋。

多柱独立基础顶部配筋和基础梁的注写方法规定如下：

1）注写双柱独立基础底板顶部配筋。双柱独立基础的顶部配筋，通常对称分布在双柱中心线两侧，注写为：双柱间纵向受力钢筋/分布钢筋。当纵向受力钢筋在基础底板顶面非满布时，应注明其总根数。

2）注写双柱独立基础的基础梁配筋。当双柱独立基础为基础底板与基础梁相结合时，注写基础梁的编号、几何尺寸和配筋。例如JL××（1）表示该基础梁为1跨，两端无外伸；JL××（1A）表示该基础梁为1跨，一端有外伸；JL××（1B）表示该基础梁为1跨，两端均有外伸。

通常情况下，双柱独立基础宜采用端部有外伸的基础梁，基础底板则采用受力明确、构造简单的单向受力配筋与分布筋。基础梁宽度宜比柱截面宽出不小于100mm（每边不小于50mm）。

基础梁的注写规定与条形基础的基础梁注写规定相同，详见8.1条形基础平法施工图制图规则的相关内容。注写示意图如图7-1-21所示。

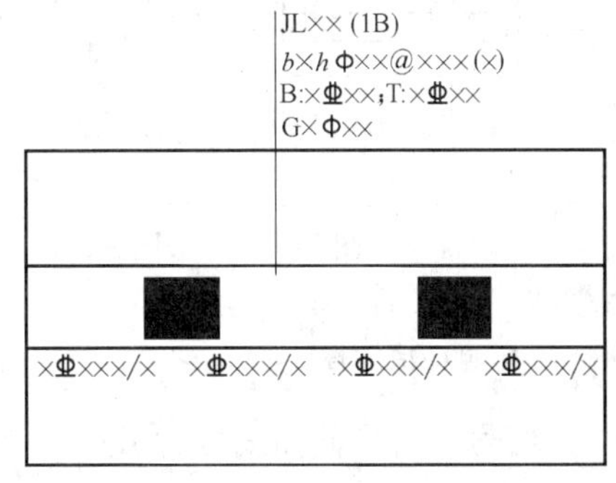

图7-1-21　双柱独立基础的基础梁配筋注写示意

3）注写双柱独立基础的底板配筋。双柱独立基础底板配筋的注写，可以按条形基础底板的注写规定，也可以按独立基础底板的注写规定。

4）注写配置两道基础梁的四柱独立基础底板顶部配筋。当四柱独立基础已设置两道平行的基础梁时，根据内力需要可在双梁之间以及梁的长度范围内配置基础顶部钢筋，注写为：梁间受力钢筋/分布钢筋。

平行设置两道基础梁的四柱独立基础底板配筋，也可按双梁条形基础底板配筋的注写规定。

（7）采用平面注写方式表达的独立基础设计施工图如图7-1-22所示。

7.1.4 独立基础的截面注写方式

（1）独立基础的截面注写方式，又可分为截面标注和列表注写（结合截面示意图）两种表达方式。采用截面注写方式，应在基础平面布置图上对所有基础进行编号，见表7-1-1。

（2）对单个基础进行截面标注的内容和形式，与传统“单构件正投影表示方法”基本相同。对于已在基础平面布置图上原位标注清楚的该基础的平面几何尺寸，在截面图上可不再重复表达，具体表达内容可参照11G101-3图集中相应的标准构造。

（3）对多个同类基础，可采用列表注写（结合截面示意图）的方式进行集中表达。表中内容为基础截面的几何数据和配筋等，在截面示意图上应标注与表中栏目相对应的代号。列表的具体内容规定如下：

1）普通独立基础。普通独立基础列表集中注写栏目如下：

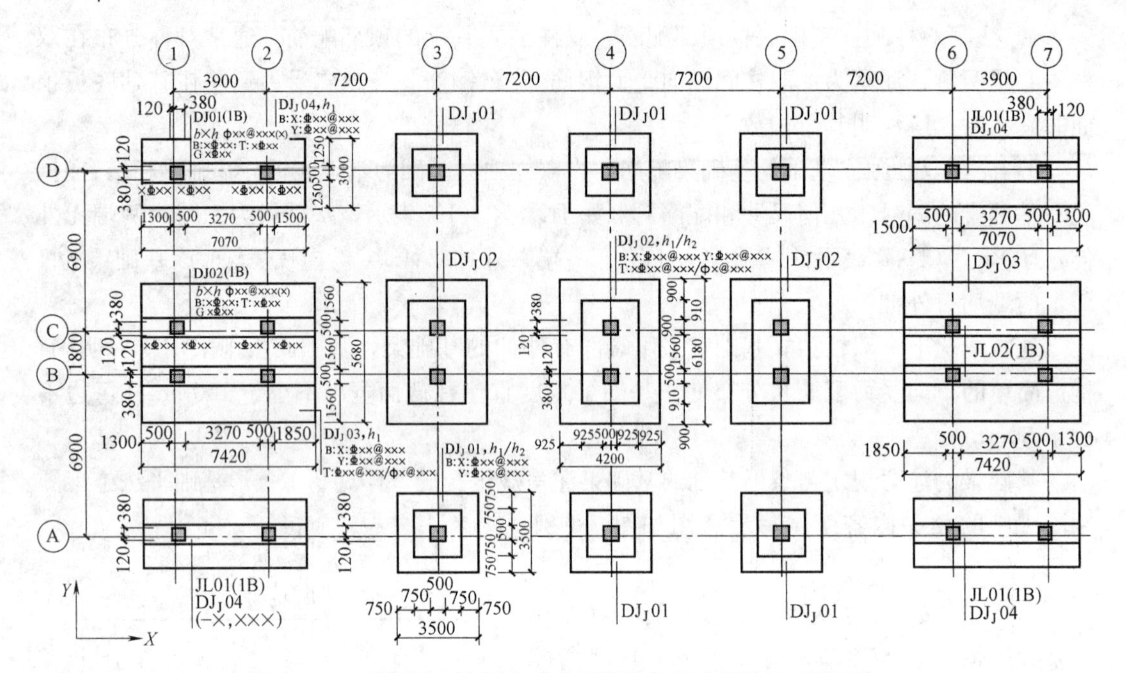

图 7-1-22　采用平面注写方式表达的独立基础设计施工图示意

注：1. X、Y 为图面方向；

2. ±0.000 的绝对标高（m）：×××.×××；基础底面基准标高（m）：−×.×××。

① 编号：阶形截面编号为 DJ_J××，坡形截面编号为 DJ_P××。

② 几何尺寸：水平尺寸 x、y，x_c、y_c（或圆柱直径 d_c），x_i、y_i，$i=1$，2，3……；竖向尺寸 h_1/h_2……。

③ 配筋：B：X：Φ××@×××，Y：Φ××@×××。

普通独立基础列表格式见表 7-1-2。

2）杯口独立基础。杯口独立基础列表集中注写栏目为：

① 编号：阶形截面编号为 BJ_J××，坡形截面编号为 BJ_P××。

② 几何尺寸：水平尺寸 x、y，x_u、y_u，t_i，x_i、y_i，$i=1$，2，3……；竖向尺寸 a_0、a_1，$h_1/h_2/h_3$……。

③ 配筋：B：X：Φ××@×××，Y：Φ××@×××，Sn×Φ××，

O：×Φ××/Φ××@×××/Φ××@×××，ϕ××@×××/×××。

杯口独立基础列表格式见表 7-1-3。

普通独立基础几何尺寸和配筋表　　**表 7-1-2**

基础编号/截面号	截面几何尺寸				底部配筋(B)	
	x、y	x_c、y_c	x_i、y_i	h_1/h_2……	X 向	Y 向

注：表中可根据实际情况增加栏目。例如：当基础底面标高与基础底面基准标高不同时，加注基础底面标高；当为双柱独立基础时，加注基础顶部配筋或基础梁几何尺寸和配筋；当设置短柱时增加短柱尺寸及配筋等。

杯口独立基础几何尺寸和配筋表　　　　**表 7-1-3**

基础编号/截面号	截面几何尺寸				底部配筋(B)		杯口顶部钢筋网(Sn)	杯壁外侧配筋(O)	
	x、y	x_c、y_c	x_i、y_i	h_1/h_2……	X向	Y向		角筋/长边中部筋/短边中部筋	杯口箍筋/短柱箍筋

注：表中可根据实际情况增加栏目。如当基础底面标高与基础底面基准标高不同时，加注基础底面标高；或增加说明栏目等。

7.1.5　其他

（1）与独立基础相关的基础联系梁的平法施工图设计，详见 11G101-3 图集第 7 章的相关规定。

（2）当杯口独立基础配合采用国家建筑标准设计预制基础梁时，应根据其要求，处理好相关构造。

7.2　独立基础标准构造详图

7.2.1　独立基础底板配筋构造

1. 独立基础 DJ_J、DJ_P、BJ_J、BJ_P 底板配筋构造

独立基础 DJ_J、DJ_P、BJ_J、BJ_P 底板配筋构造见表 7-2-1。

独立基础 DJ_J、DJ_P、BJ_J、BJ_P 底板配筋构造　　　　**表 7-2-1**

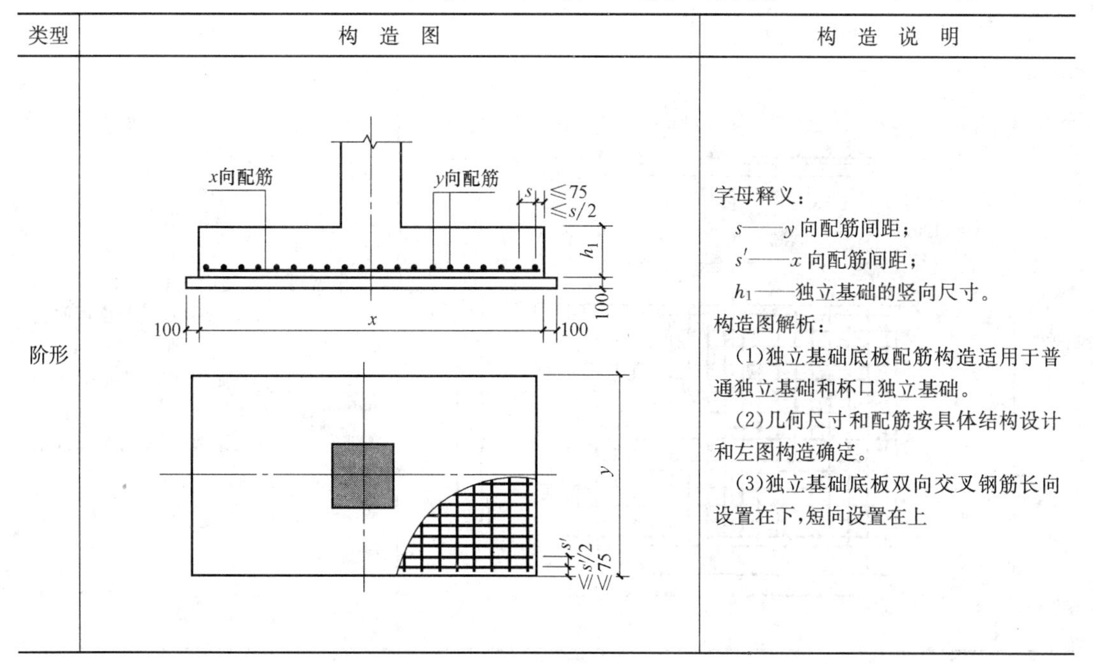

类型	构造图	构造说明
阶形		字母释义： s——y 向配筋间距； s'——x 向配筋间距； h_1——独立基础的竖向尺寸。 构造图解析： （1）独立基础底板配筋构造适用于普通独立基础和杯口独立基础。 （2）几何尺寸和配筋按具体结构设计和左图构造确定。 （3）独立基础底板双向交叉钢筋长向设置在下，短向设置在上

续表

类型	构造图	构造说明
坡形	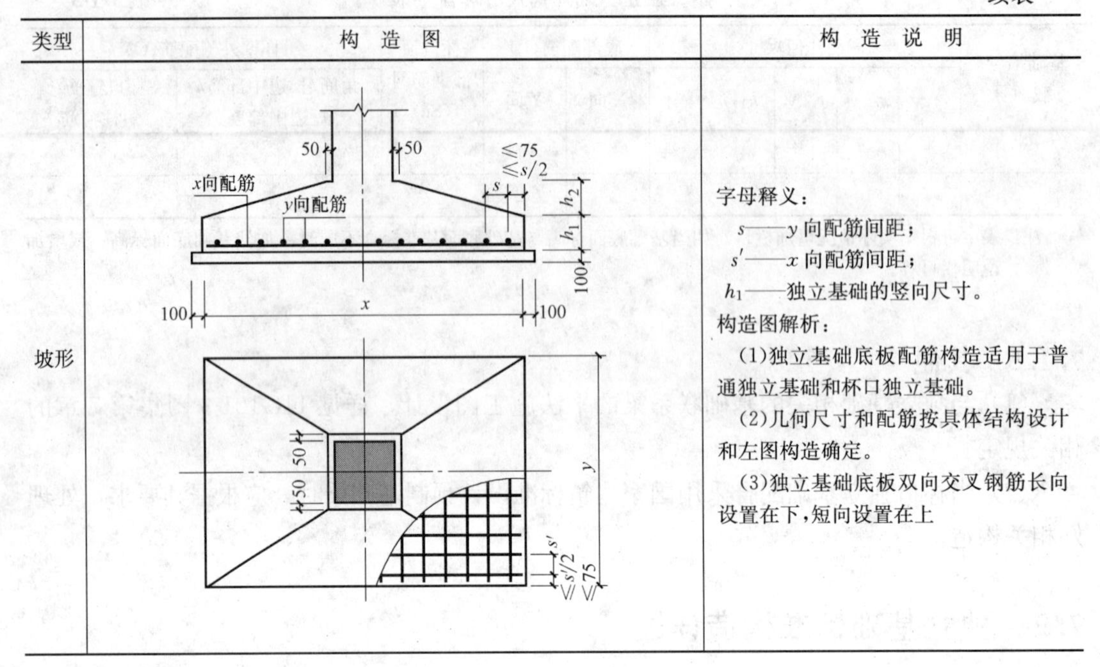	字母释义： s——y向配筋间距； s'——x向配筋间距； h_1——独立基础的竖向尺寸。 构造图解析： (1)独立基础底板配筋构造适用于普通独立基础和杯口独立基础。 (2)几何尺寸和配筋按具体结构设计和左图构造确定。 (3)独立基础底板双向交叉钢筋长向设置在下，短向设置在上

2. 独立基础底板配筋长度减短10%构造

独立基础底板配筋长度减短10%构造见表7-2-2。

独立基础底板配筋长度减短10%构造 **表7-2-2**

类型	构造图	构造说明
对称独立基础	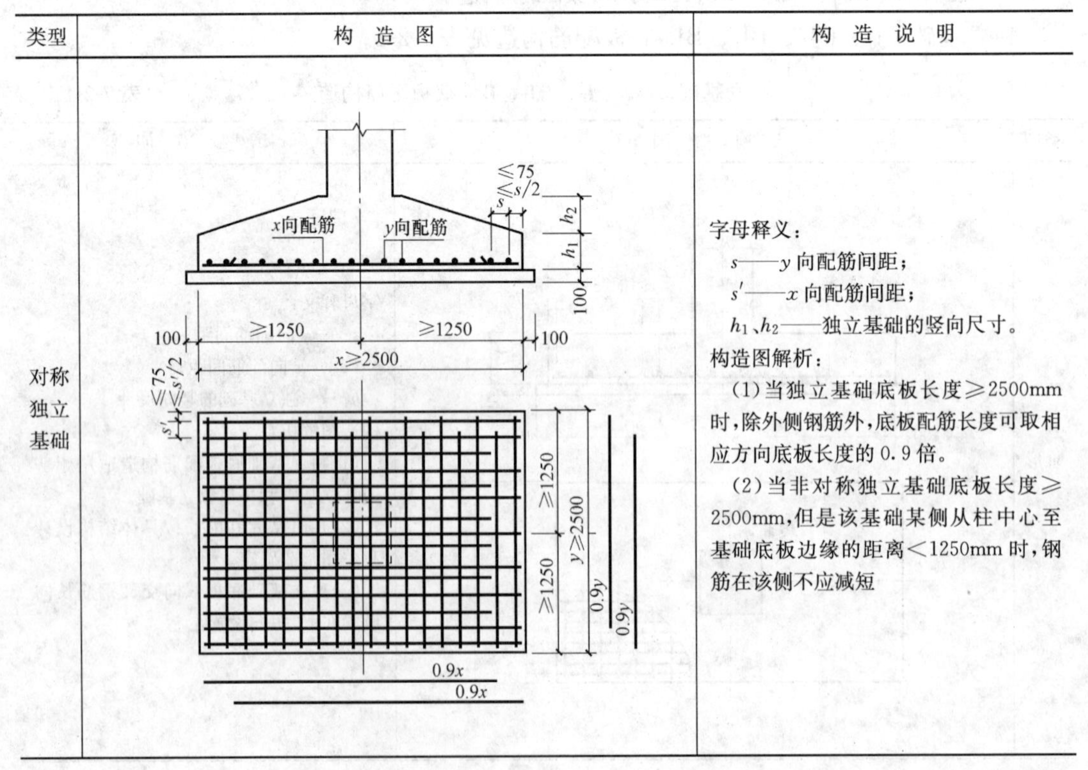	字母释义： s——y向配筋间距； s'——x向配筋间距； h_1、h_2——独立基础的竖向尺寸。 构造图解析： (1)当独立基础底板长度≥2500mm时，除外侧钢筋外，底板配筋长度可取相应方向底板长度的0.9倍。 (2)当非对称独立基础底板长度≥2500mm，但是该基础某侧从柱中心至基础底板边缘的距离<1250mm时，钢筋在该侧不应减短

续表

类型	构造图	构造说明
非对称独立基础	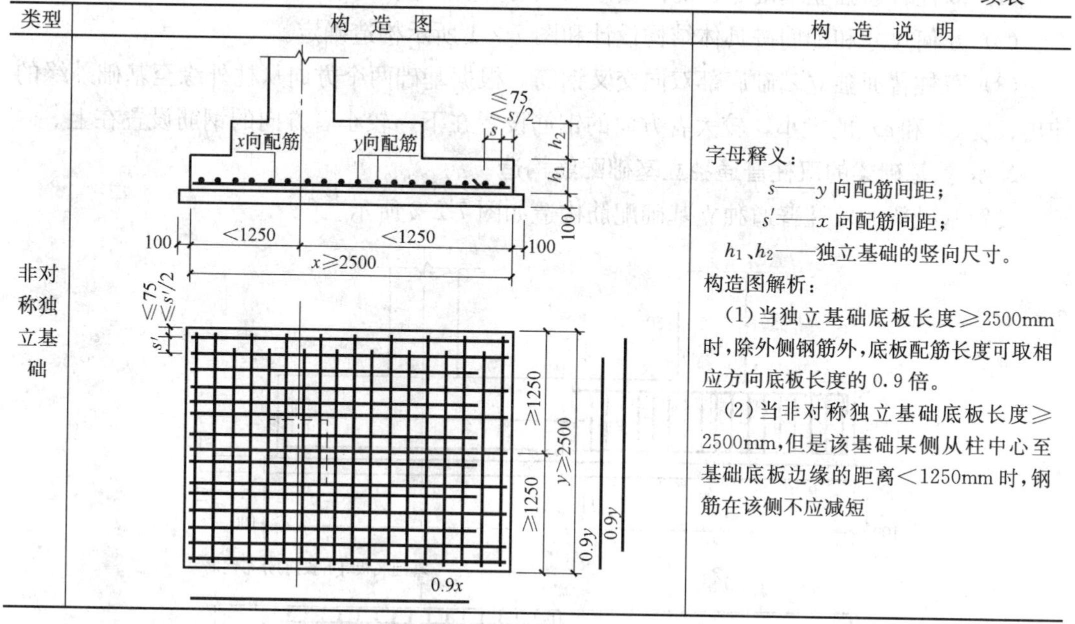	字母释义： s——y向配筋间距； s'——x向配筋间距； h_1、h_2——独立基础的竖向尺寸。 构造图解析： (1)当独立基础底板长度≥2500mm时，除外侧钢筋外，底板配筋长度可取相应方向底板长度的0.9倍。 (2)当非对称独立基础底板长度≥2500mm，但是该基础某侧从柱中心至基础底板边缘的距离<1250mm时，钢筋在该侧不应减短

7.2.2 多柱独立基础底板顶部钢筋

1. 双柱普通独立基础底部与顶部配筋构造

双柱普通独立基础底部与顶部配筋构造如图7-2-1所示。

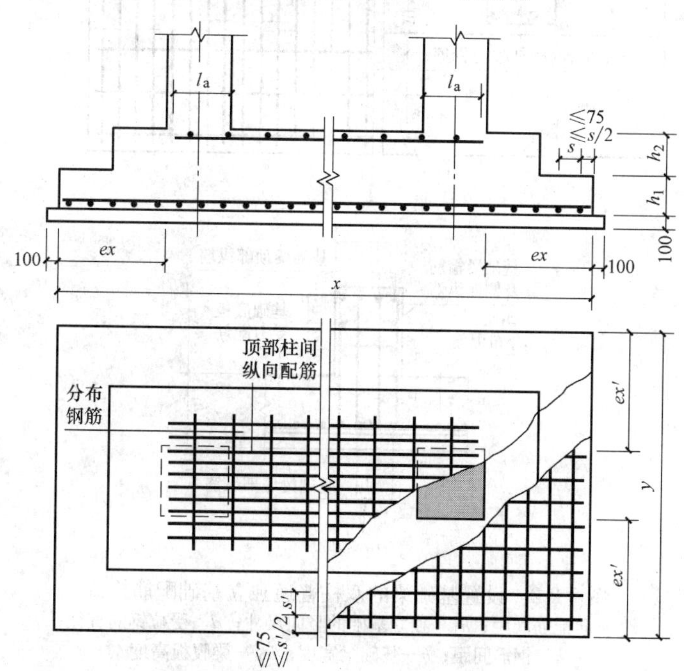

图7-2-1 双柱普通独立基础配筋构造

s—y向配筋间距；s'—x向配筋间距；h_1、h_2—独立基础的竖向尺寸；ex、ex'—基础两个方向从柱外缘至基础外缘的伸出长度

（1）双柱普通独立基础底板的截面形状，可为阶形截面 DJ_J 或坡形截面 DJ_P。

（2）几何尺寸和配筋按具体结构设计和图 7-2-1 所示构造确定。

（3）双柱普通独立基础底部双向交叉钢筋，根据基础两个方向从柱外缘至基础外缘的伸出长度 ex 和 ex' 的大小，较大者方向的钢筋设置在下，较小者方向的钢筋设置在上。

2. 设置基础梁的双柱普通独立基础配筋构造

设置基础梁的双柱普通独立基础配筋构造如图 7-2-2 所示。

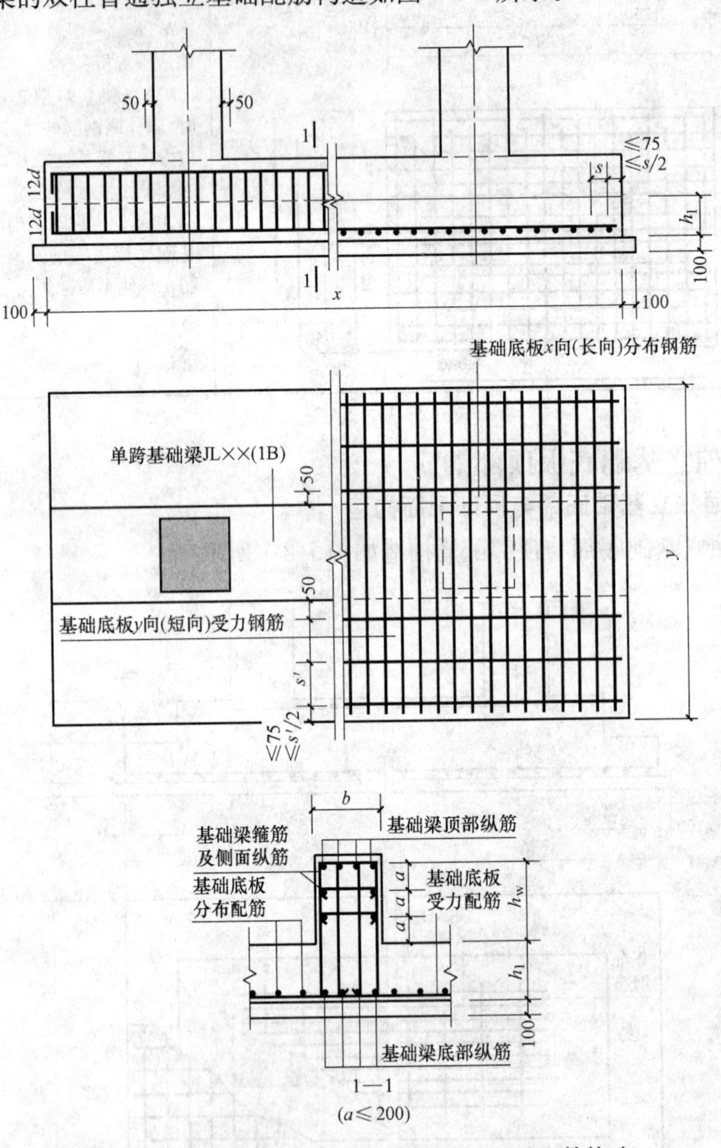

图 7-2-2 设置基础梁的双柱普通独立基础配筋构造

s—y 向配筋间距；h_1—独立基础的竖向尺寸；d—受拉钢筋直径；

a—钢筋间距；b—基础梁宽度；h_w—梁腹板高度

（1）双柱独立基础底板的截面形状，可为阶形截面 DJ_J 或坡形截面 DJ_P。

（2）几何尺寸和配筋按具体结构设计和图 7-2-2 所示构造确定。

(3) 双柱独立基础底部短向受力钢筋设置在基础梁纵筋之下，与基础梁箍筋的下水平段位于同一层面。

(4) 双柱独立基础所设置的基础梁宽度，宜比柱截面宽度≥100mm（每边≥50mm）。当具体设计的基础梁宽度小于柱截面宽度时，施工时应按表 8-2-4 的规定增设梁包柱侧腋。

7.2.3 普通独立深基础短柱配筋构造

独立深基础底板的截面形式可为阶行截面 BJ_J 或坡形截面 BJ_P。当为坡形截面且坡度较大时，应在坡面上安装顶部模板，以确保混凝土能够浇筑成型、振捣密实。普通独立深基础短柱配筋构造包括单柱和双柱两种。

1. 单柱普通独立深基础短柱配筋构造

单柱普通独立深基础短柱配筋构造如图 7-2-3 所示。

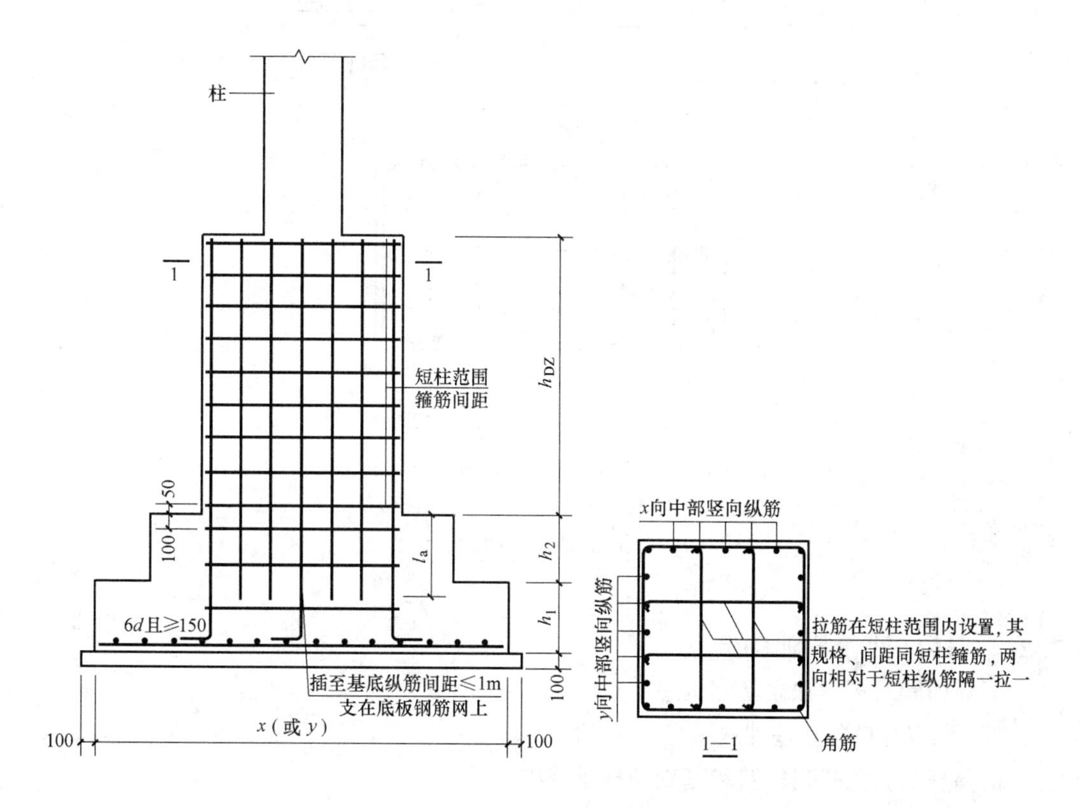

图 7-2-3 单柱普通独立深基础短柱配筋构造

h_1、h_2—独立基础的竖向尺寸；l_a—纵向受拉钢筋非抗震锚固长度；

h_{DZ}—独立深基础短柱的竖向尺寸

2. 双柱普通独立深基础短柱配筋构造

双柱普通独立深基础短柱配筋构造如图 7-2-4 所示。

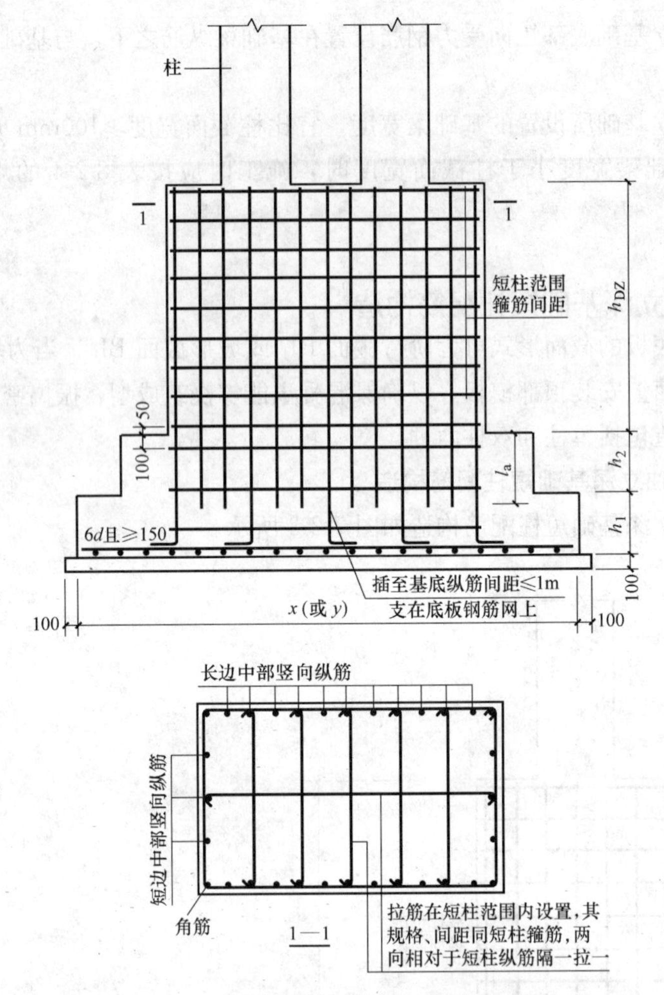

图 7-2-4 双柱普通独立深基础短柱配筋构造

h_1、h_2—独立基础的竖向尺寸；l_a—纵向受拉钢筋非抗震锚固长度；

h_{DZ}—独立深基础短柱的竖向尺寸

7.2.4 杯口独立基础构造

1. 杯口和双杯口独立基础构造

杯口和双杯口独立基础构造见表 7-2-3。

2. 高杯口独立基础杯壁和基础短柱配筋构造

高杯口独立基础底板的截面形状可为阶形截面 BJ_J 或坡形截面 BJ_P。当为坡形截面且坡度较大时，应在坡面上安装顶部模板，以确保混凝土能够浇筑成型、振捣密实。高杯口独立基础杯壁和基础短柱配筋构造如图 7-2-5 所示。

3. 双高杯口独立基础杯壁和基础短柱配筋构造

双高杯口独立基础杯壁和基础短柱配筋构造如图 7-2-6 所示。当双杯口的中间杯壁宽度 t_5＜400mm 时，设置中间杯壁构造配筋。

杯口和双杯口独立基础构造　　　**表 7-2-3**

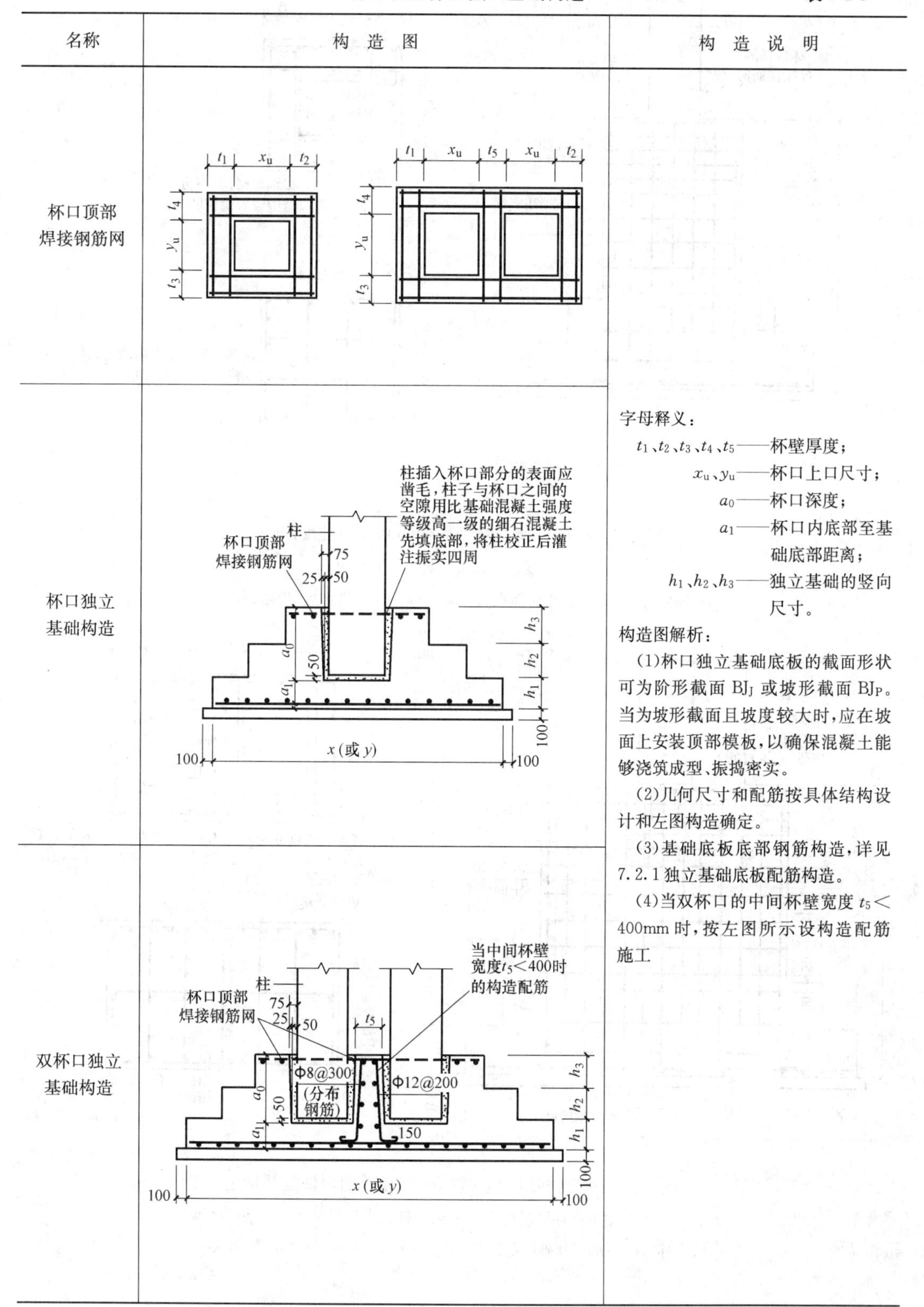

名称	构造图	构造说明
杯口顶部焊接钢筋网		
杯口独立基础构造		字母释义： t_1、t_2、t_3、t_4、t_5——杯壁厚度； x_u、y_u——杯口上口尺寸； a_0——杯口深度； a_1——杯口内底部至基础底部距离； h_1、h_2、h_3——独立基础的竖向尺寸。 构造图解析： (1)杯口独立基础底板的截面形状可为阶形截面 BJ_J 或坡形截面 BJ_P。当为坡形截面且坡度较大时，应在坡面上安装顶部模板，以确保混凝土能够浇筑成型、振捣密实。 (2)几何尺寸和配筋按具体结构设计和左图构造确定。 (3)基础底板底部钢筋构造，详见7.2.1独立基础底板配筋构造。 (4)当双杯口的中间杯壁宽度 t_5<400mm 时，按左图所示设构造配筋施工
双杯口独立基础构造		

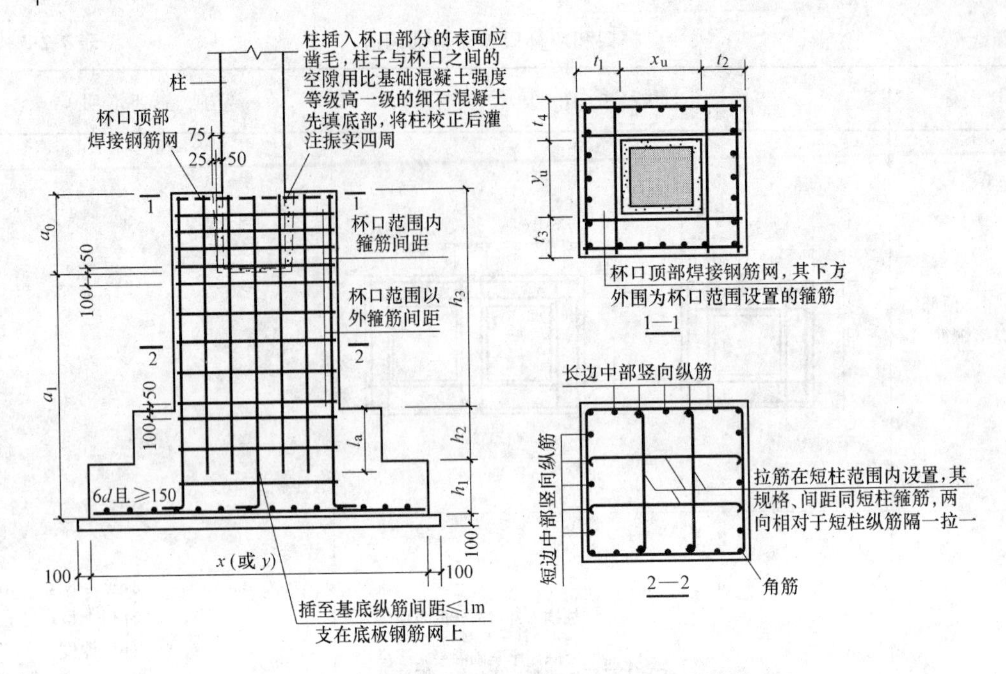

图 7-2-5　高杯口独立基础杯壁和基础短柱配筋构造

t_1、t_2、t_3、t_4—杯壁厚度；x_u、y_u—杯口上口尺寸；a_0—杯口深度；

a_1—杯口内底部至基础底部距离；h_1、h_2、h_3—独立基础的竖向尺寸

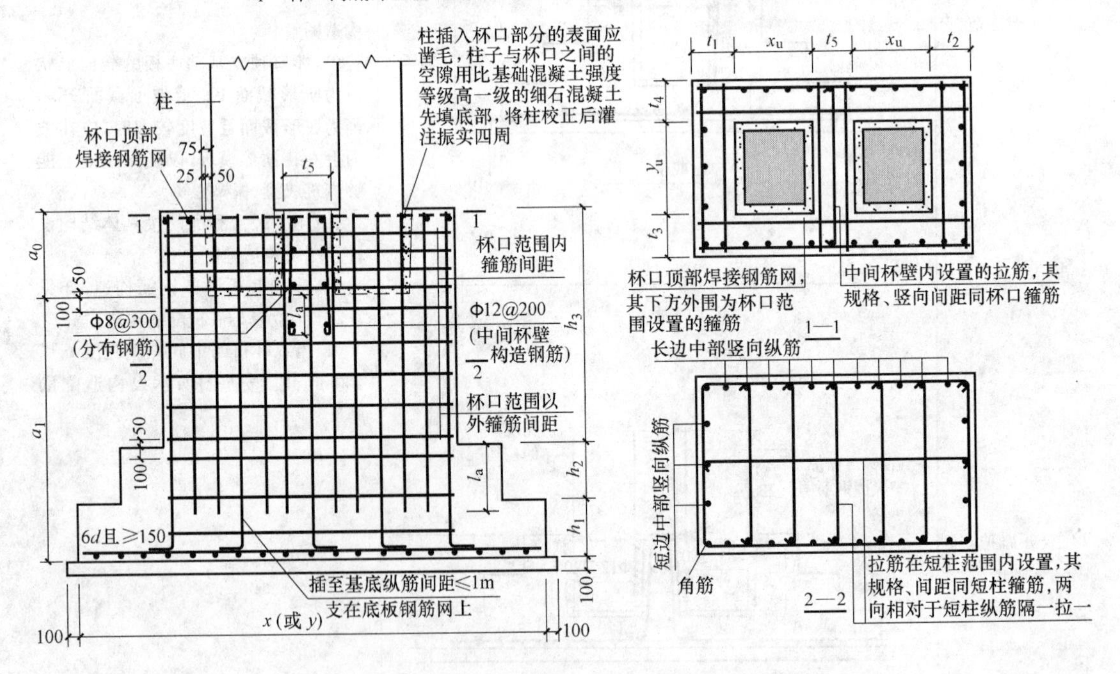

图 7-2-6　双高杯口独立基础杯壁和基础短柱配筋构造

t_1、t_2、t_3、t_4、t_5—杯壁厚度；x_u、y_u—杯口上口尺寸；a_0—杯口深度；

a_1—杯口内底部至基础底部距离；h_1、h_2、h_3—独立基础的竖向尺寸

8 条形基础平法识图

8.1 条形基础平法施工图制图规则

8.1.1 条形基础平法施工图的表示方法

（1）条形基础平法施工图，包括平面注写与截面注写两种表达方式，设计者可根据具体工程情况选择一种，或将两种方式相结合进行条形基础的施工图设计。

（2）当绘制条形基础平面布置图时，应将条形基础平面与基础所支承的上部结构的柱、墙一起绘制。当基础底面标高不同时，需注明与基础底面基准标高不同之处的范围和标高。

（3）当梁板式基础梁中心或板式条形基础板中心与建筑定位轴线不重合时，应标注其定位尺寸；对于编号相同的条形基础，可仅选择一个进行标注。

（4）条形基础整体上可分为以下两类：

1）梁板式条形基础。它适用于钢筋混凝土框架结构、框架-剪力墙结构、部分框支剪力墙结构和钢结构。平法施工图将梁板式条形基础分解为基础梁和条形基础底板分别进行表达。

2）板式条形基础。它适用于钢筋混凝土剪力墙结构和砌体结构。平法施工图仅表达条形基础底板。

8.1.2 条形基础编号

条形基础编号分为基础梁和条形基础底板编号，应符合表 8-1-1 的规定。

条形基础梁及底板编号 **表 8-1-1**

类型		代号	序号	跨数及有无外伸
基础梁		JL	××	(××)端部无外伸
条形基础底板	坡形	TJB_P	××	(××A)一端有外伸
	阶形	TJB_J	××	(××B)两端有外伸

注：条形基础通常采用坡形截面或单阶形截面。

8.1.3 基础梁的平面注写方式

（1）基础梁 JL 的平面注写方式，分集中标注和原位标注两部分内容。

（2）基础梁的集中标注内容包括：基础梁编号、截面尺寸、配筋三项必注内容，以及基础梁底面标高（与基础底面基准标高不同时）和必要的文字注解两项选注内容。具体规定如下：

1）注写基础梁编号（必注内容），见表 8-1-1。

2）注写基础梁截面尺寸（必注内容）。注写 $b\times h$，表示梁截面宽度与高度。当为加腋梁时，用 $b\times h\mathrm{Y}c_1\times c_2$ 表示，其中 c_1 为腋长，c_2 为腋高。

3）注写基础梁配筋（必注内容）。

① 注写基础梁箍筋：

a. 当具体设计仅采用一种箍筋间距时，注写钢筋级别、直径、间距与肢数（箍筋肢数写在括号内，下同）。

b. 当具体设计采用两种箍筋时，用“/”分隔不同箍筋，按照从基础梁两端向跨中的顺序注写。先注写第 1 段箍筋（在前面加注箍筋道数），在斜线后再注写第 2 段箍筋（不再加注箍筋道数）。

施工时应注意：两向基础梁相交的柱下区域，应有一向截面较高的基础梁按梁端箍筋贯通设置；当两向基础梁高度相同时，任选一向基础梁箍筋贯通设置。

② 注写基础梁底部、顶部及侧面纵向钢筋：

a. 以 B 打头，注写梁底部贯通纵筋（不应少于梁底部受力钢筋总截面面积的 1/3）。当跨中所注根数少于箍筋肢数时，需要在跨中增设梁底部架立筋以固定箍筋，采用“+”将贯通纵筋与架立筋相连，架立筋注写在加号后面的括号内。

b. 以 T 打头，注写梁顶部贯通纵筋。注写时用分号“;”将底部与顶部贯通纵筋分隔开，如有个别跨与其不同者按本规则下述第（3）条原位注写的规定处理。

c. 当梁底部或顶部贯通纵筋多于一排时，用“/”将各排纵筋自上而下分开。

d. 以大写字母 G 打头注写梁两侧面对称设置的纵向构造钢筋的总配筋值（当梁腹板净高 h_w 不小于 450mm 时，根据需要配置）。

4）注写基础梁底面标高（选注内容）。当条形基础的底面标高与基础底面基准标高不同时，将条形基础底面标高注写在“（ ）”内。

5）必要的文字注解（选注内容）。当基础梁的设计有特殊要求时，宜增加必要的文字注解。

（3）基础梁 JL 的原位标注规定如下：

1）原位标注基础梁端或梁在柱下区域的底部全部纵筋（包括底部非贯通纵筋和已集中注写的底部贯通纵筋）：

① 当梁端或梁在柱下区域的底部纵筋多于一排时，用“/”将各排纵筋自上而下分开。

② 当同排纵筋有两种直径时，用“+”将两种直径的纵筋相连。

③ 当梁中间支座或梁在柱下区域两边的底部纵筋配置不同时，需在支座两边分别标注；当梁中间支座两边的底部纵筋相同时，可仅在支座的一边标注。

④ 当梁端（柱下）区域的底部全部纵筋与集中注写过的底部贯通纵筋相同时，可不再重复做原位标注。

设计时应注意：当对底部一平的梁支座（柱下）两边的底部非贯通纵筋采用不同配筋值时（“底部一平”为“柱下两边的梁底部在同一个平面上”的缩略词），应先按较小一边的配筋值选配相同直径的纵筋贯穿支座，再将较大一边的配筋差值选配适当直径的钢筋锚入支座，避免造成支座两边大部分钢筋直径不相同的不合理配置结果。

施工及预算方面应注意：当底部贯通纵筋经原位注写修正，出现两种不同配置的底部贯通纵筋时，应在两毗邻跨中配置较小一跨的跨中连接区域进行连接（即配置较大一跨的底部贯通纵筋需伸出至毗邻跨的跨中连接区域）。

2）原位注写基础梁的附加箍筋或（反扣）吊筋。当两向基础梁十字交叉，但是交叉位置无柱时，应根据抗力需要设置附加箍筋或（反扣）吊筋。

将附加箍筋或（反扣）吊筋直接画在平面图十字交叉梁中刚度较大的条形基础主梁上，原位直接引注总配筋值（附加箍筋的肢数注在括号内）。当多数附加箍筋或（反扣）吊筋相同时，可在条形基础平法施工图上统一注明。少数与统一注明值不同时，再原位直接引注。

施工时应注意：附加箍筋或（反扣）吊筋的几何尺寸应按照标准构造详图，结合其所在位置的主梁和次梁的截面尺寸确定。

3）原位注写基础梁外伸部位的变截面高度尺寸。当基础梁外伸部位采用变截面高度时，在该部位原位注写 $b\times h_1/h_2$，h_1 为根部截面高度，h_2 为尽端截面高度。

4）原位注写修正内容。当在基础梁上集中标注的某项内容（例如截面尺寸、箍筋、底部与顶部贯通纵筋或架立筋、梁侧面纵向构造钢筋、梁底面标高等）不适用于某跨或某外伸部位时，将其修正内容原位标注在该跨或该外伸部位，施工时原位标注取值优先。

当在多跨基础梁的集中标注中已注明加腋，而该梁某跨根部不需要加腋时，则应在该跨原位标注无 $Yc_1\times c_2$ 的 $b\times h$，以修正集中标注中的加腋要求。

8.1.4 基础梁底部非贯通纵筋的长度规定

（1）为方便施工，凡基础梁柱下区域底部非贯通纵筋的伸出长度 a_0 值，当配置不多于两排时，在标准构造详图中统一取值为自柱边向跨内伸出至 $l_n/3$ 位置；当非贯通纵筋配置多于两排时，从第三排起向跨内的伸出长度值应由设计者注明。l_n 的取值规定为：边跨边支座的底部非贯通纵筋，l_n 取本边跨的净跨长度值；对于中间支座的底部非贯通纵筋，l_n 取支座两边较大一跨的净跨长度值。

（2）基础梁外伸部位底部纵筋的伸出长度 a_0 值，在标准构造详图中统一取值为：第一排伸出至梁端头后，全部上弯 $12d$；其他排钢筋伸至梁端头后截断。

（3）设计者在执行第（1）、（2）条底部非贯通纵筋伸出长度的统一取值规定时，应注意按《混凝土结构设计规范》GB 50010—2010、《建筑地基基础设计规范》GB 50007—2011 和《高层建筑混凝土结构技术规程》JCJ 3—2010 的相关规定进行校核，若不满足时应另行变更。

8.1.5 条形基础底板的平面注写方式

（1）条形基础底板 TJB_P、TJB_J 的平面注写方式，分集中标注和原位标注两部分内容。

（2）条形基础底板的集中标注内容包括：条形基础底板编号、截面竖向尺寸、配筋三项必注内容，以及条形基础底板底面标高（与基础底面基准标高不同时）、必要的文字注解两项选注内容。

素混凝土条形基础底板的集中标注，除无底板配筋内容外与钢筋混凝土条形基础底板相同。具体规定如下：

1）注写条形基础底板编号（必注内容），见表 8-1-1。条形基础底板向两侧的截面形状通常包括以下两种：

① 阶形截面，编号加下标“J”，例如 TJB_J××（××）；

② 坡形截面，编号加下标“P”，例如 TJB_P××（××）。

2）注写条形基础底板截面竖向尺寸（必注内容）。注写 $h_1/h_2/$……，具体标注如下：

① 当条形基础底板为坡形截面时，注写为 h_1/h_2，如图 8-1-1 所示。

② 当条形基础底板为阶形截面时，如图 8-1-2 所示。

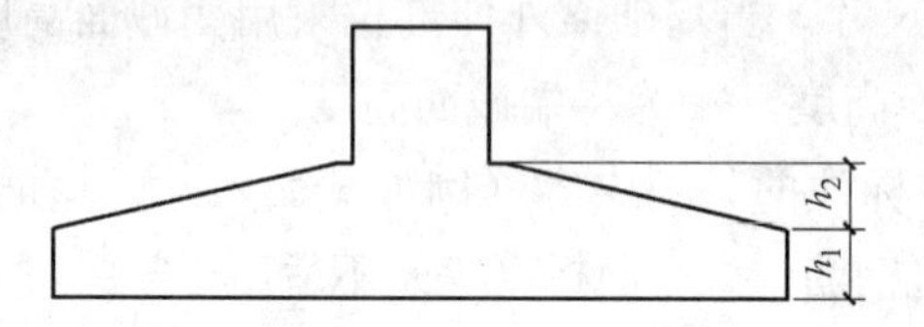

图 8-1-1　条形基础底板坡形截面竖向尺寸

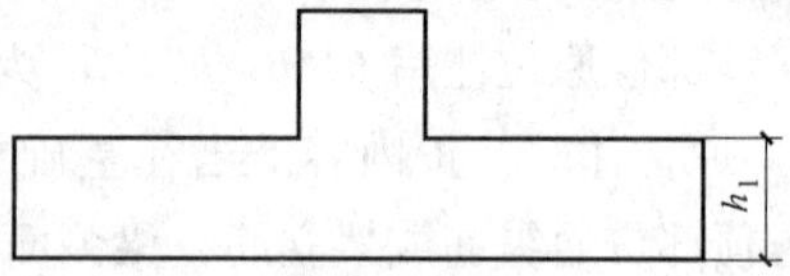

图 8-1-2　条形基础底板阶形截面竖向尺寸

图 8-1-2 为单阶，当为多阶时各阶尺寸自下而上以“/”分隔顺写。

3）注写条形基础底板底部及顶部配筋（必注内容）。

以 B 打头，注写条形基础底板底部的横向受力钢筋；以 T 打头，注写条形基础底板顶部的横向受力钢筋；注写时，用“/”分隔条形基础底板的横向受力钢筋与构造配筋，如图 8-1-3 和图 8-1-4 所示。

4）注写条形基础底板底面标高（选注内容）。当条形基础底板的底面标高与条形基础底面基准标高不同时，应将条形基础底板底面标高注写在“（　）”内。

5）必要的文字注解（选注内容）。当条形基础底板有特殊要求时，应增加必要的文字注解。

（3）条形基础底板的原位标注规定如下：

1）原位注写条形基础底板的平面尺寸。原位标注 b、b_i，$i=1$，2，……。其中，b 为基础底板总宽度，b_i 为基础底板台阶的宽度。当基础底板采用对称于基础梁的坡形截面或单阶形截面时，b_i 可不注，如图 8-1-5 所示。

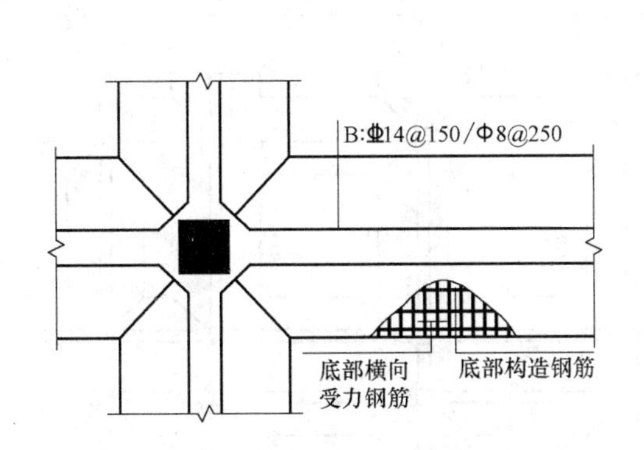

图 8-1-3 条形基础底板底部配筋示意

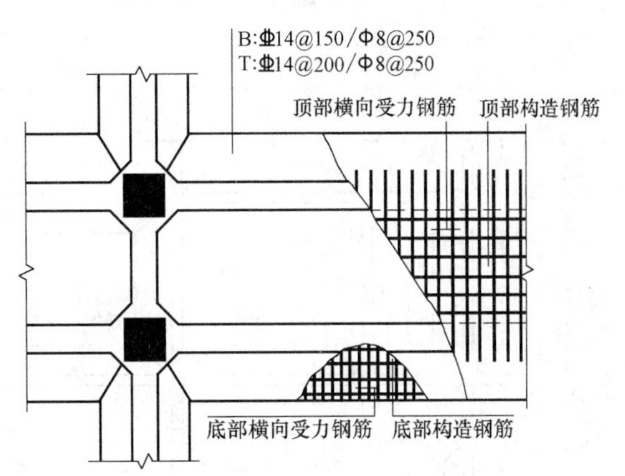

图 8-1-4 双梁条形基础底板顶部配筋示意

素混凝土条形基础底板的原位标注与钢筋混凝土条形基础底板相同。

对于相同编号的条形基础底板，可仅选择一个进行标注。

梁板式条形基础存在双梁共用同一基础底板、墙下条形基础也存在双墙共用同一基础底板的情况，当为双梁或为双墙并且梁或墙荷载差别较大时，条形基础两侧可取不同的宽度，实际宽度以原位标注的基础底板两侧非对称的不同台阶宽度 b_i 进行表达。

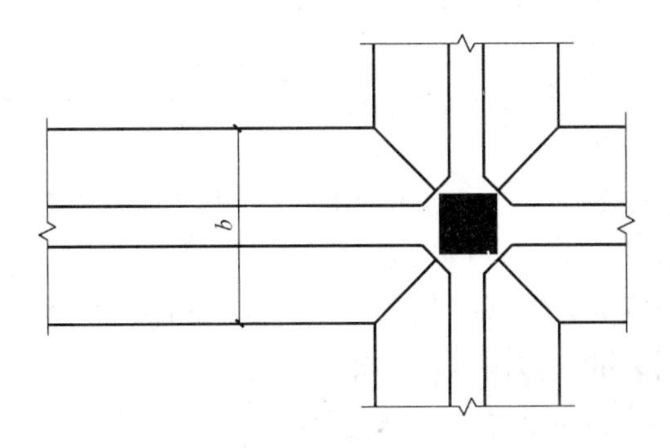

图 8-1-5 条形基础底板平面尺寸原位标注

2）原位注写修正内容。当在条形基础底板上集中标注的某项内容，例如底板截面竖向尺寸、底板配筋、底板底面标高等，不适用于条形基础底板的某跨或某外伸部分时，可将其修正内容原位标注在该跨或该外伸部位，施工时原位标注取值优先。

（4）采用平面注写方式表达的条形基础设计施工图如图 8-1-6 所示。

8.1.6 条形基础的截面注写方式

（1）条形基础的截面注写方式，又可分为截面标注和列表注写（结合截面示意图）两种表达方式。

采用截面注写方式，应在基础平面布置图上对所有条形基础进行编号，见表 8-1-1。

（2）对条形基础进行截面标注的内容和形式，与传统“单构件正投影表示方法”基本相同。对于已在基础平面布置图上原位标注清楚的该条形基础梁和条形基础底板的水平尺寸，可不在截面图上重复表达，具体表达内容可参照 11G101-3 图集中相应的标准构造。

（3）对多个条形基础可采用列表注写（结合截面示意图）的方式进行集中表达。表中

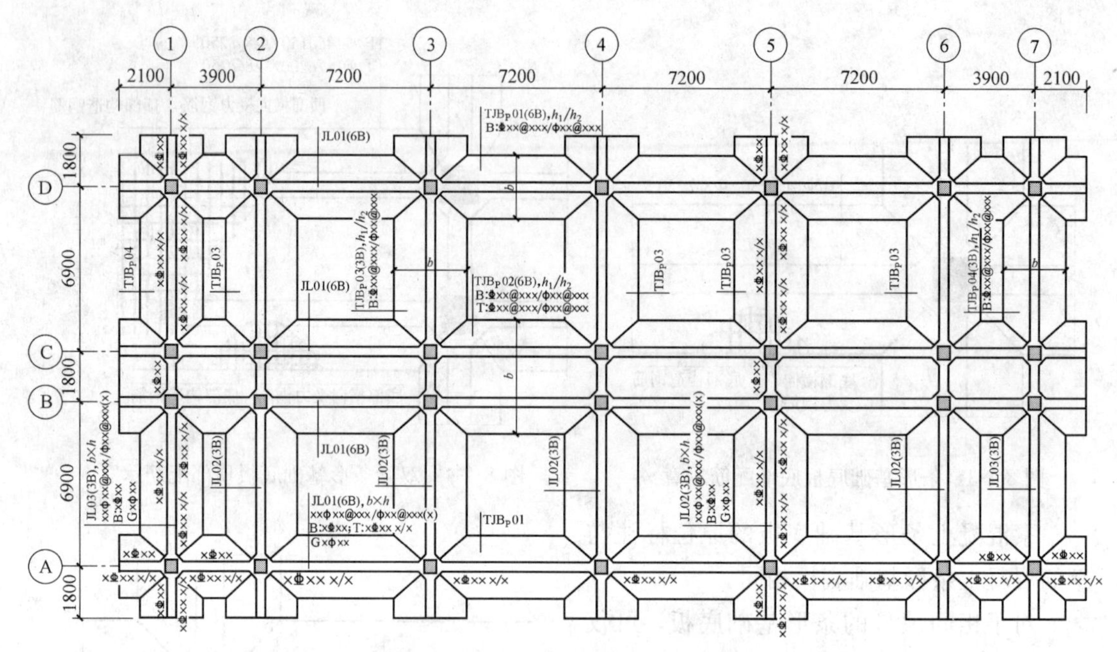

图 8-1-6 采用平面注写方式表达的条形基础设计施工图示意

注：±0.000 的绝对标高（m）：×××.×××；基础底面标高：−×.×××。

内容为条形基础截面的几何数据和配筋，截面示意图上应标注与表中栏目相对应的代号。列表的具体内容规定如下：

1）基础梁。基础梁列表集中注写栏目如下：

① 编号：注写 JL××（××）、JL××（××A）或 JL××（××B）。

② 几何尺寸：梁截面宽度与高度 $b \times h$。当为加腋梁时，注写 $b \times h$ Y$c_1 \times c_2$。

③ 配筋：注写基础梁底部贯通纵筋＋非贯通纵筋，顶部贯通纵筋，箍筋。当设计为两种箍筋时，箍筋注写为：第一种箍筋/第二种箍筋，第一种箍筋为梁端部箍筋，注写内容包括箍筋的箍数、钢筋级别、直径、间距与肢数。

基础梁列表格式见表 8-1-2。

基础梁几何尺寸和配筋表 **表 8-1-2**

基础梁编号/截面号	截面几何尺寸		配筋	
	$b \times h$	加腋 $c_1 \times c_2$	底部贯通纵筋＋非贯通纵筋，顶部贯通纵筋	第一种箍筋/第二种箍筋

注：表中可根据实际情况增加栏目，例如增加基础梁底面标高等。

2）条形基础底板。条形基础底板列表集中注写栏目如下：

① 编号：坡形截面编号为 TJB$_P$××（××）、TJB$_P$××（××A）或 TJB$_P$××（××B），阶形截面编号为 TJB$_J$××（××）、TJB$_J$××（××A）或 TJB$_J$××（××B）。

② 几何尺寸：水平尺寸 b、b_i，$i=1$，2，……；竖向尺寸 h_1/h_2。

③ 配筋：B：Φ××@×××/Φ××@×××。

条形基础底板列表格式见表 8-1-3。

条形基础底板几何尺寸和配筋表　　　表 8-1-3

基础底板编号/截面号	截面几何尺寸			底部配筋(B)	
	b	b_i	h_1/h_2	横向受力钢筋	纵向构造钢筋

注：表中可根据实际情况增加栏目，如增加上部配筋、基础底板底面标高（与基础底板底面基准标高不一致时）等。

8.1.7 其他

与条形基础相关的基础联系梁、后浇带的平法施工图设计，详见 11G101-3 图集第 7 章的相关规定。

8.2 条形基础标准构造详图

8.2.1 基础梁 JL 钢筋构造

1. 基础梁 JL 端部与外伸部位钢筋构造

基础梁 JL 端部与外伸部位钢筋构造见表 8-2-1。

基础梁 JL 端部与外伸部位钢筋构造　　　表 8-2-1

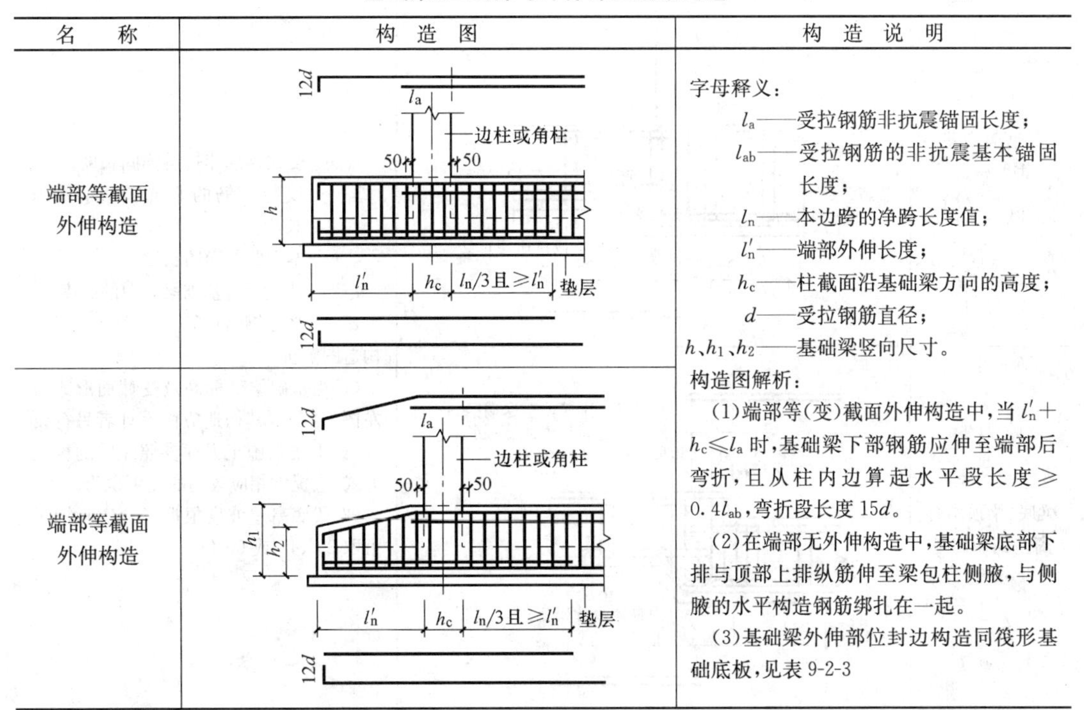

名　称	构　造　图	构　造　说　明
端部等截面外伸构造		字母释义： l_a——受拉钢筋非抗震锚固长度； l_{ab}——受拉钢筋的非抗震基本锚固长度； l_n——本边跨的净跨长度值； l'_n——端部外伸长度； h_c——柱截面沿基础梁方向的高度； d——受拉钢筋直径； h、h_1、h_2——基础梁竖向尺寸。 构造图解析： (1)端部等(变)截面外伸构造中，当 $l'_n+h_c\leqslant l_a$ 时，基础梁下部钢筋应伸至端部后弯折，且从柱内边算起水平段长度$\geqslant 0.4l_{ab}$，弯折段长度 $15d$。 (2)在端部无外伸构造中，基础梁底部下排与顶部上排纵筋伸至梁包柱侧腋，与侧腋的水平构造钢筋绑扎在一起。 (3)基础梁外伸部位封边构造同筏形基础底板，见表 9-2-3
端部等截面外伸构造		

续表

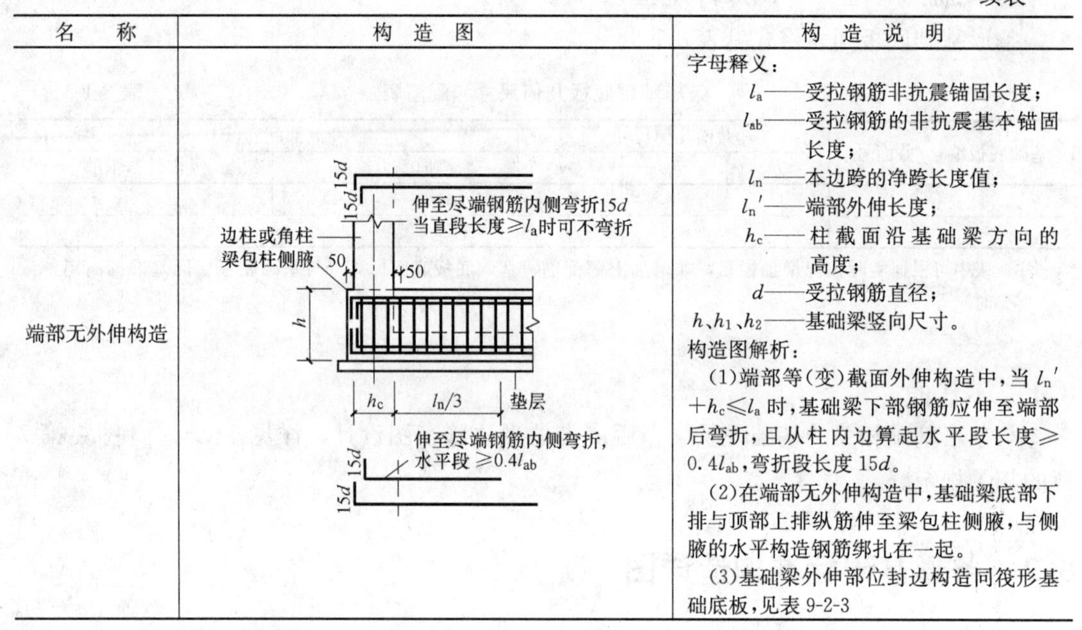

名　称	构　造　图	构　造　说　明
端部无外伸构造		字母释义： l_a——受拉钢筋非抗震锚固长度； l_{ab}——受拉钢筋的非抗震基本锚固长度； l_n——本边跨的净跨长度值； l_n'——端部外伸长度； h_c——柱截面沿基础梁方向的高度； d——受拉钢筋直径； h、h_1、h_2——基础梁竖向尺寸。 构造图解析： (1)端部等(变)截面外伸构造中，当$l_n'+h_c \leqslant l_a$时，基础梁下部钢筋应伸至端部后弯折，且从柱内边算起水平段长度≥$0.4l_{ab}$，弯折段长度15d。 (2)在端部无外伸构造中，基础梁底部下排与顶部上排纵筋伸至梁包柱侧腋，与侧腋的水平构造钢筋绑扎在一起。 (3)基础梁外伸部位封边构造同筏形基础底板，见表9-2-3

2. 基础梁JL梁底不平和变截面部位钢筋构造

基础梁JL梁底不平和变截面部位钢筋构造见表8-2-2。

基础梁JL梁底不平和变截面部位钢筋构造　　表8-2-2

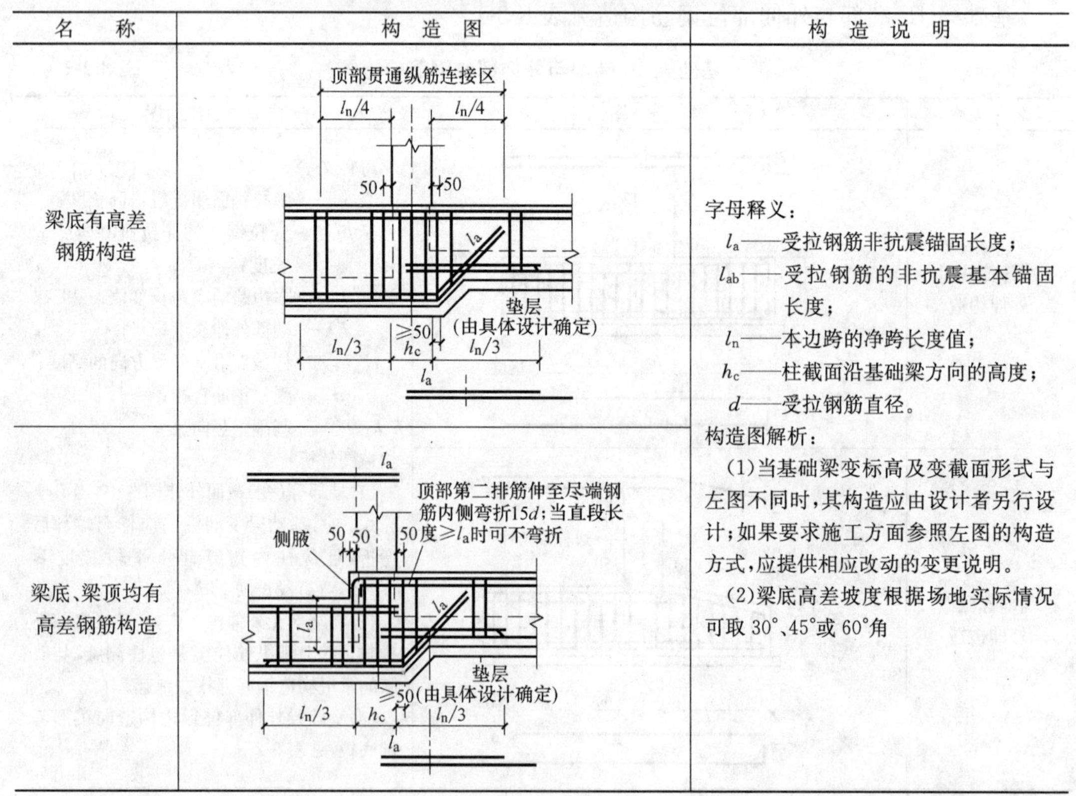

名　称	构　造　图	构　造　说　明
梁底有高差钢筋构造		字母释义： l_a——受拉钢筋非抗震锚固长度； l_{ab}——受拉钢筋的非抗震基本锚固长度； l_n——本边跨的净跨长度值； h_c——柱截面沿基础梁方向的高度； d——受拉钢筋直径。 构造图解析： (1)当基础梁变标高及变截面形式与左图不同时，其构造应由设计者另行设计；如果要求施工方面参照左图的构造方式，应提供相应改动的变更说明。 (2)梁底高差坡度根据场地实际情况可取30°、45°或60°角
梁底、梁顶均有高差钢筋构造		

续表

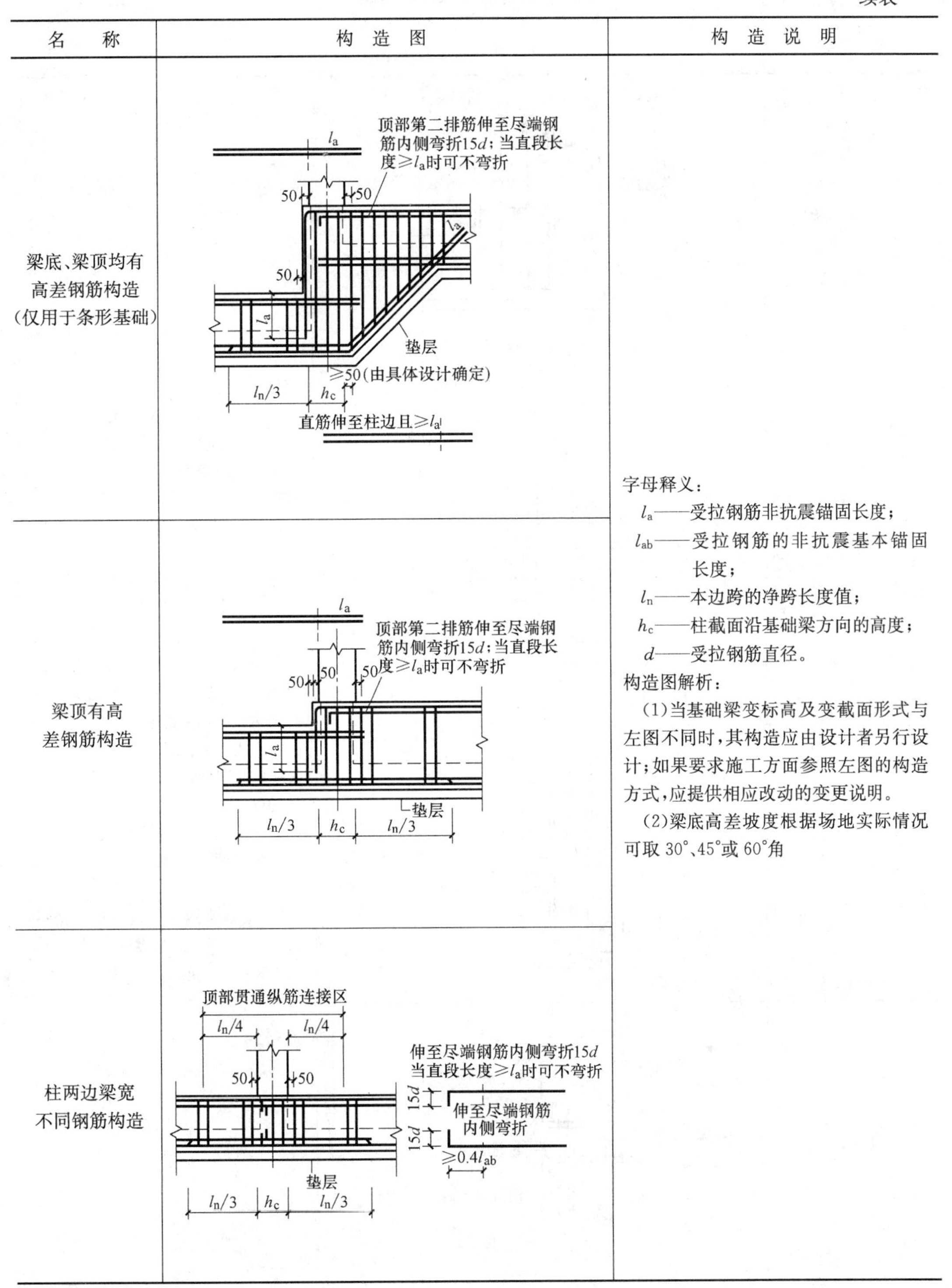

名　称	构　造　图	构　造　说　明
梁底、梁顶均有高差钢筋构造（仅用于条形基础）	顶部第二排筋伸至尽端钢筋内侧弯折15d；当直段长度≥l_a时可不弯折 l_a 50 50 50 l_a l_a 垫层 ≥50（由具体设计确定） $l_n/3$ h_c 直筋伸至柱边且≥l_a	字母释义： l_a——受拉钢筋非抗震锚固长度； l_{ab}——受拉钢筋的非抗震基本锚固长度； l_n——本边跨的净跨长度值； h_c——柱截面沿基础梁方向的高度； d——受拉钢筋直径。 构造图解析： （1）当基础梁变标高及变截面形式与左图不同时，其构造应由设计者另行设计；如果要求施工方面参照左图的构造方式，应提供相应改动的变更说明。 （2）梁底高差坡度根据场地实际情况可取30°、45°或60°角
梁顶有高差钢筋构造	l_a 顶部第二排筋伸至尽端钢筋内侧弯折15d；当直段长度≥l_a时可不弯折 50 50 50 l_a 垫层 $l_n/3$ h_c $l_n/3$	
柱两边梁宽不同钢筋构造	顶部贯通纵筋连接区 $l_n/4$ $l_n/4$ 50 50 伸至尽端钢筋内侧弯折15d 当直段长度≥l_a时可不弯折 15d 15d 伸至尽端钢筋内侧弯折 ≥0.4l_{ab} 垫层 $l_n/3$ h_c $l_n/3$	

3. 基础梁侧面构造纵筋和拉筋

基础梁侧面构造纵筋和拉筋见表8-2-3。

基础梁侧面构造纵筋和拉筋 **表 8-2-3**

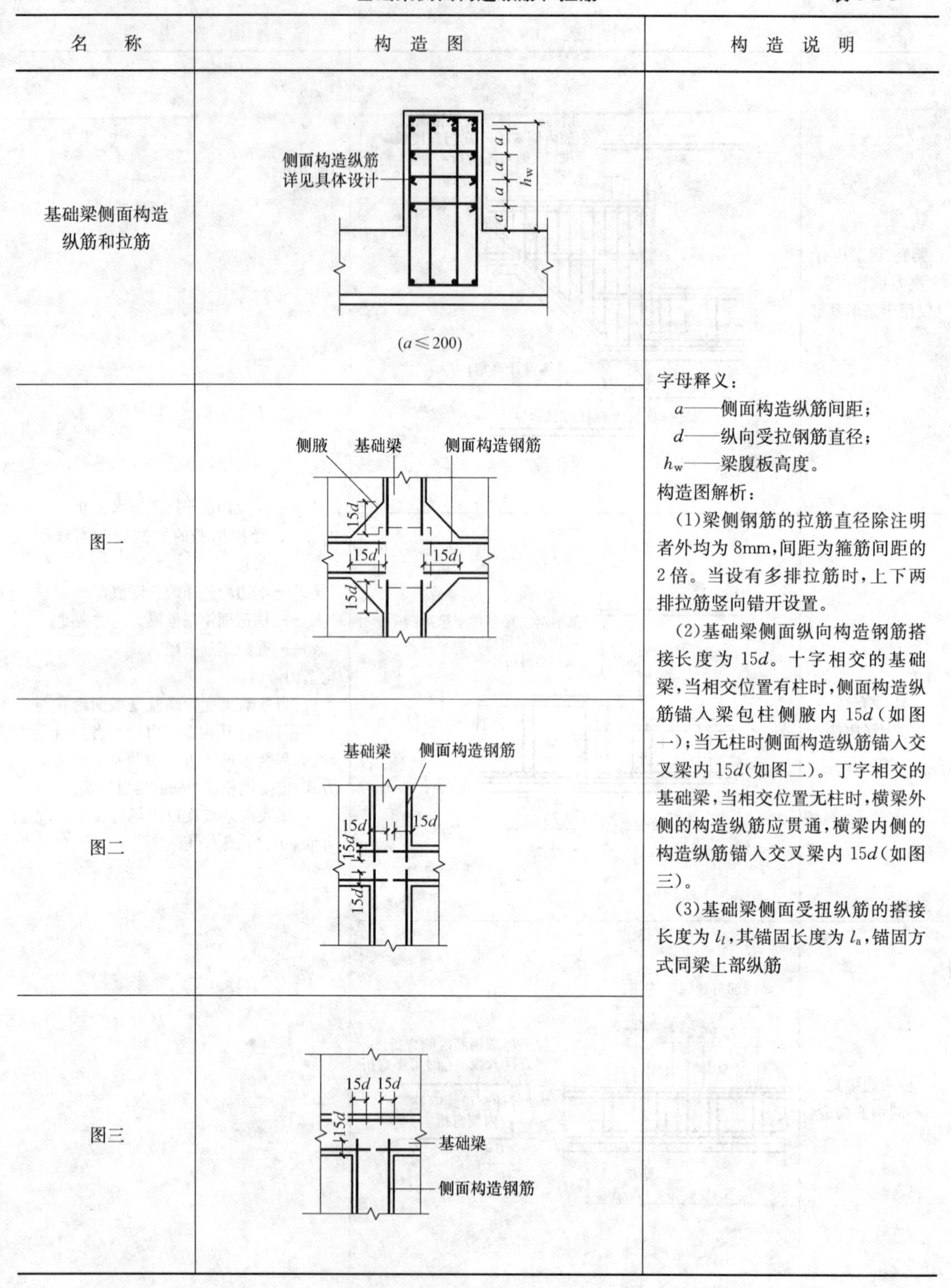

名 称	构 造 图	构 造 说 明
基础梁侧面构造纵筋和拉筋	侧面构造纵筋详见具体设计；a a a a；h_w；($a\leqslant 200$)	字母释义： a——侧面构造纵筋间距； d——纵向受拉钢筋直径； h_w——梁腹板高度。 构造图解析： (1)梁侧钢筋的拉筋直径除注明者外均为8mm，间距为箍筋间距的2倍。当设有多排拉筋时，上下两排拉筋竖向错开设置。 (2)基础梁侧面纵向构造钢筋搭接长度为15d。十字相交的基础梁，当相交位置有柱时，侧面构造纵筋锚入梁包柱侧腋内15d(如图一)；当无柱时侧面构造纵筋锚入交叉梁内15d(如图二)。丁字相交的基础梁，当相交位置无柱时，横梁外侧的构造纵筋应贯通，横梁内侧的构造纵筋锚入交叉梁内15d(如图三)。 (3)基础梁侧面受扭纵筋的搭接长度为l_l，其锚固长度为l_a，锚固方式同梁上部纵筋
图一	侧腋；基础梁；侧面构造钢筋；15d；15d；15d；15d	
图二	基础梁；侧面构造钢筋；15d；15d；15d；15d	
图三	15d；15d；15d；基础梁；侧面构造钢筋	

4. 基础梁JL与柱结合部侧腋构造

基础梁JL与柱结合部侧腋构造见表8-2-4。

基础梁 JL 与柱结合部侧腋构造 **表 8-2-4**

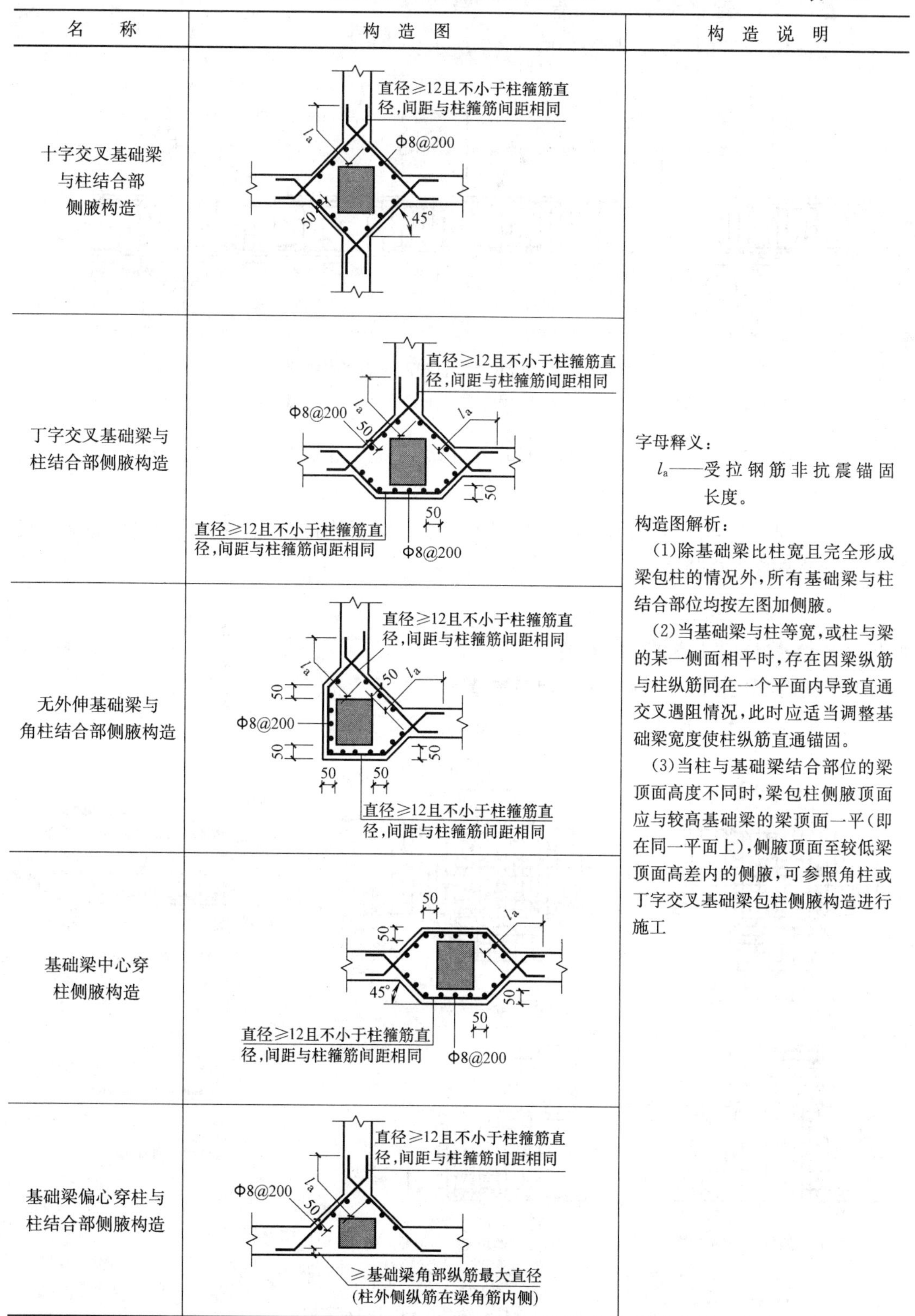

名　称	构　造　图	构　造　说　明
十字交叉基础梁与柱结合部侧腋构造	直径≥12且不小于柱箍筋直径，间距与柱箍筋间距相同 l_a Φ8@200 50 45°	字母释义： l_a——受拉钢筋非抗震锚固长度。 构造图解析： （1）除基础梁比柱宽且完全形成梁包柱的情况外，所有基础梁与柱结合部位均按左图加侧腋。 （2）当基础梁与柱等宽，或柱与梁的某一侧面相平时，存在因梁纵筋与柱纵筋同在一个平面内导致直通交叉遇阻情况，此时应适当调整基础梁宽度使柱纵筋直通锚固。 （3）当柱与基础梁结合部位的梁顶面高度不同时，梁包柱侧腋顶面应与较高基础梁的梁顶面一平（即在同一平面上），侧腋顶面至较低梁顶面高差内的侧腋，可参照角柱或丁字交叉基础梁包柱侧腋构造进行施工
丁字交叉基础梁与柱结合部侧腋构造	直径≥12且不小于柱箍筋直径，间距与柱箍筋间距相同 Φ8@200 l_a 50 l_a 50 50 直径≥12且不小于柱箍筋直径，间距与柱箍筋间距相同 Φ8@200	
无外伸基础梁与角柱结合部侧腋构造	直径≥12且不小于柱箍筋直径，间距与柱箍筋间距相同 l_a 50 l_a 50 Φ8@200 50 50 50 50 直径≥12且不小于柱箍筋直径，间距与柱箍筋间距相同	
基础梁中心穿柱侧腋构造	50 l_a 50 45° 50 50 直径≥12且不小于柱箍筋直径，间距与柱箍筋间距相同 Φ8@200	
基础梁偏心穿柱与柱结合部侧腋构造	直径≥12且不小于柱箍筋直径，间距与柱箍筋间距相同 Φ8@200 l_a 50 ≥基础梁角部纵筋最大直径（柱外侧纵筋在梁角筋内侧）	

5. 基础梁 JL 配置两种箍筋构造

基础梁 JL 配置两种箍筋构造如图 8-2-1 所示。

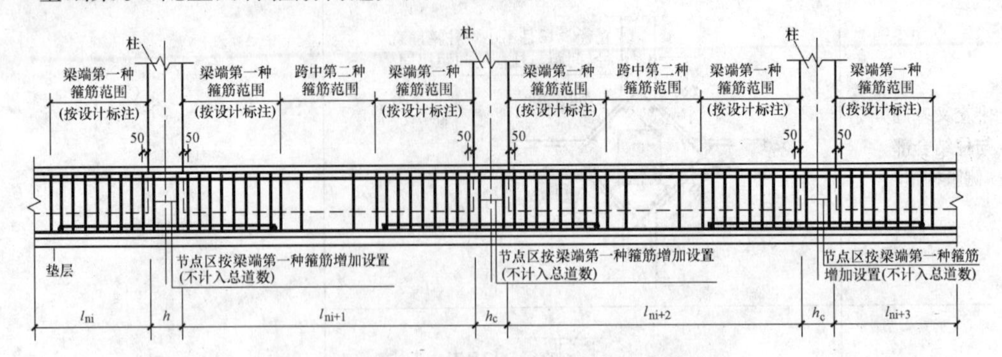

图 8-2-1 基础梁 JL 配置两种箍筋构造

l_{ni}、l_{ni+1}、l_{ni+2}、l_{ni+3}—基础梁的本跨净跨值；h_c—柱截面沿基础梁方向的高度

(1) 当具体设计未注明时，基础梁的外伸部位以及基础梁端部节点内按第一种箍筋设置。

(2) 基础梁竖向加腋部位的钢筋见设计标注。加腋范围的箍筋与基础梁的箍筋配置相同，仅箍筋高度为变值。

8.2.2 条形基础底板配筋构造

1. 条形基础底板 TJB_P 和 TJB_J 配筋构造

条形基础底板 TJB_P 和 TJB_J 配筋构造如图 8-2-2 所示。

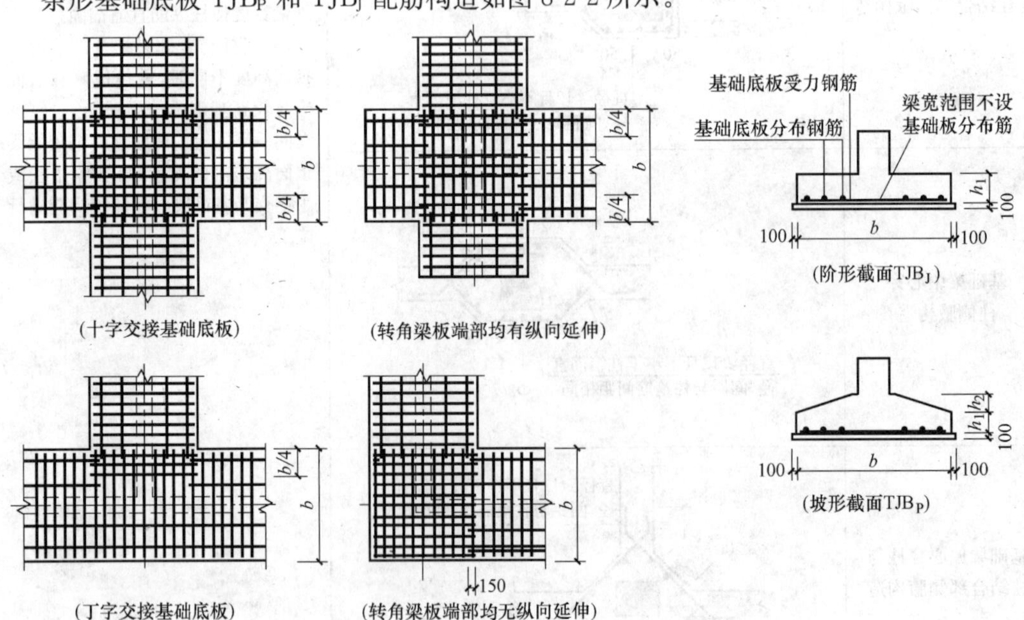

图 8-2-2 条形基础底板 TJB_P 和 TJB_J 配筋构造

b—条形基础底板宽度；h_1、h_2—条形基础竖向尺寸

（1）当条形基础设有基础梁时，基础底板的分布钢筋在梁宽范围内不设置。

（2）在两向受力钢筋交接处的网状部位，分布钢筋与同向受力钢筋的构造搭接长度为 150mm。

2. 条形基础底板板底不平构造

条形基础底板板底不平构造如图 8-2-3 和图 8-2-4 所示。

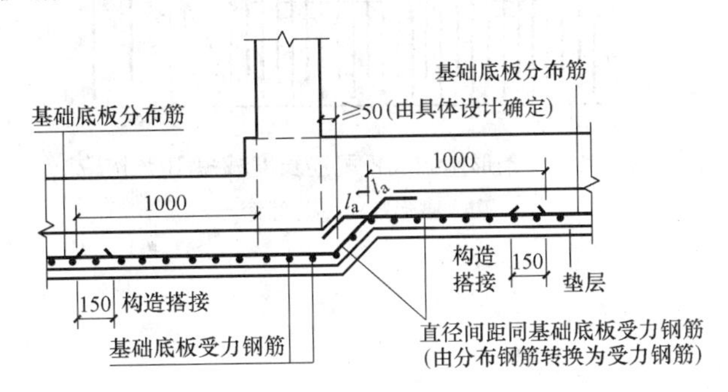

图 8-2-3　条形基础底板板底不平构造（一）

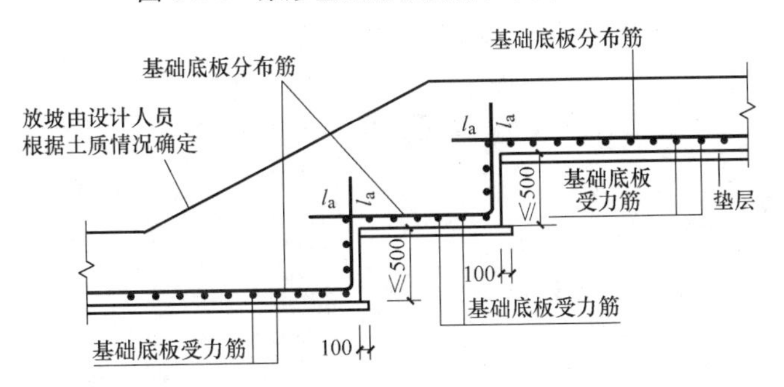

图 8-2-4　条形基础底板板底不平构造（二）

（板式条形基础）

l_a—受拉钢筋非抗震锚固长度

3. 条形基础无交接底板端部构造

条形基础无交接底板端部构造如图 8-2-5 所示。

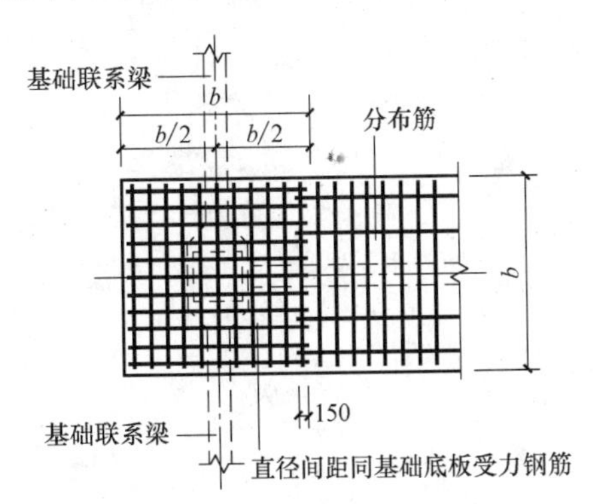

图 8-2-5　条形基础无交接底板端部构造

b—条形基础底板宽度

4. 条形基础底板配筋长度减短10%构造

条形基础底板配筋长度减短 10%构造如图 8-2-6 所示。

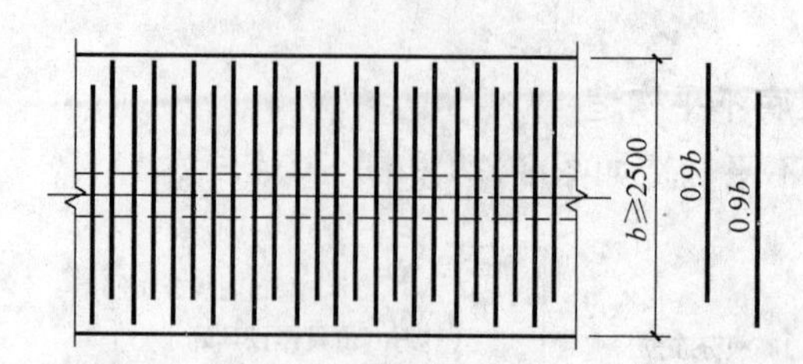

图 8-2-6 条形基础底板配筋长度减短 10%构造

b—条形基础底板宽度

9 筏形基础平法识图

9.1 筏形基础平法施工图制图规则

9.1.1 梁板式筏形基础平法施工图制图规则

1. 梁板式筏形基础平法施工图的表示方法

（1）梁板式筏形基础平法施工图是在基础平面布置图上采用平面注写方式进行表达。

（2）当绘制基础平面布置图时，应将梁板式筏形基础与其所支承的柱、墙一起绘制。当基础底面标高不同时，需注明与基础底面基准标高不同之处的范围和标高。

（3）通过选注基础梁底面与基础平板底面的标高高差来表达两者间的位置关系，可以明确其“高板位”（梁顶与板顶一平）、“低板位”（梁底与板底一平）以及“中板位”（板在梁的中部）三种不同位置组合的筏形基础，方便设计表达。

（4）对于轴线未居中的基础梁，应标注其定位尺寸。

2. 梁板式筏形基础构件的类型与编号

梁板式筏形基础由基础主梁，基础次梁，基础平板等构成，编号应符合表 9-1-1 的规定。

梁板式筏形基础构件编号 **表 9-1-1**

构件类型	代号	序号	跨数及有无外伸
基础主梁(柱下)	JL	××	(××)或(××A)或(××B)
基础次梁	JCL	××	(××)或(××A)或(××B)
梁板筏基础平板	LPB	××	

注：1.（××A）为一端有外伸，（××B）为两端有外伸，外伸不计入跨数。
2. 梁板式筏形基础平板跨数及是否有外伸分别在 X、Y 两向的贯通纵筋之后表达。图面从左至右为 X 向，从下至上为 Y 向。
3. 梁板式筏形基础主梁与条形基础梁编号与标准构造详图一致。

3. 基础主梁与基础次梁的平面注写方式

（1）基础主梁 JL 与基础次梁 JCL 的平面注写，分集中标注与原位标注两部分内容。

（2）基础主梁 JL 与基础次梁 JCL 的集中标注内容包括：基础梁编号、截面尺寸、配筋三项必注内容，以及基础梁底面标高高差（相对于筏形基础平板底面标高）一项选注内容。具体规定如下：

1）注写基础梁的编号，见表 9-1-1。

2）注写基础梁的截面尺寸。以 $b\times h$ 表示梁截面宽度与高度；当为加腋梁时，用 $b\times h$ Y$c_1\times c_2$ 表示，其中 c_1 为腋长，c_2 为腋高。

3）注写基础梁的配筋。

① 注写基础梁箍筋

a. 当采用一种箍筋间距时，注写钢筋级别、直径、间距与肢数（写在括号内）。

b. 当采用两种箍筋时，用“/”分隔不同箍筋，按照从基础梁两端向跨中的顺序注写。先注写第 1 段箍筋（在前面加注箍数），在斜线后再注写第 2 段箍筋（不再加注箍数）。

施工时应注意：两向基础主梁相交的柱下区域，应有一向截面较高的基础主梁按梁端箍筋贯通设置；当两向基础主梁高度相同时，任选一向基础主梁箍筋贯通设置。

② 注写基础梁的底部、顶部及侧面纵向钢筋。

a. 以 B 打头，先注写梁底部贯通纵筋（不应少于底部受力钢筋总截面面积的 1/3）。当跨中所注根数少于箍筋肢数时，需要在跨中加设架立筋以固定箍筋，注写时，用加号“＋”将贯通纵筋与架立筋相连，架立筋注写在加号后面的括号内。

b. 以 T 打头，注写梁顶部贯通纵筋值。注写时用分号“;”将底部与顶部纵筋分隔开，若有个别跨与其不同，按下述第（3）条原位注写的规定处理。

c. 当梁底部或顶部贯通纵筋多于一排时，用斜线“/”将各排纵筋自上而下分开。

d. 以大写字母 G 打头注写基础梁两侧面对称设置的纵向构造钢筋的总配筋值（当梁腹板高度 h_w 不小于 450mm 时，根据需要配置）。

当需要配置抗扭纵向钢筋时，梁两个侧面设置的抗扭纵向钢筋以 N 打头。

4）注写基础梁底面标高高差（是指相对于筏形基础平板底面标高的高差值），该项为选注值。有高差时需将高差写入括号内（例如“高板位”与“中板位”基础梁的底面与基础平板底面标高的高差值），无高差时不注（例如“低板位”筏形基础的基础梁）。

（3）基础主梁与基础次梁的原位标注规定如下：

1）注写梁端（支座）区域的底部全部纵筋是指包括已经集中注写过的贯通纵筋在内的所有纵筋：

① 当梁端（支座）区域的底部纵筋多于一排时，用斜线“/”将各排纵筋自上而下分开。

② 当同排纵筋有两种直径时，用加号“＋”将两种直径的纵筋相连。

③ 当梁中间支座两边的底部纵筋配置不同时，需在支座两边分别标注；当梁中间支座两边的底部纵筋相同时，可仅在支座的一边标注配筋值。

④ 当梁端（支座）区域的底部全部纵筋与集中注写过的贯通纵筋相同时，可不再重复做原位标注。

⑤ 加腋梁加腋部位钢筋，需在设置加腋的支座处以 Y 打头注写在括号内。

设计时应注意：当对底部一平的梁支座两边的底部非贯通纵筋采用不同配筋值时，应先按较小一边的配筋值选配相同直径的纵筋贯穿支座，再将较大一边的配筋差值选配适当直径的钢筋锚入支座，避免造成两边大部分钢筋直径不相同的不合理配置结果。

施工及预算方面应注意：当底部贯通纵筋经原位修正注写后，两种不同配置的底部贯通纵筋应在两毗邻跨中配置较小一跨的跨中连接区域连接（即配置较大一跨的底部贯通纵筋需越过其跨数终点或起点伸至毗邻跨的跨中连接区域）。

2）注写基础梁的附加箍筋或（反扣）吊筋。将其直接画在平面图中的主梁上，用线引注总配筋值（附加箍筋的肢数注在括号内），当多数附加箍筋或（反扣）吊筋相同时，可在基础梁平法施工图上统一注明，少数与统一注明值不同时，再原位引注。

施工时应注意：附加箍筋或（反扣）吊筋的几何尺寸应按照标准构造详图，结合其所在位置的主梁和次梁的截面尺寸确定。

3）当基础梁外伸部位变截面高度时，在该部位原位注写 $b \times h_1/h_2$，h_1 为根部截面高度，h_2 为尽端截面高度。

4）注写修正内容。当在基础梁上集中标注的某项内容（如梁截面尺寸、箍筋、底部与顶部贯通纵筋或架立筋、梁侧面纵向构造钢筋、梁底面标高高差等）不适用于某跨或某外伸部分时，则将其修正内容原位标注在该跨或该外伸部位，施工时原位标注取值优先。

当在多跨基础梁的集中标注中已注明加腋，而该梁某跨根部不需要加腋时，则应在该跨原位标注等截面的 $b \times h$，以修正集中标注中的加腋信息。

（4）按以上各项规定的组合表达方式，详见11G101-3图集第36页基础主梁与基础次梁标注图示。

4. 基础梁底部非贯通纵筋的长度规定

（1）为方便施工，凡基础主梁柱下区域和基础次梁支座区域底部非贯通纵筋的伸出长度 a_0 值，当配置不多于两排时，在标准构造详图中统一取值为自支座边向跨内伸出至 $l_n/3$ 位置；当非贯通纵筋配置多于两排时，从第三排起向跨内的伸出长度值应由设计者注明。l_n 的取值规定为：边跨边支座的底部非贯通纵筋，l_n 取本边跨的净跨长度值；中间支座的底部非贯通纵筋，l_n 取支座两边较大一跨的净跨长度值。

（2）基础主梁与基础次梁外伸部位底部纵筋的伸出长度 a_0 值，在标准构造详图中统一取值为：第一排伸出至梁端头后，全部上弯 $12d$，其他排伸至梁端头后截断。

（3）设计者在执行第（1）、（2）条基础梁底部非贯通纵筋伸出长度的统一取值规定时，应注意按《混凝土结构设计规范》（GB 50010—2010）、《建筑地基基础设计规范》（GB 50007—2011）和《高层建筑混凝土结构技术规程》（JGJ 3—2010）的相关规定进行校核，若不满足时应另行变更。

5. 梁板式筏形基础平板的平面注写方式

（1）梁板式筏形基础平板LPB的平面注写，分板底部与顶部贯通纵筋的集中标注与板底部附加非贯通纵筋的原位标注两部分内容。当仅设置贯通纵筋而未设置附加非贯通纵筋时，则仅做集中标注。

（2）梁板式筏形基础平板LPB贯通纵筋的集中标注，应在所表达的板区双向均为第一跨（X与Y双向首跨）的板上引出（图面从左至右为X向，从下至上为Y向）。

板区划分条件：板厚相同、基础平板底部与顶部贯通纵筋配置相同的区域为同一板区。

集中标注的内容规定如下：

1）注写基础平板的编号，见表9-1-1。

2）注写基础平板的截面尺寸。注写h=×××表示板厚。

3）注写基础平板的底部与顶部贯通纵筋及其总长度。先注写X向底部（B打头）贯通纵筋与顶部（T打头）贯通纵筋及纵向长度范围；再注写Y向底部（B打头）贯通纵筋与顶部（T打头）贯通纵筋及纵向长度范围（图面从左至右为X向，从下至上为Y向）。

贯通纵筋的总长度注写在括号中，注写方式为"跨数及有无外伸"，其表达形式为：(××)（无外伸)、(××A)（一端有外伸）或（××B)（两端有外伸)。

注：基础平板的跨数以构成柱网的主轴线为准；两主轴线之间无论有几道辅助轴线（例如框筒结构中混凝土内筒中的多道墙体)，均可按一跨考虑。

当贯通筋采用两种规格钢筋"隔一布一"方式时，表达为ϕxx/yy@×××，表示直径xx的钢筋和直径yy的钢筋之间的间距为×××，直径为xx的钢筋、直径为yy的钢筋间距分别为×××的2倍。

施工及预算方面应注意：当基础平板分板区进行集中标注，并且相邻板区板底一平时，两种不同配置的底部贯通纵筋应在两毗邻板跨中配筋较小板跨的跨中连接区域连接（即配置较大板跨的底部贯通纵筋需越过板区分界线伸至毗邻板跨的跨中连接区域)。

(3) 梁板式筏形基础平板LPB的原位标注，主要表达板底部附加非贯通纵筋。

1）原位注写位置及内容。板底部原位标注的附加非贯通纵筋，应在配置相同跨的第一跨表达（当在基础梁悬挑部位单独配置时则在原位表达)。在配置相同跨的第一跨（或基础梁外伸部位)，垂直于基础梁绘制一段中粗虚线（当该筋通长设置在外伸部位或短跨板下部时，应画至对边或贯通短跨)，在虚线上注写编号（例如①、②等)、配筋值、横向布置的跨数及是否布置到外伸部位。

注：(××）为横向布置的跨数，(××A）为横向布置的跨数及一端基础梁的外伸部位，(××B）为横向布置的跨数及两端基础梁外伸部位。

板底部附加非贯通纵筋向两边跨内的伸出长度值注写在线段的下方位置。当该筋向两侧对称伸出时，可仅在一侧标注，另一侧不注；当布置在边梁下时，向基础平板外伸部位一侧的伸出长度与方式按标准构造，设计不注。底部附加非贯通筋相同者，可仅注写一处，其他只注写编号。

横向连续布置的跨数及是否布置到外伸部位，不受集中标注贯通纵筋的板区限制。

原位注写的底部附加非贯通纵筋与集中标注的底部贯通钢筋，宜采用"隔一布一"的方式布置，即基础平板（X向或Y向）底部附加非贯通纵筋与贯通纵筋间隔布置，其标注间距与底部贯通纵筋相同（两者实际组合后的间距为各自标注间距的 1/2）。

2）注写修正内容。当集中标注的某些内容不适用于梁板式筏形基础平板某板区的某一板跨时，应由设计者在该板跨内注明，施工时应按注明内容取用。

3）当若干基础梁下基础平板的底部附加非贯通纵筋配置相同时（其底部、顶部的贯通纵筋可以不同），可仅在一根基础梁下做原位注写，并在其他梁上注明“该梁下基础平板底部附加非贯通纵筋同××基础梁”。

（4）梁板式筏形基础平板 LPB 的平面注写规定，同样适用于钢筋混凝土墙下的基础平板。

按以上主要分项规定的组合表达方式，详见 11G101-3 图集第 37 页“梁板式筏形基础平板 LPB 标注图示”。

6. 其他

（1）与梁板式筏形基础相关的后浇带、下柱墩、基坑（沟）等构造的平法施工图设计，详见 11G101-3 图集第 7 章的相关规定。

（2）应在图中注明的其他内容：

1）当在基础平板周边沿侧面设置纵向构造钢筋时，应在图中注明。

2）应注明基础平板外伸部位的封边方式，当采用 U 形钢筋封边时应注明其规格、直径及间距。

3）当基础平板外伸变截面高度时，应注明外伸部位的 h_1/h_2，h_1 为板根部截面高度，h_2 为板尽端截面高度。

4）当基础平板厚度大于 2m 时，应注明具体构造要求。

5）当在基础平板外伸阳角部位设置放射筋时，应注明放射筋的强度等级、直径、根数以及设置方式等。

6）当在板的分布范围内采用拉筋时，应注明拉筋的强度等级、直径、双向间距等。

7）应注明混凝土垫层厚度与强度等级。

8）结合基础主梁交叉纵筋的上下关系，当基础平板同一层面的纵筋相交叉时，应注明何向纵筋在下，何向纵筋在上。

9）设计需注明的其他内容。

9.1.2 平板式筏形基础平法施工图制图规则

1. 平板式筏形基础平法施工图的表示方法

（1）平板式筏形基础平法施工图是在基础平面布置图上采用平面注写方式表达。

（2）当绘制基础平面布置图时，应将平板式筏形基础与其所支承的柱、墙一起绘制。当基础底面标高不同时，需注明与基础底面基准标高不同之处的范围和标高。

2. 平板式筏形基础构件的类型与编号

平板式筏形基础可划分为柱下板带和跨中板带；也可不分板带，按基础平板进行表达。平板式筏形基础构件编号应符合表 9-1-2 的规定。

平板式筏形基础构件编号 表 9-1-2

构件类型	代号	序号	跨数及有无外伸
柱下板带	ZXB	××	(××)或(××A)或(××B)
跨中板带	KZB	××	(××)或(××A)或(××B)
平板筏基础平板	BPB	××	

注：1. (××A) 为一端有外伸，(××B) 为两端有外伸，外伸不计入跨数。

2. 平板式筏形基础平板，其跨数及是否有外伸分别在 X、Y 两向的贯通纵筋之后表达。图面从左至右为 X 向，从下至上为 Y 向。

3. 柱下板带、跨中板带的平面注写方式

(1) 柱下板带 ZXB（视其为无箍筋的宽扁梁）与跨中板带 KZB 的平面注写，分板带底部与顶部贯通纵筋的集中标注与板带底部附加非贯通纵筋的原位标注两部分内容。

(2) 柱下板带与跨中板带的集中标注，应在第一跨（X 向为左端跨，Y 向为下端跨）引出。具体规定如下：

1) 注写编号，见表 9-1-2。

2) 注写截面尺寸，注写 b=XXXX 表示板带宽度（在图注中注明基础平板厚度）。确定柱下板带宽度应根据规范要求与结构实际受力需要。当柱下板带宽度确定后，跨中板带宽度亦随之确定（即相邻两平行柱下板带之间的距离）。当柱下板带中心线偏离柱中心线时，应在平面图上标注其定位尺寸。

3) 注写底部与顶部贯通纵筋。注写底部贯通纵筋（B 打头）与顶部贯通纵筋（T 打头）的规格与间距，用分号"；"将其分隔开。柱下板带的柱下区域，通常在其底部贯通纵筋的间隔内插空设有（原位注写的）底部附加非贯通纵筋。

注：1. 柱下板带与跨中板带的底部贯通纵筋，可在跨中 1/3 净跨长度范围内采用搭接连接、机械连接或焊接；

2. 柱下板带及跨中板带的顶部贯通纵筋，可在柱网轴线附近 1/4 净跨长度范围内采用搭接连接、机械连接或焊接。

施工及预算方面应注意：当柱下板带的底部贯通纵筋配置从某跨开始改变时，两种不同配置的底部贯通纵筋应在两毗邻跨中配置较小跨的跨中连接区域连接（即配置较大跨的底部贯通纵筋需越过其跨数终点或起点伸至毗邻跨的跨中连接区域）。

(3) 柱下板带与跨中板带原位标注的内容，主要为底部附加非贯通纵筋。具体规定如下：

1) 注写内容：以一段与板带同向的中粗虚线代表附加非贯通纵筋；柱下板带：贯穿其柱下区域绘制；跨中板带：横贯柱中线绘制。在虚线上注写底部附加非贯通纵筋的编号（例如①、②等）、钢筋级别、直径、间距，以及自柱中线分别向两侧跨内的伸出长度值。当向两侧对称伸出时，长度值可仅在一侧标注，另一侧不注。外伸部位的伸出长度与方式按标准构造，设计不注。对同一板带中底部附加非贯通筋相同者，可仅在一根钢筋上注写，其他可仅在中粗虚线上注写编号。

原位注写的底部附加非贯通纵筋与集中标注的底部贯通纵筋，宜采用“隔一布一”的方式布置，即柱下板带或跨中板带底部附加非贯通纵筋与贯通纵筋交错插空布置，其标注间距与底部贯通纵筋相同（两者实际组合后的间距为各自标注间距的 1/2）。

当跨中板带在轴线区域不设置底部附加非贯通纵筋时，则不做原位注写。

2）注写修正内容。当在柱下板带、跨中板带上集中标注的某些内容（例如截面尺寸、底部与顶部贯通纵筋等）不适用于某跨或某外伸部分时，则将修正的数值原位标注在该跨或该外伸部位，施工时原位标注取值优先。

设计时应注意：对于支座两边不同配筋值的（经注写修正的）底部贯通纵筋，应按较小一边的配筋值选配相同直径的纵筋贯穿支座，较大一边的配筋差值选配适当直径的钢筋锚入支座，避免造成两边大部分钢筋直径不相同的不合理配置结果。

（4）柱下板带 ZXB 与跨中板带 KZB 的注写规定，同样适用于平板式筏形基础上局部有剪力墙的情况。

（5）按以上各项规定的组合表达方式，详见 11G101-3 图集第 42 页“柱下板带 ZXB 与跨中板带 KZB 标注图示”。

4. 平板式筏形基础平板 BPB 的平面注写方式

（1）平板式筏形基础平板 BPB 的平面注写，分板底部与顶部贯通纵筋的集中标注与板底部附加非贯通纵筋的原位标注两部分内容。当仅设置底部与顶部贯通纵筋而未设置底部附加非贯通纵筋时，则仅做集中标注。

基础平板 BPB 的平面注写与柱下板带 ZXB、跨中板带 KZB 的平面注写为不同的表达方式，但是可以表达同样的内容。当整片板式筏形基础配筋比较规律时，宜采用 BPB 表达方式。

（2）平板式筏形基础平板 BPB 的集中标注，除按本规则表 9-1-2 注写编号外，所有规定均与 9.1.1 中 5. 梁板式筏形基础平板的平面注写方式的第（2）条相同。

当某向底部贯通纵筋或顶部贯通纵筋的配置，在跨内有两种不同间距时，先注写跨内两端的第一种间距，并在前面加注纵筋根数（以表示其分布的范围）；再注写跨中部的第二种间距（不需加注根数）；两者用“/”分隔。

（3）平板式筏形基础平板 BPB 的原位标注，主要表达横跨柱中心线下的底部附加非贯通纵筋。注写规定如下：

1）原位注写位置及内容。在配置相同的若干跨的第一跨下，垂直于柱中线绘制一段中粗虚线代表底部附加非贯通纵筋，在虚线上的注写内容与 9.1.1 中 5. 梁板式筏形基础平板的平面注写方式的第（3）条第 1）款相同。

当柱中心线下的底部附加非贯通纵筋（与柱中心线正交）沿柱中心线连续若干跨配置相同时，则在该连续跨的第一跨下原位注写，且将同规格配筋连续布置的跨数注在括号内；当有些跨配置不同时，则应分别原位注写。外伸部位的底部附加非贯通纵筋应单独注写（当与跨内某筋相同时仅注写钢筋编号）。

当底部附加非贯通纵筋横向布置在跨内有两种不同间距的底部贯通纵筋区域时，其间距应分别对应为两种，其注写形式应与贯通纵筋保持一致，即先注写跨内两端的第一种间距，并在前面加注纵筋根数；再注写跨中部的第二种间距（不需加注根数）；两者用“/”分隔。

2）当某些柱中心线下的基础平板底部附加非贯通纵筋横向配置相同时（其底部、顶部的贯通纵筋可以不同），可仅在一条中心线下做原位注写，并在其他柱中心线上注明“该柱中心线下基础平板底部附加非贯通纵筋同XX柱中心线”。

（4）平板式筏形基础平板BPB的平面注写规定，同样适用于平板式筏形基础上局部有剪力墙的情况。

按以上各项规定的组合表达方式，详见11G101-3图集第43页“平板式筏形基础平板BPB标注图示”。

5. 其他

（1）与平板式筏形基础相关的后浇带、上柱墩、下柱墩、基坑（沟）等构造的平法施工图设计，详见11G101-3图集第7章的相关规定。

（2）平板式筏形基础应在图中注明的其他内容如下：

1）注明板厚。当整片平板式筏形基础有不同板厚时，应分别注明各板厚值及其各自的分布范围。

2）当在基础平板周边沿侧面设置纵向构造钢筋时，应在图注中注明。

3）应注明基础平板外伸部位的封边方式，当采用U形钢筋封边时，应注明其规格、直径及间距。

4）当基础平板外伸变截面高度时，应注明外伸部位的h_1/h_2，h_1为板根部截面高度，h_2为板尽端截面高度。

5）当基础平板厚度大于2m时，应注明设置在基础平板中部的水平构造钢筋网。

6）当在基础平板外伸阳角部位设置放射筋时，应注明放射筋的强度等级、直径、根数以及设置方式等。

7）当在板的分布范围内采用拉筋时，应注明拉筋的强度等级、直径、双向间距等。

8）应注明混凝土垫层厚度与强度等级。

9）当基础平板同一层面的纵筋相交叉时，应注明何向纵筋在下，何向纵筋在上。

10）设计需注明的其他内容。

9.2 筏形基础标准构造详图

9.2.1 梁板式筏形基础的钢筋构造

1. 基础主梁和基础次梁纵向钢筋与箍筋构造

（1）基础主梁JL纵向钢筋与箍筋构造、附加箍筋构造、附加（反扣）吊筋构造如图9-2-1～9-2-3所示。

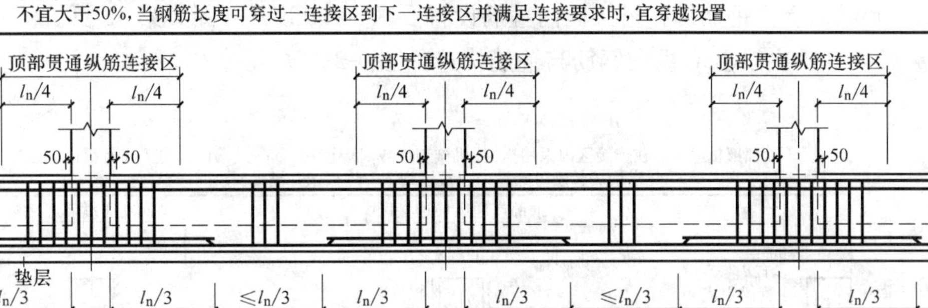

图 9-2-1 基础梁 JL 纵向钢筋与箍筋构造

l_{ni}—左跨净跨值；l_{ni+1}—右跨净跨值；

l_n—左跨 l_{ni}和右跨 l_{ni+1}之较大值；h_c—柱截面沿基础梁方向的高度

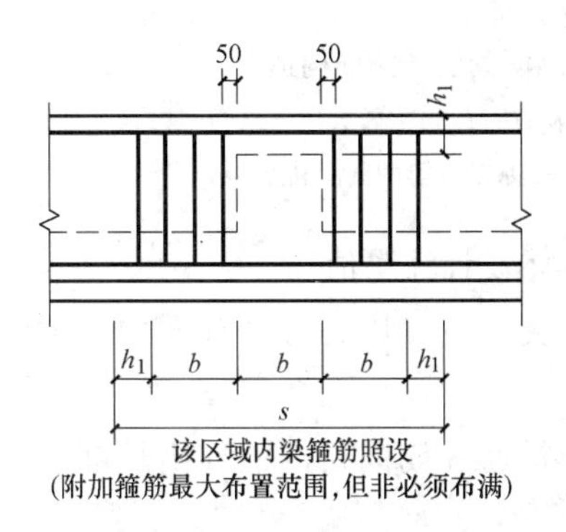

图 9-2-2 附加箍筋构造

b—次梁宽；h_1—主次梁高差；s—附加箍筋的布置范围

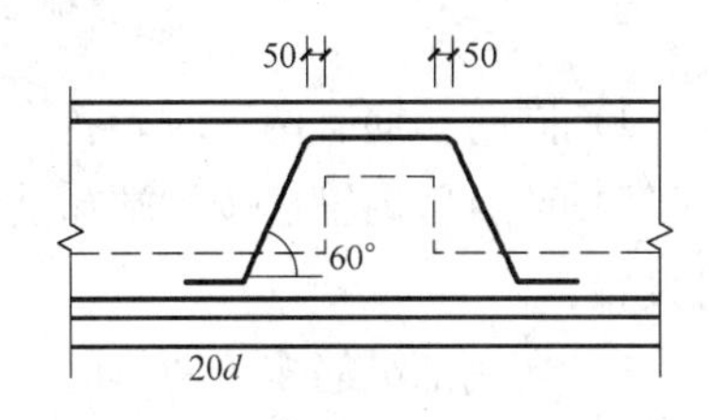

图 9-2-3 附加（反扣）吊筋构造

1）节点区内箍筋按梁端箍筋设置。梁相互交叉宽度内的箍筋按截面高度较大的基础梁设置。同跨箍筋有两种时，各自设置范围按具体设计注写。

2）当两毗邻跨的底部贯通纵筋配置不同时，应将配置较大一跨的底部贯通纵筋越过其标注的跨数终点或起点，伸至配置较小的毗邻跨的跨中连接区进行连接。

3）钢筋连接要求见 11G101-3 图集第 56 页。

4）梁端部与外伸部位钢筋构造见表 8-2-1。

5）当底部纵筋多于两排时，从第三排起非贯通纵筋向跨内的伸出长度值应由设计者注明。

6）基础梁相交处位于同一层面的交叉纵筋，何梁纵筋在下，何梁纵筋在上，应按具体设计说明。

7）纵向受力钢筋绑扎搭接区内箍筋设置要求见 11G101-3 图集第 55 页。

（2）基础次梁 JCL 纵向钢筋与箍筋构造如图 9-2-4 所示。

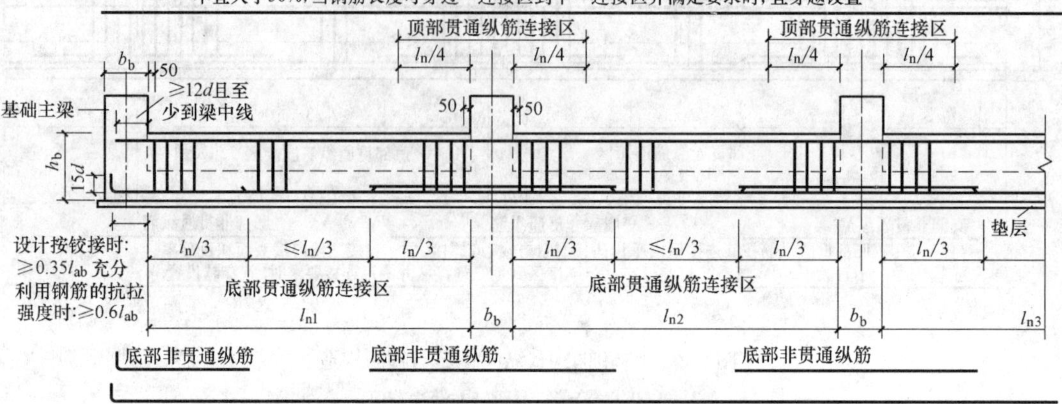

图 9-2-4 基础次梁 JCL 纵向钢筋与箍筋构造

l_{ni}—左跨净跨值；l_{ni+1}—右跨净跨值；l_n—左跨 l_{ni} 和右跨 l_{ni+1} 之较大值（其中 i=1，2，3……）；

b_b—基础主梁的截面宽度；h_b—基础次梁的截面高度

1）同跨箍筋有两种时，各自设置范围按具体设计注写值。

2）节点区内箍筋按梁端箍筋设置。梁相互交叉宽度内的箍筋按截面高度较大的基础梁设置。

3）当底部纵筋多于两排时，从第三排起非贯通纵筋向跨内的伸出长度值应由设计者注明。

2. 基础主梁的加腋构造

（1）基础主梁 JL 竖向加腋钢筋构造如图 9-2-5 所示。

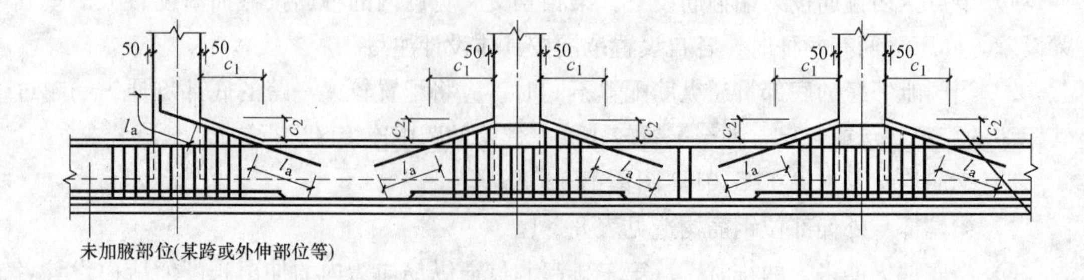

图 9-2-5 基础主梁 JL 竖向加腋钢筋构造

c_1—腋长；c_2—腋高；l_a—纵向受拉钢筋非抗震锚固长度

1）基础梁竖向加腋部位的钢筋见设计标注。加腋范围的箍筋与基础梁的箍筋配置相同，仅箍筋高度为变值。

2）基础梁的梁柱结合部位所加侧腋（见表 8-2-4）顶面与基础梁非加腋段顶面一平，不随梁加腋的升高而变化。

（2）基础次梁 JCL 竖向加腋钢筋构造如图 9-2-6 所示。

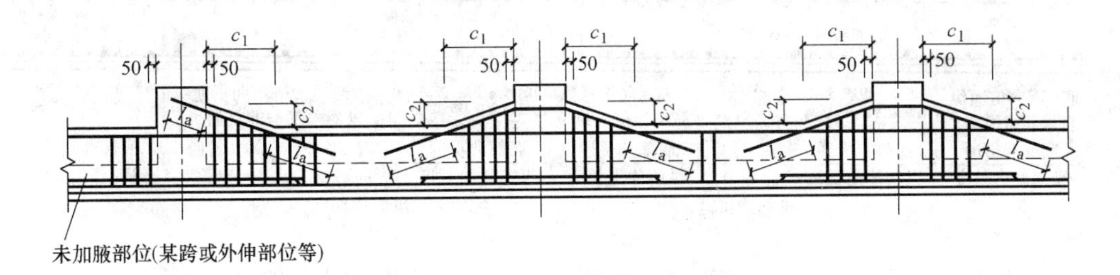

图 9-2-6　基础次梁 JCL 竖向加腋钢筋构造

c_1—腋长；c_2—腋高；l_a—纵向受拉钢筋非抗震锚固长度

3. 基础主梁外伸部位构造

（1）基础主梁 JL 端部与外伸部位钢筋构造见表 8-2-1。

（2）基础次梁 JCL 端部外伸部位钢筋构造如图 9-2-7 所示。

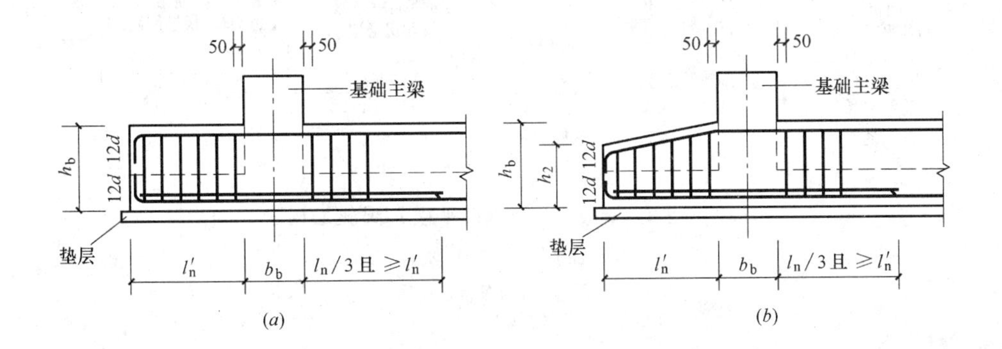

图 9-2-7　基础次梁 JCL 端部外伸部位钢筋构造

（a）端部等截面外伸构造；（b）端部变截面外伸构造

b_b—基础主梁的截面宽度；h_b—基础次梁的截面高度；

l_n—本跨的净跨长度值；l'_n—端部外伸长度

4. 梁板式筏形基础平板 LPB 钢筋构造

梁板式筏形基础平板 LPB 钢筋构造如图 9-2-8 所示。

基础平板同一层面的交叉纵筋，何向纵筋在下，何向纵筋在上，应按具体设计说明。

5. 梁板式筏形基础平板 LPB 端部与外伸部位钢筋构造

梁板式筏形基础平板 LPB 端部与外伸部位钢筋构造见表 9-2-1。

顶部贯通纵筋在连接区内采用搭接、机械连接或焊接。同一连接区段内接头面积百分比率不宜大于50%，当钢筋长度可穿过一连接区到下一连接区并满足要求时，宜穿越设置

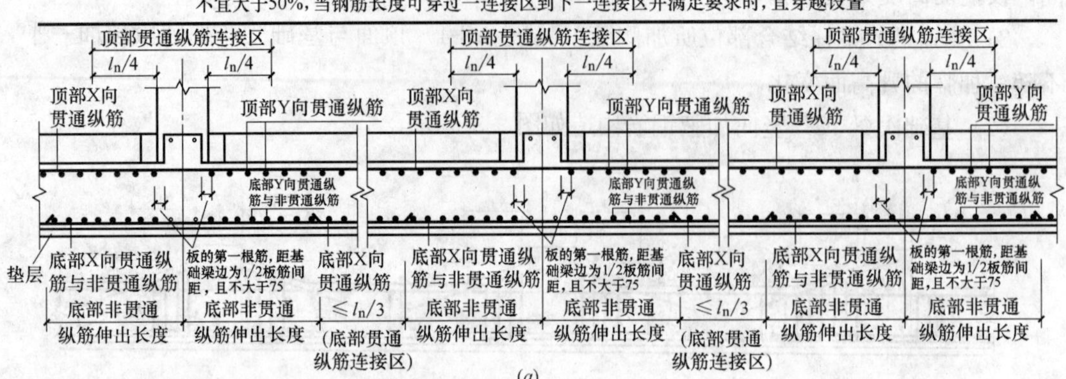

顶部贯通纵筋在连接区内采用搭接、机械连接或焊接。同一连接区段内接头面积百分比率不宜大于50%，当钢筋长度可穿过一连接区到下一连接区并满足要求时，宜穿越设置

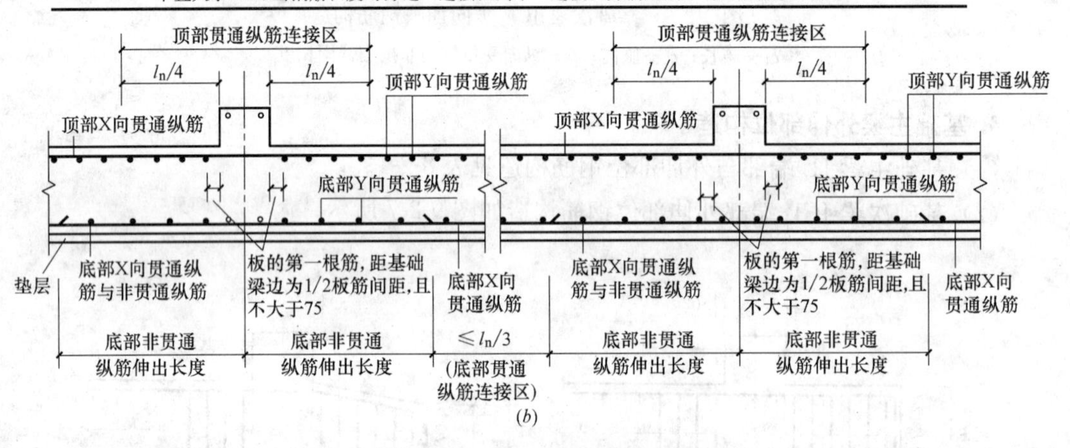

图 9-2-8 梁板式筏形基础平板 LPB 钢筋构造

(a) 柱下区域；(b) 跨中区域

l_n—本跨的净跨长度值

9.2.2 平板式筏形基础的钢筋构造

1. 平板式筏基柱下板带 ZXB 与跨中板带 KZB 纵向钢筋构造

平板式筏基柱下板带 ZXB 与跨中板带 KZB 纵向钢筋构造分别如图 9-2-9 和图 9-2-10 所示。

(1) 不同配置的底部贯通纵筋，应在两毗邻跨中配置较小一跨的跨中连接区域连接（即配置较大一跨的底部贯通纵筋需越过其标注的跨数终点或起点伸至毗邻跨的跨中连接区域）。

(2) 底部与顶部贯通纵筋在连接区内的连接方式，详见纵筋连接通用构造。

(3) 柱下板带与跨中板带的底部贯通纵筋，可在跨中 1/3 净跨长度范围内搭接连接、

梁板式筏形基础平板 LPB 端部与外伸部位钢筋构造　　　　表 9-2-1

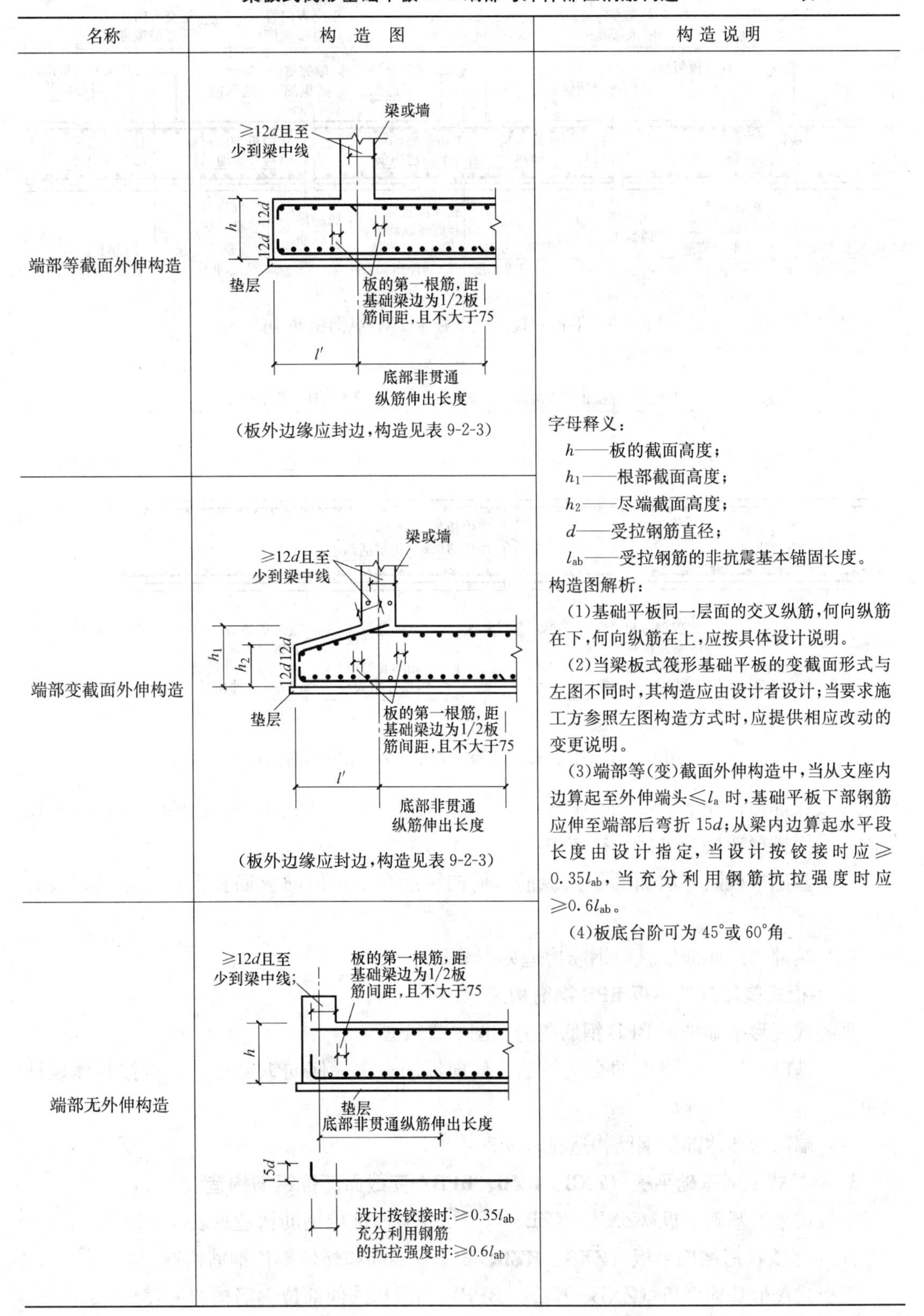

名称	构　造　图	构造说明
端部等截面外伸构造	≥12*d*且至少到梁中线；梁或墙；h；12*d*；12*d*；垫层；板的第一根筋，距基础梁边为1/2板筋间距，且不大于75；l'；底部非贯通纵筋伸出长度 （板外边缘应封边，构造见表 9-2-3）	字母释义： h——板的截面高度； h_1——根部截面高度； h_2——尽端截面高度； d——受拉钢筋直径； l_{ab}——受拉钢筋的非抗震基本锚固长度。 构造图解析： （1）基础平板同一层面的交叉纵筋，何向纵筋在下，何向纵筋在上，应按具体设计说明。 （2）当梁板式筏形基础平板的变截面形式与左图不同时，其构造应由设计者设计；当要求施工方参照左图构造方式时，应提供相应改动的变更说明。 （3）端部等（变）截面外伸构造中，当从支座内边算起至外伸端头≤l_a 时，基础平板下部钢筋应伸至端部后弯折 15*d*；从梁内边算起水平段长度由设计指定，当设计按铰接时应≥0.35l_{ab}，当充分利用钢筋抗拉强度时应≥0.6l_{ab}。 （4）板底台阶可为 45°或 60°角
端部变截面外伸构造	≥12*d*且至少到梁中线；梁或墙；h_1；h_2；12*d*；12*d*；垫层；板的第一根筋，距基础梁边为1/2板筋间距，且不大于75；l'；底部非贯通纵筋伸出长度 （板外边缘应封边，构造见表 9-2-3）	
端部无外伸构造	≥12*d*且至少到梁中线；；板的第一根筋，距基础梁边为1/2板筋间距，且不大于75；h；垫层；底部非贯通纵筋伸出长度；15*d*；设计按铰接时：≥0.35l_{ab}；充分利用钢筋的抗拉强度时：≥0.6l_{ab}	

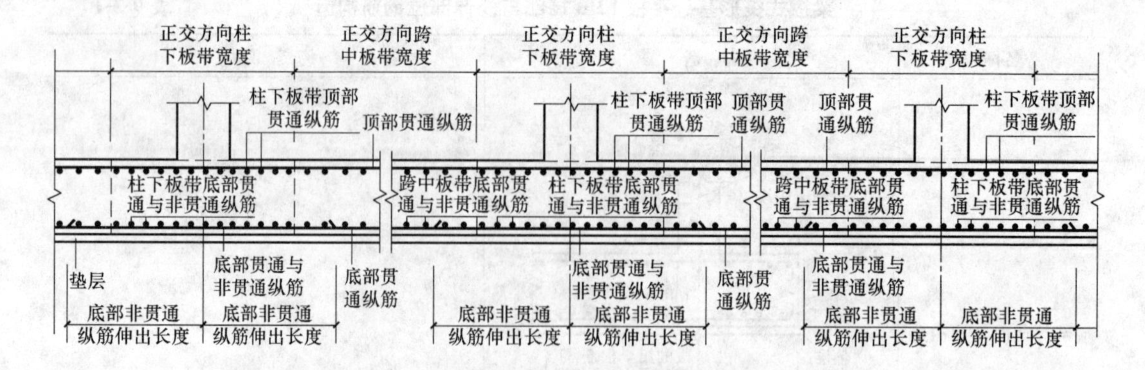

图 9-2-9 平板式筏基柱下板带 ZXB 纵向钢筋构造

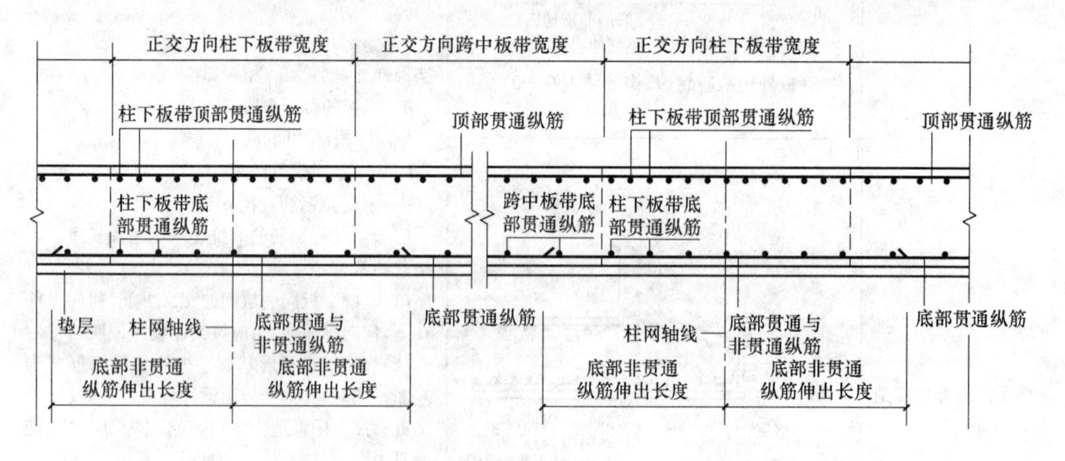

图 9-2-10 平板式筏基跨中板带 KZB 纵向钢筋构造

机械连接或焊接；柱下板带及跨中板带的顶部贯通纵筋，可在柱网轴线附近 1/4 净跨长度范围内采用搭接连接、机械连接或焊接。

(4) 基础平板同一层面的交叉纵筋，何向纵筋在下，何向纵筋在上，应按具体设计说明。

(5) 端部与外伸部位纵向钢筋构造见表 9-2-3。

2. 平板式筏形基础平板 BPB 钢筋构造

平板式筏形基础平板 BPB 钢筋构造如图 9-2-11 所示。

(1) 基础平板同一层面的交叉纵筋，何向纵筋在下，何向纵筋在上，应按具体设计说明。

(2) 端部与外伸部位钢筋构造见表 9-2-3。

3. 平板式筏形基础平板（ZXB、KZB、BPB）变截面部位钢筋构造

平板式筏形基础平板（ZXB、KZB、BPB）变截面部位钢筋构造见表 9-2-2。

4. 平板式筏形基础平板（ZXB、KZB、BPB）端部和外伸部位钢筋构造

平板式筏形基础平板（ZXB、KZB、BPB）端部和外伸部位钢筋构造见表 9-2-3。

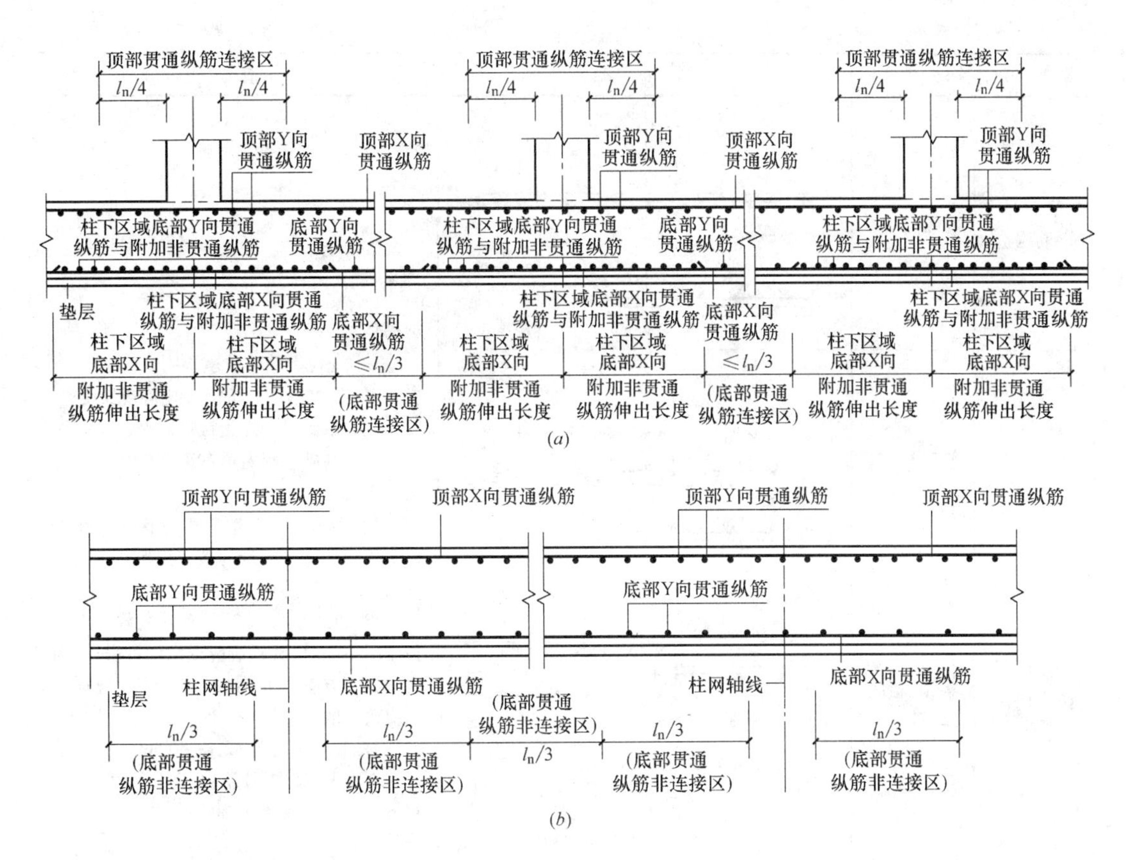

图 9-2-11 平板式筏形基础平板 BPB 钢筋构造

(a) 柱下区域；(b) 跨中区域（顶部贯通纵筋连接区同柱下区域）

l_n—本跨的净跨长度值

平板式筏形基础平板（ZXB、KZB、BPB）变截面部位钢筋构造　　　表 9-2-2

名称		构 造 图	构 造 说 明
变截面部位钢筋构造	板顶有高差		字母释义： l_a——受拉钢筋非抗震锚固长度； l_l——受拉钢筋非抗震绑扎搭接长度； h_1——基础平板左边截面高度； h_2——基础平板右边截面高度。 构造图解析： (1)左图构造规定适用于设置或未设置柱下板带和跨中板带的板式筏形基础的变截面部位的钢筋构造。 (2)当板式筏形基础平板的变截面形式与左图不同时，其构造应由设计者设计；当要求施工方参照左图构造方式时，应提供相应改动的变更说明。 (3)板底台阶可为45°或60°角。 (4)中层双向钢筋网直径不宜小于12mm，间距不宜大于300mm
	板顶、板底均有高差		

续表

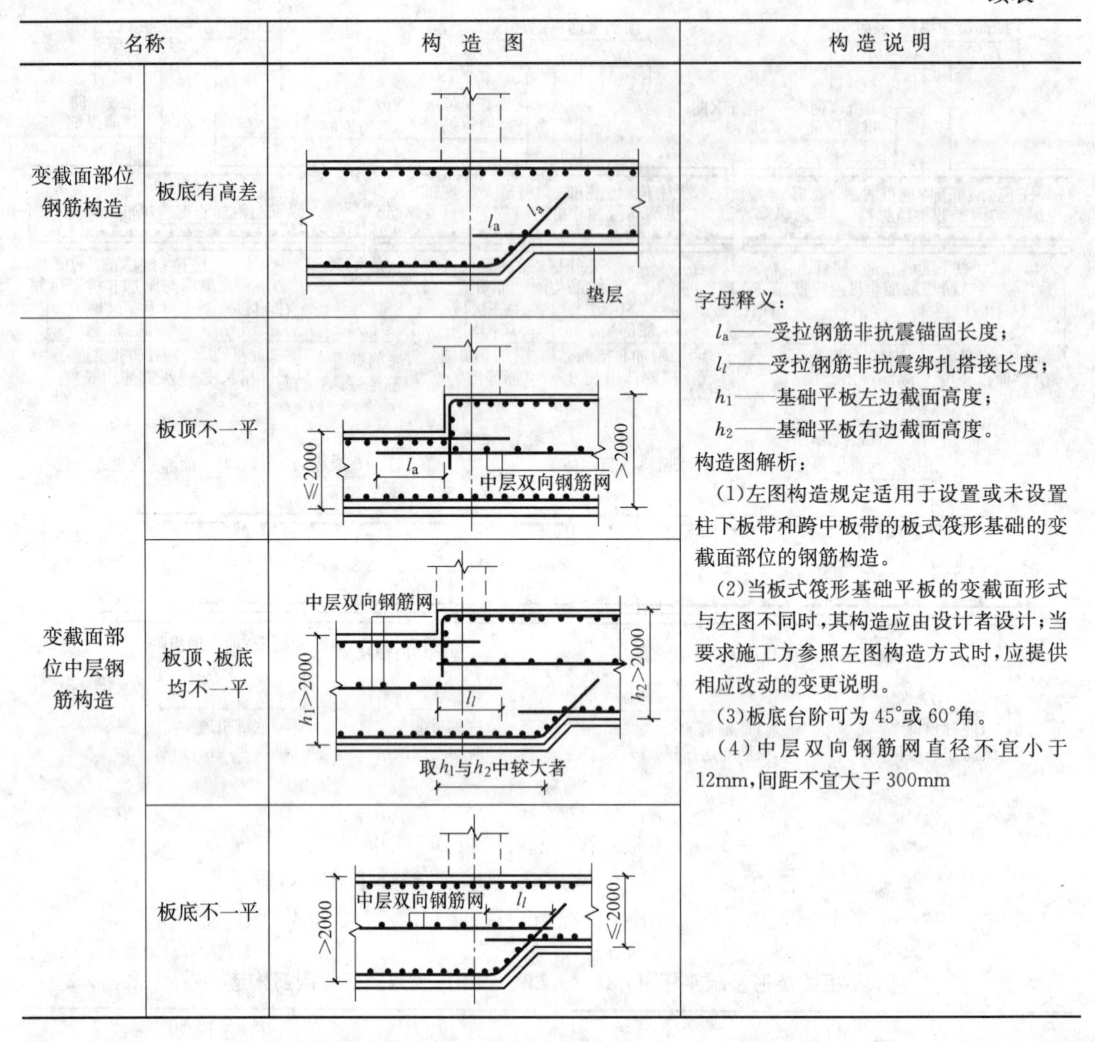

名称		构造图	构造说明
变截面部位钢筋构造	板底有高差		字母释义： l_a——受拉钢筋非抗震锚固长度； l_l——受拉钢筋非抗震绑扎搭接长度； h_1——基础平板左边截面高度； h_2——基础平板右边截面高度。 构造图解析： (1)左图构造规定适用于设置或未设置柱下板带和跨中板带的板式筏形基础的变截面部位的钢筋构造。 (2)当板式筏形基础平板的变截面形式与左图不同时，其构造应由设计者设计；当要求施工方参照左图构造方式时，应提供相应改动的变更说明。 (3)板底台阶可为45°或60°角。 (4)中层双向钢筋网直径不宜小于12mm，间距不宜大于300mm
	板顶不一平		
变截面部位中层钢筋构造	板顶、板底均不一平		
	板底不一平		

平板式筏形基础平板（ZXB、KZB、BPB）端部和外伸部位钢筋构造　　表 9-2-3

名称		构造图	构造说明
端部无外伸构造	(一)	≥12d，且至少到墙中线 外墙 h 垫层 底部非贯通纵筋伸出长度 底部贯通与非贯通纵筋 15d ≥0.4l_{ab}	字母释义： l_{ab}——受拉钢筋的非抗震基本锚固长度； h——板的截面高度； d——受拉钢筋直径。 构造图解析： (1)端部无外伸构造(一)中，当设计指定采用墙外侧纵筋与底板纵筋搭接的做法时，基础底板下部钢筋弯折段应伸至基础顶面标高处(见表 2-2-1)。 (2)板边缘侧面封边构造同样用于基础梁外伸部位，采用何种做法由设计者指定，当设计者未指定时，施工单位可根据实际情况自选一种做法

续表

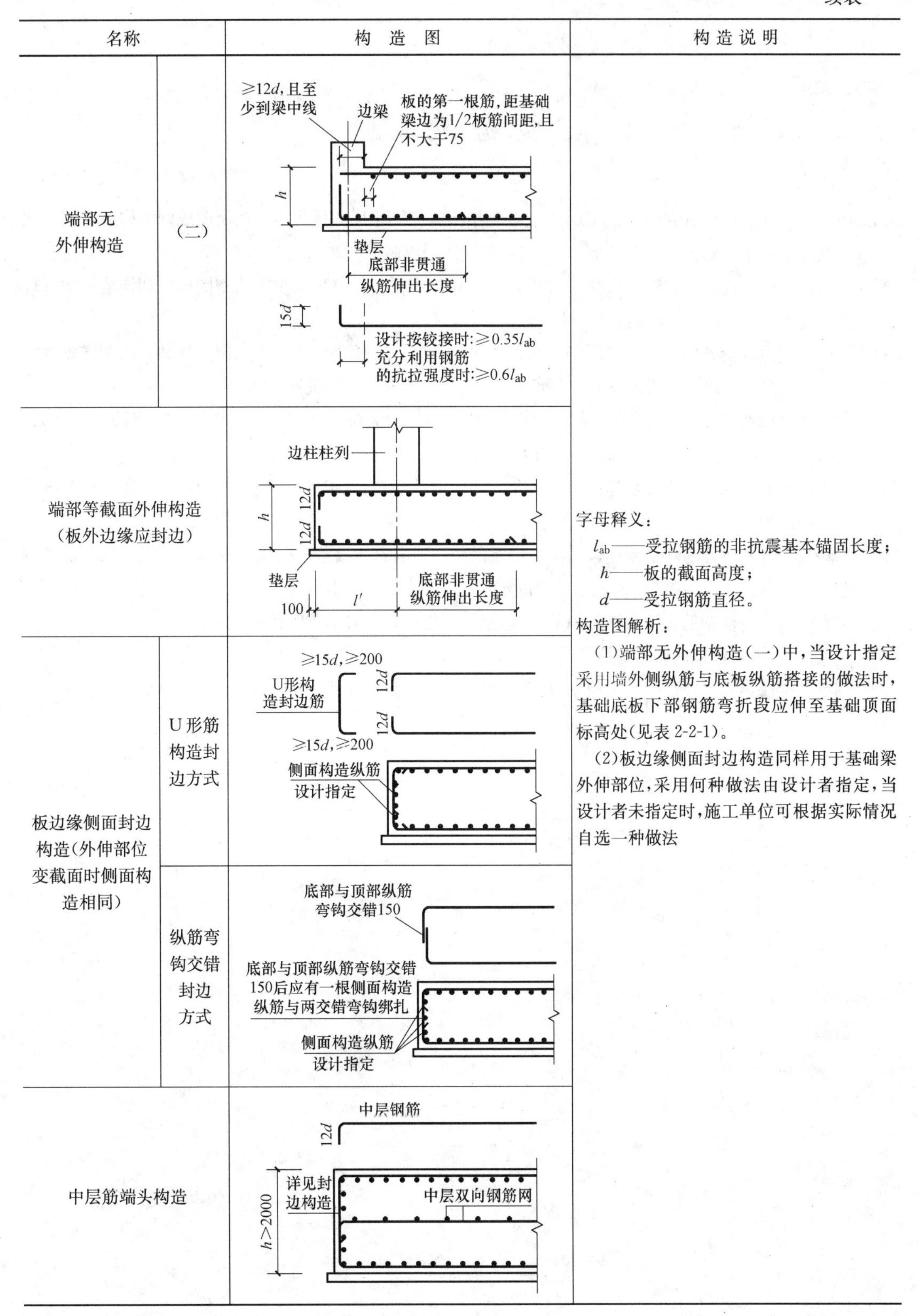

名称		构造图	构造说明
端部无外伸构造	（二）		
端部等截面外伸构造（板外边缘应封边）			字母释义： l_{ab}——受拉钢筋的非抗震基本锚固长度； h——板的截面高度； d——受拉钢筋直径。 构造图解析： （1）端部无外伸构造（一）中，当设计指定采用墙外侧纵筋与底板纵筋搭接的做法时，基础底板下部钢筋弯折段应伸至基础顶面标高处（见表2-2-1）。 （2）板边缘侧面封边构造同样用于基础梁外伸部位，采用何种做法由设计者指定，当设计者未指定时，施工单位可根据实际情况自选一种做法
板边缘侧面封边构造（外伸部位变截面时侧面构造相同）	U形筋构造封边方式		
	纵筋弯钩交错封边方式		
中层筋端头构造			

参 考 文 献

[1] 中国建筑标准设计研究院. 11G101-1 混凝土结构施工图平面整体表示方法制图规则和构造详图（现浇混凝土框架、剪力墙、梁、板）. 北京：中国计划出版社，2011.

[2] 中国建筑标准设计研究院. 11G101-2 混凝土结构施工图平面整体表示方法制图规则和构造详图（现浇混凝土板式楼梯）. 北京：中国计划出版社，2011.

[3] 中国建筑标准设计研究院. 11G101-3 混凝土结构施工图平面整体表示方法制图规则和构造详图（独立基础、条形基础、筏形基础及桩基承台）. 北京：中国计划出版社，2011.

[4] 中国建筑标准设计研究院. 09G901-2 混凝土结构施工钢筋排布规则与构造详图（现浇混凝土框架、剪力墙、框架-剪力墙、框支剪力墙结构）. 北京：中国计划出版社，2009.

[5] 中华人民共和国住房和城乡建设部. 混凝土结构设计规范（GB 50010—2010）[S]. 北京：中国建筑工业出版社，2011.

[6] 中华人民共和国住房和城乡建设部，中华人民共和国国家质量监督检验检疫总局. 建筑抗震设计规范（GB 50011—2010）[S]. 北京：中国建筑工业出版社，2010.

[7] 上官子昌. 平法钢筋识图与计算细节详解 [M]. 北京：机械工业出版社，2011.

[8] 赵荣. G101 平法钢筋识图与算量 [M]. 北京：中国建筑工业出版社，2010.

[9] 高竞. 平法结构钢筋图解读 [M]. 北京：中国建筑工业出版社，2009.